普通高等教育“十三五”规划教材

中职教师教育理论与实践：设施农业科学与工程专业

路宝利　崔万秋　主编

科学出版社
北　京

内 容 简 介

本书是培养“设施农业科学与工程专业”中职教师教育实践能力的主干课程教材，主要内容包括：教师职业与师德认知，教学设计、实施及考核，培养方案和课程标准研制，教材编写与教学课件开发，慕课、微课与精品课程的开发及隐性课程的建设等。

本书适用于设施农业科学与工程专业，同时适用于农学、园艺等相关专业。本书充分体现了师范性、学术性、技术性“三性”合一原则。

图书在版编目（CIP）数据

中职教师教育理论与实践：设施农业科学与工程专业 / 路宝利，崔万秋主编．—北京：科学出版社，2017.3

普通高等教育“十三五”规划教材

ISBN 978-7-03-052038-8

Ⅰ．①中…　Ⅱ．①路…　②崔…　Ⅲ．①中等专业学校 - 设施农业 - 师资培养 - 高等学校 - 教材　Ⅳ．① S62

中国版本图书馆 CIP 数据核字（2017）第 042673 号

责任编辑：丛　楠　王玉时　文　茜 / 责任校对：贾娜娜

责任印制：张　伟 / 封面设计：黄华斌

科学出版社 出版

北京东黄城根北街16号

邮政编码：100717

http://www.sciencep.com

北京中石油彩色印刷有限责任公司 印刷

科学出版社发行　各地新华书店经销

*

2017 年 3 月第　一　版　开本：787×1092　1/16

2017 年 3 月第一次印刷　印张：16 3/4

字数：400 000

定价：49.00 元

（如有印装质量问题，我社负责调换）

项目研发人员名单

主持人 宋士清

子项目主持人（排名不分前后）

王久兴 宁永红 路宝利 武春成 贺桂欣 杨 靖

主研人（按姓氏拼音排序）

包艳青 毕开颖 边卫东 曹 霞 陈俊琴 陈杏禹 陈秀敏 程 超 崔万秋
狄文伟 丁 明 董海泉 董慧超 董立娇 范 博 冯志红 付 蕾 高玉峰
耿立英 龚俊良 胡晓辉 吉志新 贾永霞 靳亚忠 李 琛 李 政 李集周
李建军 李琳琳 李青云 李双民 李双玥 李晓丽 李育华 李云飞 厉凌云
凌志杰 刘桂红 刘桂智 刘静波 刘素稳 刘伟洋 刘玉艳 刘振林 马爱林
毛秀杰 聂庭斌 齐福高 齐慧霞 秦 文 石 玉 宋聚红 苏翠军 眭晓蕾
田冬梅 汪 洋 王 晶 王秀娟 王振玉 王子华 吴佳露 吴素霞 项殿芳
谢兆森 许传强 闫立英 闫志军 杨 晴 杨春燕 杨英霞 余金咏 翟陆陆
张 毅 张 勇 张 智 张广华 张会芳 张吉军 张慎好 张卫国 赵 瑞
赵 帅 赵 友 赵会芝 赵建功 郑冠群 周 琪 朱京涛 朱玉莲 邹志荣
祖秀颖

附：

专家指导委员会（按姓氏拼音排序）

曹 晔 天津职业技术师范大学
卢双盈 天津职业技术师范大学
汤生玲 河北金融学院
徐 流 重庆师范大学
张建荣 同济大学

专家咨询委员会（按姓氏拼音排序）

高等院校（所）——

刁哲军 河北师范大学
丁德全 承德石油高等专科学校
董存田 江苏理工学院
姜大源 教育部职业技术教育中心研究所
刘君义 吉林工程技术师范学院
石伟平 华东师范大学
徐国庆 华东师范大学
赵志群 北京师范大学
邹志荣 西北农林科技大学

中高职院校——

陈少华 海南省农业学校
陈杏禹 辽宁农业职业技术学院
黄广学 北京农业职业学院
李劲松 日照市农业学校
连进华 邢台现代职业学校
凌志杰 迁安市职业技术教育中心

《中职教师教育理论与实践：设施农业科学与工程专业》编写人员名单

主　编　路宝利（河北科技师范学院）

　　　　　崔万秋（河北科技师范学院）

副主编　朱玉莲（河北科技师范学院）

　　　　　闫志军（河北科技师范学院）

　　　　　王　晶（河北科技师范学院）

编　委（按姓氏笔画排序）

　　　　　付　蕾（山西交通职业技术学院）

　　　　　毕开颖（河北科技师范学院）

　　　　　刘伟洋（河北科技师范学院）

　　　　　范　博（河北科技师范学院研究生）

　　　　　秦　文（河北科技师范学院）

　　　　　凌志杰（河北迁安市职教中心）

　　　　　程　超（河北科技师范学院）

丛书序一

《国家中长期教育改革和发展规划纲要（2010—2020年）》发布之后，为进一步推动和加强职业院校教师队伍建设，促进职业教育科学发展，教育部、财政部于2011～2015年实施了职业院校教师素质提高计划，在目标任务中明确提出开发100个职教师资本科专业的培养标准、培养方案、核心课程和特色教材，以便完善适应教师专业化要求的职教师资培养培训体系。河北科技师范学院宋士清教授主持的“设施农业科学与工程专业职教师资培养标准、培养方案、核心课程和特色教材开发”即其项目之一。

作为教育部、财政部“职业院校教师素质提高计划职教师资培养资源开发项目专家指导委员会”成员，我曾数次接触宋士清教授主持的这个项目。2014年3月22日，在云南大学“项目阶段成果推进会”上，该项目做了大会典型发言，给我留下了初步印象，感觉该团队是一个严谨、实干、开拓、创新的团队。特别是在2015年9月20日，我受邀到河北科技师范学院参加该校组织召开的“培养开发包项目汇报研讨会暨项目结题验收准备会”，听了该项目的汇报，顿觉眼睛一亮，切实感到该项目准备充分，理念先进，特色明显，定位准确，逻辑清晰，亮点颇多。足以看出宋士清教授作为国家级精品课程负责人的功底，思路尤为清晰，思维尤为缜密。

2015年11月10日，在苏州“项目结题验收试评会”上，我全力推荐宋士清教授做大会典型发言。遗憾的是，我因事未能现场听到他的发言。但从专家指导委员会反馈回来的信息得知，该项目获得与会领导、专家及其他培养包项目负责人的广泛认可和颇多赞许，成为诸项目学习之典范，且成为第一批顺利结题验收的项目。

主干课程特色教材的开发，作为该项目的核心成果之一起到了关键作用。该项目共开发出7部特色教材，包括5部专业类课程教材：《无土栽培》、《设施蔬菜栽培》、《园艺设施设计与建造》、《工厂化育苗》、《设施果树栽培》；1部教育教学类课程教材：《中等职业学校设施农业生产技术专业教学法》；1部教育实践类课程教材：《中职教师教育理论与实践：设施农业科学与工程专业》。另外，该项目组还开发了1部研究专著：《职教师资培养资源开发研究——以设施农业科学与工程专业为例》，待后续出版。

该套教材阅后印象深刻，从编写理念、编写体例到内容组织皆契合了职业教育师资培养的内在要求，主要特色如下。

其一，工作过程导向与本科要求相融合。工作过程导向教材虽为学界所熟知，但仅限于中、高职领域使用，在本科层次未曾发现。在一直固守学科型教材的传统理念之下，对于本科教材进行工作过程系统化改革，难度可想而知。一方面需消除“理论是高职与本科之间区别”的误读；另一方面则需规避将本科教材开发为高职水平。该项目组在认真研习职业教育课程与教材原理基础之上，准确找到了高职与本科教材之间的异同，相同之处是二者皆基于工作过程系统化课程观，典型工作任务自然成为本科教材开发的逻辑原点，原有“命题”收聚的传统编撰方式被完全颠覆；不同之处则是高职与本科之间典型工作任务的难易程度不同，遂典型工作任务之中知识点、技能点亦不相同，该特征在本套教材中多有彰显。

其二，教材内容选取与职业资格标准相对接。一般而言，教材属于学校范畴，职业资格标准则属于职业范畴，由于编写人员不同、目标不同，因此二者鲜有融合。但职业教育属于“跨界”教育，本科职业教育如是。因此只有将教材内容选取与职业资格标准相对接，方有可能消除学校与工作之间的鸿沟，犹如美国 STW 运动（School To Work）即“从学校到工作运动”所奉行的理念。基于此，本套教材既体现了教育性，又体现了职业性。如此，根据特定的工作情景需要来选择课程内容，既注重知识的系统性，又强调内容的实用性和技术的可操作性，写作风格上则注意阐明材料用量、产品规格、操作步骤、技术指标、动作要点等。

其三，教材逻辑体现“从新手到专家”秩序。该特征在《中等职业学校设施农业生产技术专业教学法》和《中职教师教育理论与实践：设施农业科学与工程专业》两部教材中体现尤为明显。作为提升师范生素养的部分核心教材，业已突破原有的教材编撰思路，体现了现代教育思想和职业教育教学规律，展示出教师应具有的先进教学理念和方法，尤其是按照教师从师技能形成特点：“示范—模仿—练习—创新”即“从新手到专家”的成长规律组织教材内容，从而增强了实用性、可操作性，便于学生自我指导学习，既遵循“理实一体”原则，又使专业技能与教学技能“同步”传递，有令人耳目一新之感。

宋士清教授率其团队以严谨的学术态度及脚踏实地的工作作风圆满完成了研发任务，并将此项目研发实践及成果系统化为职教师资培养方面的学术著作，作为学界同仁，我愿意为之作序。这套教材的出版一定能为职教师资培养单位进行课程与教学改革提供借鉴与帮助，也将对提高职教师资的专业技能及教学能力起到积极的推动作用。

石伟平

2016 年 2 月 2 日

附：石伟平先生简介

石伟平，上海人，1957 年 12 月生，文学学士（英语专业）、教育学博士（比较教育专业），现任华东师范大学长三角职业教育发展研究院院长、华东师范大学职业教育与成人教育研究所所长、亚洲职业教育学会（AASVET）会长，华东师范大学终身教授，是我国职业技术教育学专业第一位博士生导师。

主要社会兼职：上海师范大学天华学院院长，澳门城市大学教授，中国职业技术教育学会副会长兼学术委员会主任，中国职业技术教育学会科研工作委员会副主任，教育部、财政部中等职业学校教师素质提高计划专家指导委员会副主任，中国职业技术教育学会学术委员会副主任，中国职业技术教育学会科研工作委员会副理事长，全国教育规划领导小组职业技术教育学科评审组成员，中国职业技术教育学专业学科建设与研究生培养协作组组长，国务院学位办全国中等职业学校教师在职攻读硕士学位工作专家指导小组成员，教育部全国中等职业教育教学指导委员会委员，教育部高职高专人才培养工作水平评估委员会委员，上海市教育学会职业教育专业委员会主任，上海市中等职业教育课程教材改革专家咨询委员会副主任，英国伦敦大学教育学院客座研究员，美国富布莱特高级研究学者，美国加州大学伯克利分校高级访问学者，香港大学教育学院“田家炳”高级访问学者，重庆房地产职业学院特聘客座教授。

主要研究领域：职业教育国际比较研究，职业教育发展战略研究，职业教育政策研究，职业教育课程研究，现代职业教育体系研究，现代学徒制研究，职业教育办学模式改革研究，面向农村的职业教育研究，高等职业教育研究，培训与就业政策研究，职业院校校长师资专业化发展研究等。

主要研究成果：自 1995 年以来，主持了教育部哲学社会科学研究重大课题攻关项目“职业教育办学模式改革研究”，国家社会科学基金项目“职业教育的国家制度与国家政策比较研究”，教育部职业教育战略研究重大课题“职业教育战略问题的定位、定性、作用与发展研究”和“中国特色的职业教育体系研究”等 50 项科研项目；出版了《比较职业技术教育》、《时代特征与职业教育创新》、《职业教育课程开发技术》等 14 部著作；主编并且出版了《现代职业教育研究丛书》与《职业教育经典译丛》各 1 套；在国内外期刊发表了 170 多篇学术论文，并向教育部、上海市教育委员会等政府部门提交了 30 多项政策咨询研究报告。2006 年，所著《比较职业技术教育》被评为“第三届全国教育科学研究优秀成果奖”二等奖（职业教育领域的最高奖）；2011 年主编的《现代职业教育研究丛书》获“上海市第十届教育科学研究成果奖（教育理论创新奖）”一等奖；所著《职业教育课程开发技术》获“第四届全国教育科学研究优秀成果奖”一等奖。

丛书序二　研发说明

《国家中长期教育改革和发展规划纲要（2010—2020年）》发布之后，我国职业教育改革进入了加快建设现代职业教育体系、全面提高技能型人才培养质量的新阶段。为加强职教师资培养体系建设，提高职教师资培养质量，教育部明确提出，要以推动教师专业化为引领，以加强“双师型”教师队伍建设为重点，以创新制度和机制为动力，以完善培养培训体系为保障，以实施素质提高计划为抓手，统筹规划，突出重点，改革创新，狠抓落实，努力开创职业教育教师工作的新局面。正是在这一背景下，教育部、财政部决定“十二五”期间实施职业院校教师素质提高计划（教职成〔2011〕14号），经严格遴选、评审，确定43个全国重点建设职教师资培养培训基地作为项目牵头单位，选定“职教师资本科专业培养标准、培养方案、核心课程和特色教材开发”88个专业项目、12个公共项目，开发周期为3年（2013～2015年）。

“设施农业科学与工程专业职教师资培养标准、培养方案、核心课程和特色教材开发”（项目编号：VTNE058）即其100个项目之一。本项目包括6个子项目：“职教师资设施农业科学与工程专业教师标准的研发”、“职教师资设施农业科学与工程专业教师培养标准的研发”、“职教师资设施农业科学与工程专业培养质量评价方案的研发”、“职教师资设施农业科学与工程专业课程大纲的研发”、“职教师资设施农业科学与工程专业主干课程教材的研发”、“职教师资设施农业科学与工程专业数字化资源库的研发”。

1. 研发团队的组建　按照教育部、财政部及项目办（职业院校教师素质提高计划培养资源开发项目管理办公室）、专指委（职业院校教师素质提高计划职教师资培养资源开发项目专家指导委员会）的要求，依据项目申报书和委托开发协议中明确的研发思路、研发内容、研发目标，项目组首先组建了“能干事、干实事、干成事”的研发团队。宋士清为项目主持人，王久兴、宁永红、路宝利、武春成、贺桂欣、杨靖6人（排名不分先后）为子项目主持人，形成核心组；项目组研发人员达98人，分布于高等院校、中高职学校、农业管理部门、设施农业行业企业等单位，有一线专业教师、职教专家、教育教学管理专家及一线生产经营者、设施农业企业管理专家等，具有广泛的代表性。项目组明确了成员职责，理顺了合作机制，制订了研发计划，设计了技术路线，明晰了时间节点，制订了工作制度、奖惩办法、经费使用办法等。另外，项目组还聘请了全国职业教育、中高职学校、本科高等院校及设施农业行业企业的专家46人，形成咨询委员会和顾问委员会。在3年的研发实践中，项目组达成了“必须依靠专家，但不唯专家”的基本共识，凝练了“追根溯源，有依有据”的研发品质，塑造了“精益求精，勇于创新”的团队精神。以上措施保障了本项目研发方案的顺利实施和最终顺利结题验收。

2. 调研、访谈、咨询、论证　项目研发的第一步是进行广泛、深入的调研。尤其是基于专业教师标准、专业教师培养标准、专业课程大纲的主干课程教材，前期调研论证是其研发的源泉。为充分体现教材的职业性、技术性、师范性，以及适切性、科学性、先进性，项目组设计了6套调研问卷和6套访谈提纲，成立了8个调研组，分赴全国29个省（直辖市、自治区），对4类单位6个层次人员进行了调研，包括培养基地本科院校21所，其中设施农业科学与工程专业一线教师197人、学生864人；中高职学校14所，其中设施相关专业教师148人、教育教学管理人员70人、学生474人；设施农业行业企业31家，相关专家131人；另外，还调研了设施农业生产技术、现代农艺技术、果蔬花卉生产技术、种植4个专业7班次国家级骨干教师、专业带头人培训班，涉及全国126所中等职业学校，收回调研问卷2059份，完成访谈笔记8本。同时，分析了当时全国开设设施农业与工程专业的33所本科院校的培养方案，收集了教材、教案、笔记、论文、课件、录像、技术专著等大量资料。期间，项目核心组召开研讨会35次，子项目专题研讨会32次，专业模块和教师教育模块实践专家研讨会10次，专家咨询论证会5次，参加各种交流、研讨、报告、培训会议46次，对全国职教届、设施农业界知名专家、教授进行了专门单独访谈16次。形成了系列会议纪要、研讨成果等。

3. 教材研发目标与定位 专业类课程教材：围绕培养师范生"专业实践能力"、"专业实践问题的解决能力"进行开发。教材内容的选取体现学科的学术要求，并尽可能体现已应用于实际的学科前沿成果。教材内容的组织依照"任务驱动"、"问题解决"的模式，在真实或模拟的情境下，通过解决问题的方式使师范生提高解决专业问题的能力，着重培养师范生"双师素质"中的专业实践能力。教育教学类课程教材：聚焦职教师范生从事设施农业科学与工程专业教学的专门理论和方法，掌握职业教育教学基本规律，能够选择恰当的教育教学模式和教学方法，具备一定的职业教育教学能力。教育实践类课程教材：聚焦专业实践与教育教学实践相结合，注重专业教学方面的典型课程开发案例、教学设计案例、教学评价案例开发，使师范生在校学习期间就能够掌握专业教学的典型模式。

4. 教材研发指导方针 项目组认真、深入、审慎地分析了目前流行的各类专业教材体系，发现国内尚无具有本科水平的行动导向型教材范例。项目组重点参考了姜大源、徐国庆两位先生的学术观点，制订了教材研发指导方针：依据职业教育的内在要求，解构传统学科体系教材，重构行动导向型教材。

5. 教材研发理念 即"能力本位、项目驱动、理实一体"。能力本位，即打破学科体系"命题知识"至上的拘囿，突出能力培养，在操作技能习得基础上，尤其凸显设计能力、研究能力等具有本科水平的能力培养。项目驱动，即围绕项目进行知识、技能、态度等教材元素的选择与组织，既打破学科型教材远离生产世界的痼疾，又避免任务驱动型教材中对于单项技能操作的过度关注，从而在真实项目中培养学生的综合职业能力。理实一体，即打破理论与实践二元分离的格局，凸显实践优先原则，在实践中嵌入知识元素，在"教、学、做"一体化中完成职业胜任力培养。

6. 教材编写体例的研发 在前期的理论研究准备之后，项目组对教材编写体例进行了反复推敲，在缺少前人经验的情况下不断探索，核心组内专业教师和职教专家之间还曾发生过多次激烈辩论，在观念的碰撞中探索适合中国国情的、具有职教特色的、达到本科水平的专业课程教材的表现方法，最终形成了一套包括样章在内的详细编写体例：依据本科标准，体现职业导向，在广泛社会调研与实践专家研讨会的基础上，准确提炼师资岗位所对应的典型工作任务，且将其转化为学习领域，最终确定学习情境，知识、技能、态度嵌入其中。

7. 教材研发成果 经3年艰苦、扎实的工作，“设施农业科学与工程专业职教师资培养标准、培养方案、核心课程和特色教材开发”项目顺利通过教育部、财政部首批结题验收。作为核心成果之一，项目组开发的5部专业类课程教材——《无土栽培》、《设施蔬菜栽培》、《园艺设施设计与建造》、《工厂化育苗》、《设施果树栽培》，1部教育教学类课程教材——《中等职业学校设施农业生产技术专业教学法》，1部教育实践类课程教材——《中职教师教育理论与实践：设施农业科学与工程专业》，1部研究专著——《职教师资培养资源开发研究——以设施农业科学与工程专业为例》，从研发理念、编写体例到内容组织皆契合了职业教育师资培养的内在要求，特色鲜明。

8. 研发成果的影响及专家评价 2014年3月22日，在云南大学“项目阶段成果推进会”上，项目主持人宋士清教授代表本项目做了大会典型发言，介绍了本项目的研发思路和经验；2015年11月10日，“结题验收试评会”在江苏省苏州市召开，本项目经过汇报、专家质疑、答辩、评议等环节，验收专家组对项目组所做的工作及提交的16本研发成果给予了高度评价，一致认为，本项目做了大量深入、细致、开创性的工作，思路清晰，创新性强，对其他项目工作具有示范和引领作用，最终以最高分首轮顺利通过结题验收。当天，经过教育部师范教育司和教育部培养资源开发项目专家指导委员会的严格遴选，本项目作为大会唯一交流项目，由宋士清代表项目组做主题报告，并获得与会领导、专家及其他兄弟项目负责人的广泛认可。会后，有70多个兄弟项目负责人、主研人与本项目有关人员联系，索取相关资料，交流研发成果。

教育部、财政部职业院校教师素质提高计划职教师资培养资源开发项目验收专家组对本项目的评审意见如下：“项目推进堪称典范。研发团队的结构合理。研究方法科学，研发过程科学规范；项目各成果之间逻辑关系清晰，各阶段成果之间的相互依存和支撑关系明确；调研工作扎实开展、调研过程形成的资料齐全、数据统计方法比较合理、调研结论真实可信；按照结题验收的要求，全部完成项目成果，质量达标。培养方案开发的依据明确，体现专业教师标准、人才成长规律和当前中等职业教育的要求；开发过程呈现出现代职业教育理念、‘三性’融合的理念、强化实践能力的理念；评价体系合理系统；课程设计的总体思路、课程设置的依据、课程内容确定的依据明确；课程基本内容和学时分配科学；科学设计学习性工作任务；实践教学环节设计合理；以职教师资能力素质培养导向，采用各种不同的教学方式。建议提高项目的转化率，在自己校内开始推广使用。”

限于项目组的能力与水平，项目教材肯定还存在很多不足之处，恳请各位专家、同行提出批评意见，不吝赐教，万分感激！

特别感谢专家指导委员会、专家咨询委员会、专家顾问委员会的各位专家，以及兄弟项目对本项目成果的重要贡献！

教育部、财政部职业院校教师素质提高计划
“设施农业科学与工程专业职教师资培养标准、培养方案、
核心课程和特色教材开发”项目组
2016年3月26日

附：项目主持人简介

宋士清，男，汉族，1965年6月生，河北省黄骅市人，中国共产党党员。毕业于南京农业大学园艺学院蔬菜学专业，博士研究生。河北科技师范学院学术带头人，教授，硕士研究生导师，现任河北科技师范学院党委委员、继续教育学院院长。国家科学技术奖励评审专家，教育部高等学校中等职业学校教师培养教学指导委员会委员。河北省科学技术奖励评审专家，河北省第五批高校中青年骨干教师津贴人员，河北省“三三三人才工程”第三层次人选，河北省“三育人”先进个人，河北省重点学科蔬菜学科负责人。秦皇岛市博士专家联谊会农业分会副会长，秦皇岛市现代农业发展协会副会长，秦皇岛市科学技术协会第八届常委，秦皇岛市科学技术普及研究会理事、常务理事、科普理论研究专业委员会副主任。一直从事栽培设施设计、设施蔬菜栽培、精准蔬菜技术、蔬菜逆境生理的教学、研究工作。获教学成果奖国家级二等奖1项，省级一等奖2项、二等奖2项、三等奖1项；主持国家级、省级项目5项，第1作者发表论文42篇，出版系列教材、论著38部，其中主编13部、主审3部、副主编5部；主持的“设施蔬菜栽培学”为国家级精品课程。教育部、财政部“设施农业科学与工程专业职教师资培养标准、培养方案、核心课程和特色教材开发”（编号：VTNE058）项目主持人。

前　言

依据教育部办公厅《职教师资本科专业培养标准、培养方案、核心课程和特色教材开发项目管理办法》（教师厅〔2013〕5号）、专家指导委员会和项目管理办公室《职教师资本科专业培养标准、培养方案、核心课程和特色教材开发项目指南》、专家指导委员会《关于项目成果开发若干问题的指导意见》等文件精神，项目组开发的本教材与传统教材不同，一改学科型教材编撰风格，从知识本位转向能力本位，从学科体系转向工作体系，体现了“理实一体”的编撰理念、“工作框架”的组织原则、“从新手到专家”的职业成长规律，以及注重设计与思维训练的“本科标准”。

其一，充分体现“理实一体”的编撰理念。以“实践”作为职业教育的逻辑起点，体现“实践”优先原则，强调在实践情境中构建理论知识，并习得只有在实践情境中才能获得的默会知识，将理论知识与实践过程在“实践—理论—再实践”循环往复中进行整合。

其二，充分体现“工作框架”的组织原则。根据企业、行业标准，以“工作框架”为原则，分析典型工作任务，并将项目任务依据并列、递进或包含的关系演绎为学习任务。从而将知识、技能等教材元素嵌入工作框架之中，组织教材内容。

其三，充分体现“从新手到专家”的职业成长规律。变革传统学科型教材以知识难易程度排序原则，教材依照“模仿—提升—创造”的“从新手到专家”的职业成长规律，安排教材内容顺序，通过范例呈现、模仿问题和原理的解析过程，将设施农业科学与工程专业知识、技能等嵌入教师培养中。

其四，充分体现“本科标准”。不仅注重学生知识、技能的培养，而且更重视设计与思维的训练，凸显本科教学区别于高职的层次。

本教材总体上改变了传统知识观，使命题知识与能力知识并重；明言知识与默会知识并重。另外，改变了“知识是技能的基础”的传统观点，将“知识—技能”单向关系变革为双向关系，从而将教材编撰的“应用模式”转向“建构模式”。本教材尤其体现了师范性、学术性与技术性“三性”合一特点。

教材编撰人员充分理解本教材指导思想，熟悉设施农业科学与工程专业、中职教师两个领域的基本要求。具体分工如下：路宝利、崔万秋担任主编，负责本书编撰指导思想起草、框架搭建及统稿工作；副主编朱玉莲、闫志军和王晶协助主编工作；第一和第二章由毕开颖编写；第三至第六章由秦文编写；第七和第十二章由程超编写；第八和第十六章由刘伟洋编写；第九章由路宝利编写；第十章由闫志军编写；第十一章由范博编写；第十三和第十四章由王晶编写；第十五章由朱玉莲编写。付蕾和凌志杰参与了本教材框架结构的设计。另外，河北科技师范学院职业教育研究所研究生王志兰、李双玥、吴佳露、郑冠群、董丽娇、董慧超参与了编撰工作。

由于本教材与传统同类教材在编写理念、体例与内容等各方面皆不相同，初次变革，难免出现疏漏与不足，敬请各位专家、同行批评指正！

编　者

2016年8月22日

目　　录

第一章 教师职业认知

【内容简介】本章介绍了教师的概念、教师的角色、教师的权利和义务、教师专业发展，以及教师职业认同等相关理论，通过本章学习，学生对教师职业的发展环境及素质要求将有一个概貌性了解。

【学习目标】使学生了解教师概念、教师的职责和任务；掌握教师角色、教师专业发展及教师职业认同等相关理论。

【关键词】职业角色；专业成长；教师职业认同。

一、中职教师体验

（一）岗位体验

安排学生到中等职业学校岗位实习：做班主任、做任课教师、做教学管理辅助工作。

岗位实习期间需完成如下任务。

1. 班主任体验

1）定期召开班级会议、班干部会议，突出学生的主体地位，让学生及时了解自己，学会自己管理自己，并及时根据班级具体情况，给予正确的指导。

2）培养班干部队伍，建立一支积极进取、责任心强、管理能力强的班干部队伍。营造读书氛围，创建书香班级。培养学生良好的行为规范，弘扬正气，形成勤思好问的学风和团结进取的班风。

3）学生之间开展德、智、体量化考核评比，增强学生学习动力，提高学习成绩。制订班干部轮值制度及班级公约，以维持早读、课堂及晚自习等班级学习秩序。

2. 任课教师体验

1）熟悉并掌握所任学科的教学大纲，钻研教材，认真备课，写好教案，认真上好课，精心设计学生作业，并及时认真批改。努力提高每节课的质量。

2）做好教学计划和总结，改进教学方法，提高教学效率，注意发挥教师和学生两方面的积极性，注意开发智力，发展能力，培养创造型人才。

3）把握教材的重难点体系和内在联系，从学生实际出发，加强基础知识和基本技能的学习，发展智力、培养能力，按计划实施有效的教学，注重学生动手能力和技能的培养。专业教师必须对学生进行严格的技能训练，负责本专业学生的技能培训与测试。

4）严格作业和考试制度，精心布置、批改作业，有计划地搞好测验考核，杜绝抄袭作业和考试作弊，及时搞好质量分析，因材施教。

3. 教学管理体验

1）教导处负责各教研组的管理、考核、监督工作；负责教师培训和考核工作；负责学校各种教学方法、教学改革的推动工作；负责落实、检查和监督各教研组教研活动实施情况；负责组织各类教研活动及对外交流工作。

2）学生处负责开展学生政治思想主题教育活动。通过黑板报、周一的升旗仪式、校会、班会等活动，树立学生正确的人生观、世界观、价值观；负责抓好学生安全、法纪、礼仪和情感等教育，重点抓好新旧生之间的融洽、和谐，防控新旧生之间的矛盾和暴力冲突。

3）人事处负责教职工考核、鉴定和奖惩工作，办理干部职工的选拔录用、转正定级、调动任免等工作；负责全校工资总额核定及各类人员的工资、奖金、津贴、补助、酬金、加班费的管理、核发及调整工作；负责组织全校各类专业技术职务的岗位设置、考核、评审、聘任和工人技术等级的考聘工作。

（二）体验分享

针对中职学校班主任岗位、任课教师岗位、教学管理岗位的不同体验，学生进行总结和思考，分岗位类别对体验进行分析，课下撰写3000字左右的个人心得体会，并在课堂上分组交流讨论，每5～6名学生一组，每名学生就自己的心得体会进行发言，并提出关于自己体验过程中产生的问题，并与本组同学进行讨论，将讨论结果向教师汇报。

二、中职教师理解

（一）中职教师是什么

1. 范例

老师像辛勤的园丁，培育着桃李；
老师像红烛，燃烧自己，照亮我们；
老师像春蚕，默默无闻，无私无畏；
老师像一盏灯，为我们照亮前方的道路。

2. 问题与原理

（1）园丁说　教师像辛勤的园丁培育园中的幼苗那样，培养着学生。作为一个好的园丁，对于什么时候需要浇水，什么时候需要施肥，什么时候需要除草灭虫，什么时候需要修枝剪叶，什么时候需要护蕾授粉，什么时候需要防治病毒，都一一了然于心，能够做到处处关心、处处留意，经常能从一点小的征兆捕捉到潜在的大问题。

柳宗元在《郭橐驼传》中指出，“橐驼非能使木寿且孳也，能顺木之天以致其性焉尔。”大意为：我郭橐驼不是能够使树木活得长久而且长得很快，只不过能够顺应树木的天性，来实现其自身的习性罢了。事实上，教师是园丁的说法是片面的，应该说，教师不仅是园丁，园丁的比喻看不出师生相互作用的过程，也忽视了教师自己价值的直接呈现方式。

（2）红烛说　我们常把教师比作红烛，燃烧了自己，照亮了他人。只有具有崇高师德的教师，燃烧后释放出来的才是正能量。只有将“烛光”照进学生的心里，才能在自己熄灭以后，仍然能够引领学生行驶在正确的航道，照亮学生的整个人生。正如苏联教育家苏霍姆林斯基所说：“一个人为了使他人幸福而奉献出自己的精神力量，并由此享受到高尚的、无私的欢乐——这种榜样是照耀青年一代生活道路的强大的光源。”

用蜡烛的燃烧比喻人由少到老，生命在生活工作中一天天缩短，未尝不可。然而不仅仅是教师，任何一位为人民服务的工作者，其一生都是在燃烧自己，照亮别人。这是一种很崇高的精神境界。但世界上有一种资源，不但不会减少，而且还会越来越多，那就是教育教学工作中教师的学养和经验。正如科学家严济慈所说："什么东西你给了别人，自己反而更多了？——知识。教师在传授知识时，你把知识教给了别人，你自己的知识就更丰富了。"

中职教师是实用技能的传授者，他们传授的技能是学生生存的根本，他们的辛勤工作为国家培养出一批批出色的职业人才。他们不仅要对学生进行思想政治教育和职业道德教育，培养学生的职业态度，更重要的是组织学生实习，通过现场或模拟职场真实、逼真的环境，深化和拓展专业的学习，培养学生模仿、操作、实践、制作产品的应用性能力，从而使学生顺利完成"从学校到工作"的过渡。

（二）中职教师为了什么

1. 范例

> 全国优秀教师、青海省互助土族自治县东山乡什巴小学校长刘让贤原是天津人，后响应党的号召随家迁居青海，在青藏高原的七沟八梁穷僻山村当小学校长。这个学校20多年先后分来38位教师，走了32位，最长的干了两年，最短的只待了半年。而刘让贤却成了这个学校的长期守望者。面对贫困、闭塞和极其恶劣的环境，他没有怨天尤人，而是从一点一滴小事做起，脚踏实地地进行教育教学工作，把穷乡僻壤的孩子们引入了知识的殿堂，取得了显著的成绩。他家境贫寒，穿的是补丁衣服，吃的是开水泡馍馍，他太需要钱了。可当他获得"柏宁顿孺子牛金球奖"奖金十万元时，他一分不留，全捐了出去，设立了全县教育奖励基金，他说：我在物质上是贫乏的，而在精神上是富有的。

2. 问题与原理

（1）*教师的生存发展原理* 教师的生存与发展方式不外乎是教师职业、专业及事业三个角度。相应地，我们把教师的生存与发展类型分为职业型教师、专业型教师及事业型教师三种。

职业型教师主要表现在课堂教学之中的"贩卖知识"（照本宣科与填鸭灌输）及"目中无人"（忽视学生的客观存在），此外，也表现在课外的"事不关己"（责任心不强及主人翁精神的缺失）。处于职业层次的教师群体仅仅是把从教当作谋生的基本手段之一，在疲于应对经济生活的窘迫与压力之下，大多数教师靠忙于"出售知识"或兼职而生活，无暇顾及知识的理论探究与创新，即专业发展问题。当然，也就更不可能奢谈把教师事业当作生存与发展的人生奋斗目标。

专业型教师主要表现在课堂教学之中，以高深的专业技术来有效解决学生在知识学习、掌握及运用之中存在的问题；在课外，专业型教师能以适当的教育技术和策略解决学生的生活与心理问题。从字面意思来说，专业就是专门的职业，即教师群体在经济待遇提高到一定程度后已经把从教当作几乎唯一的生存与发展方式，尽管这个层面上的教师生存与发展方式仍旧没有摆脱职业的外在束缚，但毕竟是高于上述单纯把从教当作谋生手段的生存与发展方式。

事业型教师主要表现在生活之中不仅关注自身的生命价值和意义，而且能以自己的生命智慧去引导和促进学生的生命成长；而在课堂之上，事业型教师不再是仅仅传授知识的“教书匠”，也不再是仅仅以高深的专业技术来“僵化”“机械”地处理有关生命成长的问题，而已经是把科学教育和人文教育有机融合在一起的教育大师。关照学生生命的成长、引领他人生命的航向、促进从教心态的生命化是事业型教师的刻意追求。

(2) 陶行知师德观

1）捧着一颗心来，不带半根草去。陶行知先生认为教师首先要认识到自己肩上的重任，只有把自己的整个爱心无私地奉献给孩子，才能完成教育的使命。他是一个不计个人得失、富于献身精神的人，他为了改造中国的乡村教育，辞掉了大学教授的职位，把积攒多年的一千银元拿出来试办晓庄师范学校。现在陶行知先生的出生地安徽省歙县黄潭源村，除了故居屋基前后的流水和翠竹外，他没有任何产业。他完全实践了自己“捧着一颗心来，不带半根草去”的誓言。陶行知先生的“捧着一颗心来，不带半根草去”的高尚情操，闪烁着伟大中华民族的光辉，它给我们留下了极为宝贵的精神财富，值得我们去学习、继承和发扬，永远是后代人学习的榜样。

2）学而不厌，诲人不倦。“学而不厌，诲人不倦”突出地体现了教师的职业特点，也是我国教师的传统美德，陶行知先生认为：“我们做教师的人，必须天天学习，天天进行再教育，才能有教师之乐无教学之苦”，只有“学而不厌”，才能“诲人不倦”，他说：“要想学生好学，必须先生好学”。我们只要认真学习陶行知先生的这种高尚的师德修养和献身精神，努力去开发和利用他的博大精深的教育思想和精神财富，就一定会有力地促进我们的课程改革和教育事业的大发展。

（三）中职教师做什么

1. 范例

范例 1：

湖北咸宁特级教师杨桦老师讲过这样一个故事。

一天，我正在办公室批改作文，高三（6）班学生刘勇走到我面前，脸上带着一点不安的神色小声对我说：“杨老师，请您帮我看一首诗。”说完，把他写的诗歌递给我，我说：“你怎么不给赵老师看？”他低着头没有吭声。“她是你的班主任，又是语文老师。”我一边伸手接过诗，一边唠叨着。“赵老师看过，说我是癞蛤蟆……”“这是什么意思？”“说我期中考试有两门不及格，还写什么诗。”“哦！”我望望刘勇，眼睛落在他写的诗上。诗前面的题记一下子抓住了我的心——“山里孩子最喜欢什么？山鹰！我，一个山里孩子，也要像山鹰一样，有着搏击长空的雄心和信心”这哪里是“题记”啊，是理想之光！是童心在闪耀！看后，我鼓励了刘勇一番，并指出诗的缺点以及如何修改，刘勇带着希望和信心离开了办公室。第二天，又将修改稿送来了，我给他写了一段评语，并将诗和评语寄给《山西语文报》。过了不久，《山西语文报》在发表园地专栏用红标题将《山鹰》登了出来。《山鹰》发表后，刘勇还陆续收到来自全国各地的鼓励信。“山鹰”起飞了。这年放寒假，刘勇的班主任赵老师告诉我，期末考试刘勇跃升到前面，还说谢谢我助他一臂之力。

范例2:

有一位名叫王军的学生，在家比较淘气，上了学，家长很不放心。一天，他的爸爸妈妈一起来到学校，想了解孩子的情况。一进老师的办公室，发现王军像个泥猴，关老师正给他洗脸洗手，王军的爸爸是个中学语文教师，见到此情此景心里很激动，连连说道："老师啊，老师，你让我这个中学教员说什么好呢？"王军洗得干干净净地跑出去以后，关老师向两位家长介绍了王军入校后的情况，并分析了王军的个性特点，还具体提出了如何对王军进行引导培养的设想。

2. 问题与原理

(1) 教师的常规角色　"角色"是指个人在一定的社会规范中履行一定社会职责的行为模式。教师职业的最大特点就是职业角色的多样化。一般来说，教师职业角色主要有以下几种。

1）传道者。教师具有传递社会传统道德、正统价值观念的使命。进入现代社会后，虽然道德观、价值观呈现多元化的特点，但教师的道德观、价值观总是代表着社会主导地位的道德观、价值观，并且用这种观念引导年轻一代。

2）授业解惑者。唐代的韩愈在《师说》里说："师者，所以传道、授业、解惑也。"教师是各行各业建设人才的培养者，在掌握了人类经过长期的社会实践所获得的知识经验、技能的基础上，对其精心加工整理，然后以便于年轻一代学习掌握的方式传授给学生，帮助他们在很短的时间内掌握人类几百年、几千年积累的知识，形成自己的知识结构和技能技巧。

3）管理者。教师对教育教学活动的管理包括确定目标、建立班集体、制订和贯彻规章制度、维持班级纪律、组织班级活动、协调人际关系等，并对教育教学活动进行控制、检查和评价。

4）示范者。教师的言行是学生学习和模仿的榜样。夸美纽斯曾很好地解释了这种角色特点，他说，教师的职务是用自己的榜样教育学生。学生具有向师性的特点，教师的言论、行动，为人处世的态度，对学生具有耳濡目染、潜移默化的作用。

5）父母与朋友。教师往往被学生视为自己的父母或朋友。低年级的学生倾向于把教师看做是父母的化身，对教师的态度类似于对父母的态度；高年级的学生则往往视教师为朋友，希望得到教师在学习、人生等多方面的指导，同时又希望教师是分担自己的快乐与痛苦、幸福与忧愁的朋友。

6）研究者。教师工作的对象是充满生命力的、千差万别的个体，传授的内容是不断发展变化的科学知识和人文知识，教育过程又是一个复杂的动态变化过程。这就决定了教师不能以千篇一律的态度对待自己的工作，而是要以一种变化发展的观点、研究的态度对待自己的工作对象、工作内容和各种教育活动，不断学习新知识、新理论，不断反思自己的实践，不断发现新的特点和问题，以使自己的工作适应不断变化的形势，并且有所创新。

(2) 新课改背景下教师的角色

1）学习引导者和学生发展的促进者。当前学生的学习方式正从传统的接受性学习向探究性学习转变，这就要求教师从知识的传授者向学生学习的促进者角色转变。具体要求包括：帮助学生树立正确的学习目标，指导学习方法，培养学生学习兴趣，为学生学习创造必要条件等。

2）课程的建设者和开发者。教师不仅是课程的实施者，还要参与课程的建设和开发，与学科专家一道开发各种教育资源。

3）教学的研究者和反思的实践者。教师不仅是教学者，还是研究者。要在教育实践的基础上，探讨研究教育教学规律，指导教育实践。

4）开放型的社区教师。随着社会发展，学校教育与社会的联系更加密切，教师的教育不再局限于学校和课堂，而是向社会延伸，成为开放型的社区教师。

5）终身学习的践行者。终身教育理念被社会广泛认同并付诸实践。教师也应该秉承终身学习理念，时时刻刻注意学习，促进自身的发展。

（四）中职教师环境如何

1. 范例

在无锡商业职业技术学校的校园内，有一家珠宝店，里面的店员都是市场营销专业的学生，他们的工作也和外面商场门店的正式员工一样。据了解，该校2014级市场营销专业招收了100多名学生，其中50名是和当地一家珠宝公司联合招收的。进校的同时也成为这家企业的准员工，并计算工龄。毕业后如果进入企业工作，企业会按照相应的工龄发放工资和福利。

学生蒋秀颖：在这个店里面我们会学习商品陈列，我们的销售经验也会有所增加。让我们在毕业之后，能够更快地接受这份工作。但由于学生较多，锻炼的机会并不是很多。而且作为学生，我们总觉得和真正的员工有区别，没她们有自信。

除了把门店开到学校进行现场教学，每个班级由学校和企业双方来共同制订教学计划。该校电子商务教研室主任章萍介绍说：我们学校的老师，主要给学生电子商务专业方面一些基础的技能。企业方面是更紧密地结合企业的需求，给予学生职业素养职业技能，主要是由我们企业班主任来教授给学生的。在实习阶段，学生在工作环境中学习技能的积极性较高，但在日常课堂当中，教学存在一定的难度，学生很难管理，学习知识的态度不够端正。

随后记者悄悄走进课堂，发现正如张萍主任所说，很多学生很难融入到课堂教学中，玩手机、睡觉、说话等现象层出不穷。

2. 问题与原理

(1) 中职面临什么样的政策环境——与社会经济发展相协调原理

1）经济发展为职业教育奠定基础。辩证唯物主义告诉我们，物质生产活动是人类社会赖以生存和发展的最基本的社会活动，是其他一切社会活动的基础。一般来说，社会经济发展水平高，社会能提供的就业机会也多，其中职业教育的就业机会也就增加了。社会能否给职业教育者提供就业机会，是职业教育能否发展的基本前提和条件。社会物质生产的发展既为职业教育的发展提供条件，又对职业教育不断提出新的要求，成为推动职业教育发展的根本性的社会动力。

2）经济发展对职业教育提出要求。教育作为社会延续和发展的工具，必然要适应社会发展的需要，特别是要适应经济发展的需要。作为与经济密切相关的职业教育更是突出。职业教育应紧密根据产业结构的调整、就业结构的变化、技术结构的要求建立与之适应的层次结构，满足生产管理第一线各类应用型人才的需求。职业教育的专业结构受社会生产的分工状况和社会职业结构制约，由于社会生产的分工状况处于不断变化之中，职业教育的专业结构也需要不断调整。

3）职业教育是实现劳动力生产和再生产的重要手段。对任何一个国家来说，经济发展都需要一支懂生产、能使用现代生产工具、能运用先进生产技术的技术人员队伍。随着人类社会的进步和社会活动的长期实践，教育对经济发展的作用越来越明显，也越来越被人们所认识。社会生产力中最重要的组成部分是劳动力，劳动者积极性和创造性越高，劳动的技能和方法越熟练，他创造的财富就可能越多。但劳动者的素质需要通过后天的教育和训练才能形成。随着经济的发展，生产劳动活动日益复杂化、知识化，要求劳动者的综合素质不断提高，这就使得教育特别是职业教育逐渐成为了劳动力生产和再生产的重要手段。

4）职业教育是提高劳动力配置效益的重要方法。职业教育，尤其是适当的职业指导，能将不同能力倾向、兴趣、爱好的人导向相应的职业岗位，使个性特征与社会需要相结合，充分发挥人的潜能，从而提高劳动力的配置效益，促进经济的发展。对用人单位来说，需要各种各样能胜任工作而又与职业的发展相适应的劳动者。如果个人的兴趣与社会的需要不能很好结合，很可能引起个体在工作岗位上不安心工作，降低工作效率，引发劳动力的非必要再次流动、再次培训和职业角色的重新塑造，这样会降低整个社会生产的效率，对经济发展产生不良影响。职业教育可以通过专业结构、层次结构的调整及在职培训促进劳动力的合理流动。

(2) 中职学校校园文化特质——校企合一　对于中职职业学校，校园文化是以职业学校为载体，通过历代师生的传承和创造，所积累的精神成果和蕴涵这种精神成果的物质成果的总和。它的定位是培养面向基层，面向生产、服务和管理第一线职业岗位的实用型、技能型专门人才，是以服务为宗旨，以就业为导向，以行业、企业、社会区域为依托。因此，决定了其校园文化除具有一般校园文化的共性外，还具有如下个性特征。

1）应用性。这是由职业学校的人才培养目标所决定的，也是它的主要特征。

2）职业选定性。学生一进校，就选定了就业的方向，学生要根据所选职业的岗位要求，确立自己的职业理想、职业规划、职业道德，并掌握足够的专业技能。

3）特色性。职业学校要立足就要办出特色，要注重突出自己的特色专业、优势专业。在校园文化的建设过程中，要注重这些专业知识的渗透，使校园文化具有鲜明的特色。

4）行业指向性。职业学校要依托行业办学，校园文化也要随着社会、行业文化的发展而不断变化，这也是职业学校文化始终保持先进性的必然要求。

(3) 中职学校教室的特点——教学车间　1868年，莫斯科帝国大学校长德拉·奥斯创立了俄罗斯制。奥斯采取对工艺过程进行分割的方法设计课程，并对学生集中授课，开创了在学校实施职业教育的模式。“事实证明，把技术加以分解并且排列成教学程序是可能的；只要具备适当的设备，一个教师可以同时向很多学生传授技术。”奥斯认为：“每个人都清楚，要掌握某种艺术，如绘画、音乐等，最初按照循序渐进的规律进行才有效；学生必须遵循某种明确的方法或经过某种训练，并慢慢地、逐渐地克服所遇到的困难。”为此，奥斯为每种有特色的技术或手艺（如细木工、铁匠、木匠等）建立教学车间。奥斯教学车间由生产车间改造而来，并在为教学车间制订教学大纲时，偶然发现自己激进的教育革新，即依靠车间教学的方法，手工操作过程可以抽象化、系统化，可以有效地讲授。奥斯不仅分析每一种工艺的合成技能，而且按照教学次序对它们加以安排；还把绘图、模型和工具结合起来，进行循序渐进地练习。通过这些练习，学生能够在教师的指导下达到一定的技能标准。1876年费城博览会后，“俄罗斯制”被伍德沃德与朗克尔手工教育思想所吸收。

（五）中职教师专业发展如何

1. 范例

> 为了实现专业教师建设目标，温州职业中专从“双师型”教师队伍建设、外聘兼职专业教师和文化课教师转型等渠道来进行。
>
> 学校充分利用企业资源进行实践教学和教师培训，建立专业教师定期到企业实践的机制，积极组织教师参与企业相关的生产、技术开发、技术服务等活动，不断更新教师的专业知识和技能，提高他们的实践能力，为教师下企业实践创造必要的条件。
>
> 以数控专业为例，数控技术近年来市场需求旺盛，在有利于数控专业学生就业的同时，也造成了数控专业师资，特别是同时具备相当的理论知识和丰富的实践经验的数控专业师资严重不足。学校将专业教师有计划地送到企业进行数控技术岗位实践和见习，根据对数控技术的教学需求进行实战培训，重点放在工艺技术、解决问题等方面。同时，积极倡导企业提早参与学校专业教学活动，促进学校的教育教学改革，为企业提供符合要求的毕业生。

2. 问题与原理

(1) 教师专业发展阶段理论

1）教师成长的三阶段理论。福勒和布朗根据教师的需要和不同时期所关注的焦点问题，把教师的成长划分为关注生存、关注情境和关注学生三个阶段。

关注生存阶段：这是教师成长的起始阶段，处于这个阶段的一般是新手型教师，他们非常关注自己的生存适应性。他们注重自己在学生、同事以及学校领导心目中的地位，出于这种生存忧虑，教师会把大量的时间用于处理人际关系或者管理学生。

关注情境阶段：当教师认为自己在新的教学岗位上已经站稳了脚跟后，会将注意力转移到提高教学工作的质量上来，如关注学生学习成绩的提高、关心班集体的建设、关注自己备课是否充分等。一般来说，老教师比新手型教师更关注这个阶段。

关注学生阶段：在这一阶段，教师能考虑到学生的个别差异，认识到不同年龄阶段的学生存在不同的发展水平，具有不同的情感和社会需求，因此教师应该因材施教。可以说，能否自觉关注学生是衡量一个教师是否成熟的重要标志。

可见，教师发展的每个阶段都有不同的关注重点和需要，这会影响教师的教学活动和课堂行为。但是需要指出的是，并不是每个教师的发展都会完全经历这三个阶段，事实上，有些教师从来就没有进入到第三个阶段。

2）教师发展的五阶段理论。教师发展的五阶段理论，是美国亚利桑那州立大学的伯利纳在人工智能领域的“专家系统”研究，以及德赖弗斯职业专长发展五阶段理论的基础上，根据教师教学专业知识和技能的学习及掌握情况提出的。

新手阶段：新手型教师是指经过系统教师教育和专业学习，刚刚走上教学工作岗位的新教师，他们表现出以下特征：理性化，处理问题缺乏灵活性，刻板依赖规定。这个阶段教师的主要需求是了解与教学相关的实际情况，熟悉教学情境，积累教学经验。

熟练新手阶段：新手型教师在积累了一定的知识和经验后逐渐发展成为熟练新手，其特征主要表现为：实践经验与书本知识的整合；处理问题具有一定的灵活性；不能很好地区分教学情境中的信息；缺乏足够的责任感。一般来说，具有2～3年教学经验的教师处于这一阶段。

胜任阶段：大部分的新手型教师在经过3～4年的教学实践和职业培训之后，能够发展成为胜任型教师，这是教师发展的基本目标。胜任型教师的主要特征是：教学目的性相对明确，能够选择有效的方法达到教学目标，对教学行为有更强的责任心，但是教学行为还没有达到足够流畅、灵活的程度。

业务精干阶段：一般来说，到第五年，积累了相当知识和教学经验的教师便进入了业务精干的发展阶段。在此阶段，教师表现出以下的特征：对教学情境有敏锐的直觉感受力，教师技能达到认知自动化水平，教学行为达到流畅、灵活的程度。

专家阶段：专家阶段是教师发展的最终阶段，只有少部分教师才能达到这个阶段。专家教师在教学方面的主要特征是：观察教学情境、处理问题的非理性倾向，教学技能的完全自动化，教学方法的多样化。

(2) **职业生涯目标**　职业生涯目标是指个人在选定的职业领域内未来时点上所要达到的具体目标，包括短期目标、中期目标和长期目标。

职业生涯目标一般都是在进行个人评估、组织评估和环境评估的基础上，由组织里的部门负责人或人力资源部负责人与员工个人共同商量设定。注意生涯目标要具体明确、高低适度、留有余地，并与组织目标相一致。

职业生涯目标的确定包括人生目标、长期目标、中期目标与短期目标的确定，它们分别与人生规划、长期规划、中期规划和短期规划相对应。一般，我们首先要根据个人的专业、性格、气质和价值观及社会的发展趋势，确定自己的人生目标和长期目标，然后再把人生目标和长期目标进行分化，根据个人的经历和所处的组织环境制订相应的中期目标和短期目标。

1）人生规划：整个职业生涯的规划，时间长至40年左右，设定整个人生的发展目标。例如，规划成为一个有数亿资产的公司董事。

2）长期规划：5～10年的规划，主要设定较长远的目标。例如，规划30岁时成为一家中型公司的部门经理，规划40岁时成为一家大型公司副总经理等。

3）中期规划：一般为2～5年内的目标与任务。例如，规划到不同业务部门做经理，规划从大型公司部门经理到小公司做总经理等。

4）短期规划：2 年以内的规划，主要是确定近期目标，规划近期完成的任务。例如，对专业知识的学习，2 年内掌握哪些业务知识等。

在确定以上各种类型的职业生涯目标后，就要制订相应的行动方案来实现它们，把目标转化成具体的方案和措施。这一过程中比较重要的行动方案有职业生涯发展路线的选择、职业的选择和相应的教育及培训计划的制订。

【附件】

中等职业学校教师专业标准（试行）

为促进中等职业学校教师专业发展，建设高素质“双师型”教师队伍，根据《中华人民共和国教师法》《中华人民共和国职业教育法》《中华人民共和国劳动法》，特制定《中等职业学校教师专业标准（试行）》（以下简称《专业标准》）。

中等职业学校教师是履行中等职业学校教育教学工作职责的专业人员，要经过系统的培养与培训，具有良好的职业道德，掌握系统的专业知识和专业技能，专业课教师和实习指导教师要具有企事业单位工作经历或实践经验并达到一定的职业技能水平。《专业标准》是国家对合格中等职业学校教师专业素质的基本要求，是中等职业学校教师开展教育教学活动的基本规范，是引领中等职业学校教师专业发展的基本准则，是中等职业学校教师培养、准入、培训、考核等工作的基本依据。

（一）基本理念

1. 师德为先

热爱职业教育事业，具有职业理想、敬业精神和奉献精神，践行社会主义核心价值体系，履行教师职业道德规范，依法执教。立德树人，为人师表，教书育人，自尊自律，关爱学生，团结协作。以人格魅力、学识魅力、职业魅力教育和感染学生，做学生职业生涯发展的指导者和健康成长的引路人。

2. 学生为本

树立人人皆可成才的职业教育观。遵循学生身心发展规律，以学生发展为本，培养学生的职业兴趣、学习兴趣和自信心，激发学生的主动性和创造性，发挥学生特长，挖掘学生潜质，为每一个学生提供适合的教育，提高学生的就业能力、创业能力和终身学习能力，促进学生健康快乐成长，学有所长，全面发展。

3. 能力为重

在教学和育人过程中，把专业理论与职业实践相结合、职业教育理论与教育实践相结合；遵循职业教育规律和技术技能人才成长规律，提升教育教学专业化水平；坚持实践、反思、再实践、再反思，不断提高专业能力。

4. 终身学习

学习专业知识、职业教育理论与职业技能，学习和吸收国内外先进职业教育理念与经验；参与职业实践活动，了解产业发展、行业需求和职业岗位变化，不断跟进技术进步和工艺更新；优化知识结构和能力结构，提高文化素养和职业素养；具有终身学习与持续发展的意识和能力，做终身学习的典范。

（二）基本内容

维度	领域	基本要求
专业理念与师德	（一）职业理解与认识	1. 贯彻党和国家教育方针政策，遵守教育法律法规。 2. 理解职业教育工作的意义，把立德树人作为职业教育的根本任务。 3. 认同中等职业学校教师的专业性和独特性，注重自身专业发展。 4. 注重团队合作，积极开展协作与交流。
	（二）对学生的态度与行为	5. 关爱学生，重视学生身心健康发展，保护学生人身与生命安全。 6. 尊重学生，维护学生合法权益，平等对待每一个学生，采用正确的方式方法引导和教育学生。 7. 信任学生，积极创造条件，促进学生的自主发展。
	（三）教育教学态度与行为	8. 树立育人为本、德育为先、能力为重的理念，将学生的知识学习、技能训练与品德养成相结合，重视学生的全面发展。 9. 遵循职业教育规律、技术技能人才成长规律和学生身心发展规律，促进学生职业能力的形成。 10. 营造勇于探索、积极实践、敢于创新的氛围，培养学生的动手能力、人文素养、规范意识和创新意识。 11. 引导学生自主学习、自强自立，养成良好的学习习惯和职业习惯。
	（四）个人修养与行为	12. 富有爱心、责任心，具有让每一个学生都能成为有用之才的坚定信念。 13. 坚持实践导向，身体力行，做中教，做中学。 14. 善于自我调节，保持平和心态。 15. 乐观向上、细心耐心，有亲和力。 16. 衣着整洁得体，语言规范健康，举止文明礼貌。
专业知识	（五）教育知识	17. 熟悉技术技能人才成长规律，掌握学生身心发展规律与特点。 18. 了解学生思想品德和职业道德形成的过程及其教育方法。 19. 了解学生不同教育阶段及从学校到工作岗位过渡阶段的心理特点和学习特点，并掌握相关教育方法。 20. 了解学生集体活动特点和组织管理方式。
	（六）职业背景知识	21. 了解所在区域经济发展情况、相关行业现状趋势与人才需求、世界技术技能前沿水平等基本情况。 22. 了解所教专业与相关职业的关系。 23. 掌握所教专业涉及的职业资格及其标准。 24. 了解学校毕业生对口单位的用人标准、岗位职责等情况。 25. 掌握所教专业的知识体系和基本规律。
	（七）课程教学知识	26. 熟悉所教课程在专业人才培养中的地位和作用。 27. 掌握所教课程的理论体系、实践体系及课程标准。 28. 掌握学生专业学习认知特点和技术技能形成的过程及特点。 29. 掌握所教课程的教学方法与策略。

续表

维度	领域	基本要求
专业知识	（八）通识性知识	30. 具有相应的自然科学和人文社会科学知识。 31. 了解中国经济、社会及教育发展的基本情况。 32. 具有一定的艺术欣赏与表现知识。 33. 具有适应教育现代化的信息技术知识。
专业能力	（九）教学设计	34. 根据培养目标设计教学目标和教学计划。 35. 基于职业岗位工作过程设计教学过程和教学情境。 36. 引导和帮助学生设计个性化的学习计划。 37. 参与校本课程开发。
	（十）教学实施	38. 营造良好的学习环境与氛围，培养学生的职业兴趣、学习兴趣和自信心。 39. 运用讲练结合、工学结合等多种理论与实践相结合的方式方法，有效实施教学。 40. 指导学生主动学习和技术技能训练，有效调控教学过程。 41. 应用现代教育技术手段实施教学。
	（十一）实训实习组织	42. 掌握组织学生进行校内外实训实习的方法，安排好实训实习计划，保证实训实习效果。 43. 具有与实训实习单位沟通合作的能力，全程参与实训实习。 44. 熟悉有关法律和规章制度，保护学生的人身安全，维护学生的合法权益。
	（十二）班级管理与教育活动	45. 结合课程教学并根据学生思想品德和职业道德形成的特点开展育人和德育活动。 46. 发挥共青团和各类学生组织自我教育、管理与服务作用，开展有益于学生身心健康的教育活动。 47. 为学生提供必要的职业生涯规划、就业创业指导。 48. 为学生提供学习和生活方面的心理疏导。 49. 妥善应对突发事件。
	（十三）教育教学评价	50. 运用多元评价方法，结合技术技能人才培养规律，多视角、全过程评价学生发展。 51. 引导学生进行自我评价和相互评价。 52. 开展自我评价、相互评价与学生对教师评价，及时调整和改进教育教学工作。
	（十四）沟通与合作	53. 了解学生，平等地与学生进行沟通交流，建立良好的师生关系。 54. 与同事合作交流，分享经验和资源，共同发展。 55. 与家长进行沟通合作，共同促进学生发展。 56. 配合和推动学校与企业、社区建立合作互助的关系，促进校企合作，提供社会服务。
	（十五）教学研究与专业发展	57. 主动收集分析毕业生就业信息和行业企业用人需求等相关信息，不断反思和改进教育教学工作。 58. 针对教育教学工作中的现实需要与问题，进行探索和研究。 59. 参加校本教学研究和教学改革。 60. 结合行业企业需求和专业发展需要，制订个人专业发展规划，通过参加专业培训和企业实践等多种途径，不断提高自身专业素质。

（三）实施要求

① 各级教育行政部门要将《专业标准》作为中等职业学校教师队伍建设的基本依据。根据中等职业学校教育改革发展的需要，充分发挥《专业标准》的引领和导向作用，深化教师教育改革，建立教师教育质量保障体系，不断提高教师培养培训质量。制定中等职业学校教师准入标准，严把教师入口关；制定中等职业学校教师聘任（聘用）、考核、退出等管理制度，保障教师合法权益，形成科学有效的中等职业学校教师队伍管理和督导机制。

② 开展中等职业学校教师教育的院校要将《专业标准》作为教师培养培训的主要依据。重视中等职业学校教师职业特点，加强专业建设，深化校企合作；完善教师培养培训方案，科学设置教师教育课程，改革教育教学方式；重视教师职业道德教育，重视职业实践、社会实践和教育实习；加强从事中等职业学校教师教育的师资队伍建设，建立科学的质量评价制度。

③ 中等职业学校要将《专业标准》作为教师管理的重要依据。制订中等职业学校教师专业发展规划，注重教师职业理想与职业道德教育，增强教书育人的责任感与使命感；开展校本研修，促进教师专业发展；完善教师岗位职责和考核评价制度，健全中等职业学校教师绩效管理机制。

④ 中等职业学校教师要将《专业标准》作为自身专业发展的基本依据。制订个人专业发展规划，爱岗敬业，增强专业发展自觉性；大胆开展教育教学改革，不断创新；积极进行自我评价，主动参加教师培训和自主研修，逐步提升专业发展水平。

三、中职教师认同

（一）认同感测试

测试 1　仔细阅读以下各题，然后根据与自己的实际情况相符合的程度，在相应的空格中划“√”。除非您认为其他 4 个选项都确实不符合自己的真实想法，否则请尽量不要选择“不确定”。虽然没有时间限制，但对每道题不必反复考虑，可以凭自己的第一印象作答（千万不要遗漏）。

	题目	完全符合	基本符合	略有符合	不符合	不确定
1	我认为教师的工作对人类社会发展有重要作用。					
2	我在乎别人如何看待教师群体。					
3	作为一名教师，我时常觉得受人尊重。					
4	我能够认真完成教学工作。					
5	我适合做教师工作。					
6	从事教师职业能够实现我的人生价值。					
7	我为自己是一名教师而自豪。					

续表

	题目	完全符合	基本符合	略有符合	不符合	不确定
8	当看到或听到颂扬教师职业的话语时，我会有一种欣慰感。					
9	我能够按时完成工作任务。					
10	在做自我介绍的时候，我乐意提到我是一名教师。					
11	教师工作是一项神圣的工作。					
12	我关心别人如何看待教师职业。					
13	我能积极主动地创造和谐的同事关系。					
14	我认为教师职业对促进人类个体发展十分重要。					
15	我能认真对待职责范围内的工作。					
16	为了维护学校的正常教学秩序，我会遵守那些非正式的制度。					
17	当有人无端指责教师群体时，我感到自己受到了侮辱。					
18	我认为教师的工作对促进学生的成长与发展很重要。					

测试 2　单项选择题：

1. 您选择教师职业，最主要的原因是（　　）。

A. 喜欢和热爱教育事业，能实现自我价值　B. 没有找到更好的工作
C. 专业对口　D. 体面，受人尊重
E. 工作稳定、带薪假多　F. 其他

2. 您所在学校的教师职称是怎样评定的？（　　）

A. 客观公正，晋升机会令人满意　B. 论资排辈，优秀人才难脱颖而出
C. 领导、行政人员优先　D. 暗箱操作严重，想评职称要靠关系
E. 其他

3. 工作中最让您有成就感的是什么？（　　）

A. 获得了可观的物质奖励
B. 毕业的学生常常回校看望自己
C. 所教学生成绩优异
D. 获得周围的人（如领导、同事）以及其他社会大众的认可和肯定
E. 其他

4. 国家有关教育的政策中，您最关注哪方面的信息？（　　）

A. 与教师生存状况有关的　B. 与学校办学条件有关的
C. 与学生有关的　D. 其他

5. 您所在的学校主要通过什么方式来提高教师的教学能力和专业素质？（　　）
   A. 校内校外的各种教学观摩和交流活动　B. 各种教育培训
   C. 听教育专家的教育讲座　D. 学校条件有限，很少有这方面的活动
   E. 其他
6. 所教过的学生还和您经常保持联系的有多少？（　　）
   A. 一个都没有　B. 1～3 个　C. 4～6 个　D. 7 个以上
7. 当对学校工作不满意时，学生家长一般会怎么做？（　　）
   A. 会与学校领导和教师交流沟通，协商解决　B. 只私下议论，不到学校来反映
   C. 蛮不讲理，会到学校无理取闹　D. 直接向学校的上级主管部门反映
   E. 其他
8. 您在日常教学中最在意的是什么？（　　）
   A. 自己的教学效率是否达到预期的目的
   B. 学生学习能力和其他素质是否得到提高
   C. 周围的人（如领导、同事、学生、学生家长）对自己的评价
   D. 自己的能力和素质是否得到提高
   E. 其他
9. 您所在学校的教学设施如何？（　　）
   A. 非常齐全，并不断添加新的现代教学设备
   B. 比较齐全，基本能满足教学需要
   C. 残缺不全，设施简陋，多年未添置教学设施
   D. 其他
10. 工作中您主要通过什么途径来提高自己的教学能力和专业素质？（　　）
    A. 同事之间的教学讨论和观摩　B. 通过看电视、上网和平时的阅读
    C. 各种形式的教育培训　D. 教育专家的教育讲座
    E. 其他
11. 您所在学校同事之间的关系如何？（　　）
    A. 非常和谐　B. 比较和谐
    C. 表面和谐，实际有矛盾　D. 矛盾尖锐
    E. 其他
12. 您在工作中取得成绩后能得到的回报是（　　）。
    A. 能根据学校的奖励制度得到合理的物质和精神回报
    B. 同事和学生及学生家长的认可和尊敬
    C. 与不干时没什么区别
    D. 获得晋升、晋级的机会
    E. 其他
13. 学生在校学习情况您常常通过什么方式反馈给家长？（　　）
    A. 电话家访　B. 家长会
    C. 与家长面谈　D. 从不反馈
    E. 其他

14. 您认为自己目前的收入状况怎么样？（ ）

A. 足以满足我的正常支出　　B. 勉强维持生活

C. 难以维持生活　　D. 其他

15. 当您向学校提建议或意见时，学校领导者的态度是（ ）。

A. 认真听取，合理的会采纳　　B. 偶尔会听，但很少采纳

C. 充耳不闻　　D. 其他

16. 您认为最能影响自己教学积极性的因素是什么？（ ）

A. 工作环境　　B. 经济收入

C. 工作压力　　D. 社会舆论

E. 其他

17. 您努力工作的最大动机是（ ）。

A. 培养出有成就学生的幸福感和自豪感

B. 热爱学生和教学工作

C. 自我发展的需要，实现自己的人生价值和理想

D. 为赢得领导、同行、学生、家长的认可、尊重和信任

E. 为了提高教学成绩而不失去这份工作

F. 其他

18. 在工作中，您有困难时，同事的态度是（ ）。

A. 热心帮助　　B. 请示帮助时会出手帮助

C. 漠不关心　　D. 其他

19. 您对自己今后的工作有什么样的打算？（ ）

A. 我会一直在这所学校教书，直至退休

B. 我会一直教书，但会想办法调到其他更好的学校

C. 我会继续在这所学校工作，但是会往学校行政管理的方向发展

D. 我会改行，从事更能发挥我个人潜力的行业

E. 其他

（二）认同感归因

所谓教师职业认同，指的是教师对所从事的职业在内心里对它的价值与意义的认定，并能够从中体验到乐趣与幸福。职业认同，既指一种过程，也指一种状态。“过程”是说教师从自己的经历中逐渐发展、确认自己的教师角色的过程。“状态”是说教师当前对自己所从事的教师职业的认同程度。影响中职教师职业认同的相关因素有以下几方面。

1. 职业理想与期望

教师作为自主性的教育指导者，他们的成长与发展不只基于外部力量的推进，更依赖于其自身主体意识的觉醒，一名教师如果只把教师职业当作谋生的工具，而不是发自内心地视教师为自己热爱的事业，把开展教育教学活动当作一种追求，那么，他首先考虑的不是学生的学习、自身的专业成长与发展等问题，而是关注与其个人利益紧密相连的因素，如工资的高低、职称的评定、荣誉的得失等问题，从而忽视了他们作为教育工作者自身应该承担的责任与义务。这种情况下，一旦他们在工作上遇到不如意之处，现实与理想产生落差，就极易产生挫败感，认为自己的人生理想难以实现，从而对当初的

职业选择产生动摇。长此以往，教师自己工作的积极性与主动性不仅受影响，班级学生的求知欲与学习态度也会受此连累。

2. 工作压力

高中学生有着鲜明的特征——青春期的叛逆与躁动，而高中阶段又是学生身心发展的关键时期。因此，中职教师往往在繁重的教学任务之外承担着许多非教学的工作任务，如经常与学生家长保持联系，以便及时掌握学生身心发展的动态；同时自己还要参加各种各样的培训考试，并且每学期都要开展一些本不擅长的科研活动，为自己晋级、评职称做好准备。正如日本学者佐藤学认为的，“医生的工作是通过治愈一种疾病而告终结，律师的工作是随着一个案件的结案而终结，教师的工作并不是通过一个单元的教学就宣告结束。教师的工作无论在时间、空间上都具有连续且不断扩张的性质，具有‘无边界性’的特征。”

3. 社会对教师的满意度

由于社会、学校、家长等对教师的要求不尽相同，教师所要承担的责任也是多种多样的。虽然素质教育在我国已经推行了许多年，但传统的考试制度，尤其是高考等大型考试仍然没有太大的变化，依然牵动着数以万计学校和学生家长的心，升学率的高低将直接影响学校招生生源的好坏，教师授课班级成绩的高低与其工资直接挂钩，更加重了部分教师的心理负担。此外，授课教师之间的教学、科研能力的个体差异，学校内部教师与领导、教师与教师之间的人际关系处理的好坏，也会对中学教师的职业认同感产生影响。

4. 职业地位

“尊师重教”是中华民族的优良传统，这才有了“一日为师，终身为父”的说法。但目前我国正处于体制的转型期，人们的价值取向较之前发生了一定的变化，特别是在物质利益与经济利益的驱使下，思想观念非常容易发生波动。教师作为社会的一个组成部分，也难以例外，教育的人文关怀与追求往往容易被功利化所取代。社会对教师认识的这种偏差与误读，导致很多教师出现不满与失望的情绪，动摇了自己的价值取向，职业认同感也随之降低。

（三）认同感引导

面对中职教师职业认同感偏低这一情况，可以采取以下措施提升中职教师的职业认同感。

1. 注重师范教育与职前生涯规划

未来的教师，主要来自各大师范院校培养的师范生。他们作为未来中学教师的主力军，将肩负起“育人”的重任，师范教育的这种责任也决定了“育人”的根本目的是促进发展，它不仅指学生的成长发展，同时也指教师自己的专业成长与发展。无论是学生还是教师的成长，都应以健全的人格与正确的价值观为基础，然而，现行的师范教育过多注重师范生教学技能的培养，缺少必要的职业生涯教育，师范生在入职前往往对职业缺乏相应的认识，没有形成合理的职业期待与职业愿望。因此，在最初的师范教育阶段就应加强师范生的职业观念，关注师范生未来的职业需要，树立正确的职业价值取向，以教书育人作为实现自我价值的途径与方法。

2. 心理辅导与人文关怀

压力过大，是目前中职教师职业认同感下降的一个重要原因。面对压力，半数以上的老师采取了消极的发泄方式，如以转移注意力和独自忍受等不正确的方式化解，长此以往，轻则导致教学质量下降，重则产生严重的心理问题，因此，为中学教师减压是亟待解决的问题。教育行政部门及各类学校，应该为教师营造一个相对宽松的氛围。教育部门和学校的领导应不定期地走访教师，尤其是在生活等方面存在一定困难的教师，聆听他们的心声，争取早发现问题，早解决问题。此外，每所学校都应配备专职的心理辅导人员，及时对中学教师工作中产生的压力进行疏导，合理地安排授课教师的课表与任务，适时在课余时间组织一些文体活动，使不同学科、不同年级的中学教师能够进行充分的交流，缓解彼此的身心压力，为教师提供一个心灵的港湾，使得教师们发自内心地感到归属感。

3. 完善教师评价制度及相关政策

长期以来，我国还没有实行全国性的、统一的教师招考制度，市县一级的地方教育部门制订考试制度规则的差异性，导致了教师的个人素质在制度层面存在一定的差距，教师的职业道德和职业素质参差不齐，影响了社会对中学教师群体的评价与认可。根据相关研究，教师的自我认同感，部分是来自外部评价，当自己的工作和活动满足社会的要求时，就会形成一种正面的评价；反之，就会得到负面的评价，降低成就感，对自我产生怀疑，影响其职业认同感。

四、阅读与拓展

果淑兰. 2005-04-11. 影响教师职业认同的几个因素［N］. 中国教育报

唐荣德等. 2007. 教师的素质：自在的教师［M］. 桂林：广西师范大学出版社

肖川. 2008. 教师的幸福人生与专业成长［M］. 北京：新华出版社

叶澜. 2007-9-15. 改善教师发展生存环境提升教师发展自觉［N］. 中国教育报

朱永新. 2004. “困境”与“超越”教育问题分析［M］. 北京：人民教育出版社

【参考文献】

邓婷婷，郑琳娟. 2011. 中学教师职业认同感缺失的归因及应对策略［J］. 新课程研究（下旬刊），12：41-43

教师资格证考试命题研究组. 2014a. 教育知识与能力［M］. 武汉：华中师范大学出版社

教师资格证考试命题研究组. 2014b. 教育知识与能力［M］. 北京：教育科学出版社

林崇德. 2014. 师德——教师大计师德为本［M］. 北京：高等教育出版社

闫伟. 2008. 职业教育与经济发展的关系［J］. 继续教育研究，（9）：41-43

时晓玲. 2010. 职校教师：专业成长可以这样炼成［DB/OL］. http://edu.ifeng.com/gundong/detail_2010_09/12/2493207_0.shtml［2016-9-12］

朱明山. 2006. 教师职业道德修养——规范与原理［M］. 北京：华龄出版社

第二章 师德认知

【内容简介】教师职业道德是从事教师职业必须遵守的行为规范。为了依法规范教师的教育教学行为，教育部制定了《中等职业学校教师职业道德规范》，以此为依据，本章将从教师与社会、教师与职业、教师与集体、教师与学生、教师与家长、教师与个人等六个方面来探讨教师职业道德。

【学习目标】通过学习，使学生准确理解教师职业道德规范的基本要求，树立正确的职业道德信念，并自觉在教育实践中身体力行。

【关键词】爱国守法；爱岗敬业；团结协作；关爱学生；教书育人；尊重家长；为人师表；廉洁从教。

一、师德案例

（一）范例一：爱国守法

1. 范例

范例1：

2013年，全国教书育人楷模、张家口市职教中心校长汪秀丽，就是把满腔爱国之情融入教育事业的典型人物。她的个人成长历程可以分为三个层次：首先是当一名合格的人民教师，然后是当一名让人民满意的校长，最后是做人民满意的教育家。几年来，她多次在全国及省市各级会议、论坛上介绍办学经验，成为全国职业教育系统中享有很高威望和影响力的专家型校长。汪秀丽用自己辛勤的劳动诠释着爱国之情。

范例2：

据《长沙晚报》报道，2004年5月25日，衡阳市第十七中学数学教师王玉清按照该市教育局的安排，参加2004年度的中考数学科目的命题，并与衡阳市教育局签订了命题工作保密合约。6月3日，命题工作结束后，所有命题老师回到原学校工作。6月15日，王玉清在自己的办公室里将2004年度中考数学命题最后3道题的基本内容，写在两张纸上交给副校长江少近，尔后江安排该校教导处副主任曾北寿负责统一安排学校的数学老师，向全校参加中考的8个班437名学生进行讲解。衡阳市船山实验中学数学老师陈某、谢某得到消息后，第二天通过关系从衡阳市第十七中学98班学生蒋某手中得到其在课堂上的笔记，并连夜编出一套数学测验题，其中内容包括中考试题的最后3道题，然后发给全校10个班595个学生进行练习，并进行了讲解，从而导致中考数学试题在6月18日的中考之前大面积泄露。此事一出，社会哗然，衡阳市教育局不得不作出重考决定。7月2日，衡阳市4个城区的1.2万余名学生重新参加了数学考试。

2. 原理：乌申斯基的“教育的民族性原则”

乌申斯基重视和强调教育的民族性原则，并把民族性作为他的全部教育活动的主导原则。他提出教育的民族性原则，从其民主观点出发，要求对本国的学校教育进行改革，使更多的人能受到较为实际有用的教育。他认为，一个国家有一个国家的具体情况，一个民族有一个民族的传统，一个国家的人民更有它的人民最喜爱的瑰丽的语言。这些特点和传统，是在长期生活过程中形成的，它随着民族历史文化遗产的传递而传递，随着民族的发展而发展。特别是人民最喜爱的本民族语言，便是这个民族完整的创造，“反映着民族精神生活的全部历史”。同样，一个国家、一个民族的教育，也是在“民族发展历史过程中”形成和发展起来的，它反映这个国家和民族的特点。他承认，一个民族的教育经验可以成为各民族的宝贵遗产，然而，正如同各民族的语言又都有其自己的特点一样，“每个民族都有它自己特殊的国民教育制度”和“特殊的教育体系”。他认为，完全按照别人的办法不可能培养出自己所需要的人来。乌申斯基的结论是“每一个民族都应该自力更生”，绝不能完全依赖他人。

同时，乌申斯基还强调，必须用祖国语言进行教育和教学。祖国语言包含着本民族的全部精神生活的特征。它把各族人民都联结成为一个生气勃勃的整体。同时，祖国语言又是最伟大的人民的导师。早在没有学校，没有书籍以前，它就在教导着人民，并一直在继续教导着人民。用祖国语言，不但能教得很快、很容易，而且还能教得很多，这是任何别的语言都不能做到的。

基于此，作为教师应该做到如下几点。

(1) 热爱祖国　热爱祖国，反映的是教师个人与国家、民族、社会的关系，是教师最基本的行为规范。教师的爱国之情，主要表现为深深地热爱自己的教育事业，满腔热情地教书育人，竭尽全力地为祖国培养优秀人才。

一个教师的成长历程，应该也是教师的爱国之路。要做到热爱祖国，不仅要求教师树立爱国主义理想，深刻认识到自己的工作是和祖国未来的发展、国家的繁荣昌盛联系在一起的。还要把身边的日常工作当作大事来做，这样才能不辜负这份责任和重托。

(2) 依法从教　依法执教，要求教师要知法守法，自觉遵守教育法律法规，依法履行教师职责权利。法律禁止的行为坚决不做，法律要求做好的必须做好，不做危害国家利益和不利于学生健康成长的事情，维护社会稳定和校园和谐。

（二）范例二：爱岗敬业

1. 范例

> 肖冰是太原市第五实验中学的一名语文老师。为了工作，她经常加班加点。总是来得早走得晚，风雨无阻，始终如一。她所在班级管理到位，全面发展，在学校屡屡获奖。在高中语文教学中，为了提高学生语文素养，她全面了解学生和教材特点，积极学习先进的教育理论，用心备好每一节课。三尺讲台虽然不大，但教师的责任重大。她认为，站在这个岗位，就得对得起这个岗位，就得对学生的现在和未来的发展负责，因此她辛勤耕耘，无私奉献。

2. 原理：罗杰斯的“人本主义理论”

人本主义于20世纪50～60年代在美国兴起，70～80年代迅速发展，强调人的尊严、价值、创造力和自我实现，该学派的主要代表人物是马斯洛（1908～1970）和罗杰斯（1902～1987）。马斯洛的主要观点：对人类的基本需要进行了研究和分类，提出人的需要是分层次发展的；罗杰斯的主要观点：在心理治疗实践和心理学理论研究中发展出人格的“自我理论”，人类有一种天生的“自我实现”的动机，即一个人发展、扩充和成熟的趋力，它是一个人最大限度地实现自身各种潜能的趋向。

人本主义强调爱、创造性、自我表现、自主性、责任心等心理品质和人格特征的培育，充分肯定人的尊严和价值，强调人的自我表现、情感与主体性接纳，认为教育的目标是要培养健全的人格，该理论对现代教育产生了深刻的影响。

基于此，教师应该做到以下几点。

（1）*热爱教育，热爱学校，热爱本职岗位*　当教师踏入校门之时，就已经把自己交给学校，以校为家，与学校同发展，共荣辱。有些农村学校的教师生活是比较清贫的，但为了学校的发展，为了教学的正常开展，他们可以无偿地把家里的东西搬到学校，甚至垫上自己微薄的工资。

（2）*献身于教育工作的职业理想*　为什么优秀教师能够几十年如一日坚守教育岗位，那是因为他们有坚定的职业理想。重庆市黔江区白石乡玉岩村学校教师刘红廷是2007年感动重庆十大人物之一。他的人生可以有许多选择，但他却选择了人民教师这个职业。他每天准时到坡下背患肺炎的学生上学，他将父母在外打工的受伤的学生接到家里照顾。20多年来，他执著地坚守着自己的信念：选择了，就要干一行爱一行，用自己的全部身心去爱学生。

（3）*辛勤耕耘，无私奉献*　献身于教育工作的职业理想，必然促使教师自身拥有高尚的道德品质、渊博的专业知识、高超的教学艺术，以及良好的师生关系。所有这一切，都会集中地表现出教师贡献甚至奉献的工作态度和工作作风，呈现一种辛勤耕耘、无私奉献的高尚品德。

（三）范例三：关爱学生

1. 范例

范例1：作家梁晓声眼里的老师

多少年过去了，那张清瘦而严厉的、戴600度黑边近视镜的女人的脸仍时时浮现在我眼前，她就是我小学四年级的班主任老师。想起她，也就想起一些关于橘子皮的往事……

有一天，轮到我和我们班的几名同学，去那小厂房里义务劳动。一名同学问指派我们干活的师傅，橘皮究竟可以治哪几种病？师傅就告诉我们，它可以平喘，并对减缓支气管炎有良效。

我听了暗暗记在心里。因为我的母亲，每年冬季都被支气管炎所苦。可是家里穷，母亲舍不得花钱买药。当天，我往兜里偷偷揣了几片干橘皮。母亲喝了一阵干橘皮泡的水，剧烈喘息的时候，分明减少了。我内心的高兴，真是没法形容。母亲自然问过我——从哪儿弄的干橘皮？我撒谎，说是校办工厂的师傅送的。不料想，一个同学告发了我。那是特殊的年代，哪怕小到一块橡皮，半截铅笔，只要一旦和“偷”字连起来，也足以构成一个孩子从此无法刷洗掉的耻辱，也足以使一个孩子从此永无自尊可言。在学校的操场上，我被迫当众承认自己偷了几次橘皮，当众承认自己是贼。当众，便是当着全校同学的面啊……于是我在班级里，在学校里，不再是任何一个同学的同学，而是一个贼。我觉得，连我上课举手回答问题，老师似乎都佯装不见，目光故意从我身上一扫而过。

我不再有学友了。我处于可怕的孤立之中。我不敢对母亲讲我在学校的遭遇和处境，怕母亲为我而悲伤……当时我的班主任老师，也就是那位清瘦而严厉的，戴600度近视镜的中年女教师，正休产假。她重新给我们上第一堂课的时候，就觉察出了我的异常处境。放学后她把我叫到了僻静处，问我究竟做了什么不光彩的事。我哇地哭了……但是，她依然严厉地批评了我。第二天，她在上课之前却说了一番这样的话："首先我要讲讲梁绍生（我当年的本名）和橘皮的事。他不是小偷，不是贼，是我吩咐他在义务劳动时，别忘了给老师带一点儿橘皮。老师需要橘皮掺进别的中药治病。你们再认为他是小偷，是贼，那么也把老师看成是小偷，是贼吧……"第三天，当全校同学做课间操时，大喇叭里传出了她的声音。说的是她在课堂上说的那番话……从此我又是同学们的同学，学校的学生，而不再是小偷，不再是贼了。从此我不想死了……

范例2：作家三毛眼里的老师

初二的时候，我数学总是考不好。有一次，我发现数学老师每次出考试题都是把课本里面的习题选几题叫我们做。当我发现这个秘密时，就每天把数学题目背下来。由于我记忆力很好，那阵子我一连考了六个100分。数学老师开始怀疑我了，这个数学一向差劲的小孩功课怎么会突然好了起来呢？一天，她把我叫到办公室，丢了一张试卷给我，并且说："陈平，这十分钟里，你把这些习题演算出来。"我一看上面全是初三的考题，整个人都呆了。我坐了十分钟后，对老师说不会做。

下一节课开始时，她当着全班同学的面说："我们班上有一个同学最喜欢吃鸭蛋，今天老师想请她吃两个。"然后，她叫我上讲台，拿起笔蘸进墨汁，在我眼睛周围画了两个大黑圈。她边画边笑着对我说："不要怕，一点也不痛不痒，只是晾晾而已。"画完后，她又厉声对我说："转过身去让全班同学看看！"当时，我还是一个不知道怎样保护自己的小女孩，就乖乖地转过身去，全班同学哄堂大笑起来。

2. 原理

（1）皮格马利翁效应（Pygmalion effect）　皮格马利翁效应又称为"罗森塔尔效应"，指人们基于对某种情境的知觉而形成的期望或预言，会使该情境产生适应这一期望或预言的效应。

它来源于美国心理学家罗森塔尔考查某校时，随意从每班抽3名学生共18人，将他们的名字写在一张表格上，交给校长，极为认真地说："这18名学生经过科学测定全都是智商型人才。"事过半年，罗森又来到该校，发现这18名学生的确超过一般，长进很大，再后来这18人全都在不同的岗位上干出了非凡的成绩。这一效应就是期望心理中的共鸣现象。

你期望什么，你就会得到什么，你得到的不是你想要的，而是你期待的。只要充满自信的期待，只要真的相信事情会顺利进行，事情一定会顺利进行，相反，如果你相信事情不断地受到阻力，这些阻力就会产生，成功的人都会培养出充满自信的态度，相信好的事情一定会发生，这就是心理学上所说的皮格马利翁效应。

皮格马利翁效应告诉我们，赞美、信任和期待具有一种能量，它能改变人的行为，当一个人获得另一个人的信任、赞美时，他便感觉获得了社会支持，从而增强了自我价值，变得自信、自尊，获得一种积极向上的动力，并尽力达到对方的期待，以避免对方失望，从而维持这种社会支持的连续性。

(2) 罗杰斯的“移情性理解” 罗杰斯认为，促进学生学习除了教师的教学技巧、专业知识、课程计划、视听辅导材料、演示和讲解、丰富的书籍等，关键在于对学生的尊重、关注和接纳，对学生的移情性理解，要求教师从学生的角度观察世界，敏于理解学生的心灵世界，设身处地地为学生着想。了解学生的内在反应，了解学生的学习过程，在这样一种心理气氛下进行的学习，是以学生为中心的，“教师”只是学习的促进者、协作者或者说伙伴、朋友，“学生”才是学习的关键，学习的过程就是学习的目的之所在。

综上，作为一名教师，应该做到如下几点。

首先，关心爱护学生，尊重学生人格，平等公正对待学生。关爱学生的核心，就是尊重学生人格，就是把学生看作与自己一样有尊严的人，不论这些学生的发展状况如何，社会背景和家庭背景如何，平等地关爱每一个学生，对学生严慈相济，做学生的良师益友。

其次，保护学生安全，关心学生健康，维护学生权益。学生离开家庭来到学校，教师有义务维护学生在学校期间的人身安全、身心健康和其他法律赋予他们的权益。

最后，不讽刺、挖苦、歧视学生，不体罚或变相体罚学生。这是对教师在师生关系方面的禁止性规定。教师不尊重学生人格，任意打骂、侮辱、体罚学生不仅违反教师职业道德，也是触犯法律的。

（四）范例四：教书育人

1. 范例

全国教书育人楷模，青海省门源县第二中学高级教师孔庆菊，很好地将教书和育人结合在了一起。对于许多孩子来说，孔庆菊不仅是老师，还是妈妈。一位从小失去母亲，父亲下岗的孩子记得，是孔妈妈拿出微薄的工资，给因家境困难多次面临辍学的她买衣服和学习用品；一位家住边远山区，从小就体弱多病的孩子记得，孔妈妈经常带她看病，还把她带到自己家里住；对令人头疼的问题孩子，孔庆菊也从不轻易放弃。学生罗一宁总是在课堂上打瞌睡，后来，她竟然开始撒谎，找借口不来学校。孔老师与她促膝长谈，推心置腹。把更多的爱倾注到她身上，就连外出开会都不忘发短信，鼓励她：“一宁很懂事，我心中最棒的学生，好好学习，老师为你加油！”如今，罗一宁的学习成绩在班上名列前茅。孔庆菊的努力得到人民的认可，被当地学生和家长誉为格桑花。

2. 原理

(1) 杜威的“道德教育论” 杜威说：“道德是教育的最高和最终的目的”“道德过程和教育过程是统一的”。在杜威看来，德育在教育中占有重要地位，杜威极力强调道德才是推动社会前进的力量。在实施方面，杜威首先主张“在活动中培养儿童的道德品质”；其次是要求结合智育达到德育的目的；再次，他很注重教育方法的道德教育作用。优秀的教师，绝不是简单的教书匠，它是知识的传输者，是学校生活的导师，是学生道德的领路人。

杜威又从“人的行为的一致性决定了行为原则的一致性，不能有两种行为原则，一种是校内，一种是校外”的观点出发，进一步论证了在道德教育中，学校应为学生提供社会生活的材料。然而，学校道德教育的特殊性，决定了学校不能完全等同于社会。学校应是：其一，把错综复杂的社会环境加以简化和整理，选择相当、基本且能为青少年接受的多方面内容，然后建立一个循序渐进的秩序，让儿童逐渐了解复杂事物，达到生长的目的；其二，把现存的社会风俗纯化和理想化，尽可能排除现存环境中无价值的特征；其三，由于每一个儿童接触的日常范围有限，学校应当创造一个比青少年任何自然时可能接触到的环境更广阔、更美好的平衡环境。这样，使儿童在一个典型的小社会中受到反映社会生活各方面的影响。当学校能在这样的一个小社会里引导和训练每个儿童成为社会的成员，用服务的精神熏陶他，并赋予有效的自我指导的工具时，学生将从最广泛最自由的角度适应并担负起对社会的责任。“我们将有一个有价值的、可爱的、和谐的大社会的最深切和最好的保证。”

(2) 赫尔巴特的“教育性教学”理论　赫尔巴特在西方教育史上第一次明确提出“教育性教学”的思想。之前，教育学家们通常把道德教育和教学分开进行研究和阐述，但赫尔巴特开创性地阐明了“德育问题是不能同整个教育分离开来的，而是同其他教育问题必然地、广泛深远地联系在一起的”。作为知识传递过程的教学和作为善的意志形成的道德教育是统一的；“教学如果没有进行道德的教育，只是一种没有目的的手段。道德教育如果没有教学，则是一种失去了手段的目的。”教育的目的即培养“性格的道德力量”是核心，教育的内容和方法都是由此决定的。从而使道德教育落实在学科教学的坚实基础上，也使学科教学具有了道德教育的任务，成为教育的基本原则，推进了教育理论的发展。

(3) 洛克的“论德育”　在洛克的绅士教育理论体系中，德育居于首要地位。因为，在他看来，德行是一个绅士必须具备的最重要的品质。他说：“我认为在一个人或者一个绅士的各种品性之中，德行是第一位，是最不可缺少的；他要被人看重，被人喜爱，要使自己也感到喜悦，或者也还过得去，德行是绝对不可缺少的。如果没有德行，我觉得他在今生来世就都得不到幸福”，而“德行越高的人，其他一切成就的获得也越容易”。因此，他强调只有“把子弟的幸福奠定在德行与良好的教养上面，那才是唯一可靠的和保险的办法”。

道德品质的培养和身体一样也需要锻炼，只有通过行为训练，人的精神才能保持正常，“使它的一切举止措施，都合乎一个理性动物的高贵美善的身份”。通过及早实践、奖惩得宜、说理和规则、榜样的作用，来培养儿童正直、同情、刚毅、勤敏等品德。

综上，作为一名教师应该做到以下几点。

首先，教学在传授知识技能的过程中，不仅要有意识地发展学生的智力，以得到培养学生发现问题、分析问题、解决问题的能力的效果；还要有意识地渗透着对学生的思想品德、情感态度、价值观的教育，以得到教学的德育效果。

其次，在教学过程中，教师应注意正确发挥自身的示范作用。“学高为师，身正为范”，对学生的严格要求能否见效，前提是教师对自己是否严格要求，对学生是否具有“三心——爱心、真心、耐心”，这也说明，教师不仅要以自己丰富的学识去教育学生，更重要的是要以自己的高尚品德和良好修养来影响学生，“其身正，不令而行；其身不正，虽令而不行”，古已有之。教师经常和学生在一起学习，教师的一举一动、一言一行对学生都有示范作用，都在潜移默化地影响着自己的学生，这种现象在儿童中间更加普遍，在他们心目中，教师是无所不知、无所不能的完人，并视教师为自己的榜样，常常利用他们那超乎我们想象的模仿能力，模仿着自己心中喜欢的教师的一切。

最后，教师在传授知识技能的过程中，还应注意学生的身心健康，使教学有利于而不是有害于学生的成长发育。健康的体魄、积极的心态不仅是学习、工作和生活的本钱，更是一个健全的人、真正的人所必备的。人的身心健康发展与他生活的家庭、集体、社会环境有很大的关系，不同程度地依赖于这些环境的良好熏陶与引导，更依赖于各级学校在德智体美劳教育方面采取的积极措施。

（五）范例五：团结协作

1. 范例

湖北省沙市第三中学特级教师胡良栋同志从事教育工作30多年，不仅热爱学生，教书育人，而且时刻关心整个教师集体，团结同事，助人为乐，甘为人梯。教研组里有教师主讲公开课，胡良栋老师主动放弃休息时间，帮助查阅参考资料，与主讲教师切磋教案，精心传授教学经验。青年教师需要锻炼实际操作能力，他甘做后勤，关键时刻给予具体指导。胡老师以自己的实际行动履行了团结互助的道德规范。

2. 原理：马卡连柯关于“教师集体”的论述

马卡连柯提倡集体教育，他所说的集体，不仅包括学生集体，同样包括教师集体。马卡连柯认为以往的教育看重好教师，排斥“庸碌无为”的教师，然而哪有那么多“好教师”呢？他提出了“教师集体”的理念和思路。他认为，无论哪个教师“都不能单独地进行工作，不能作个人冒险，不能要求个人负责”，而应当成为“教师集体的一分子”。“如果有5个能力较弱的教师团结在一个集体里，受着一种思想、一种原则、一种作风的鼓舞，能齐心一致地工作的话，就要比10个各随己愿地单独行动的优良教师要好得多。”教师集体应该“有共同的见解，有共同的信念，彼此间相互帮助，彼此间没有猜忌，不追求学生对自己的爱戴”。而且，教师集体和学生集体“并不是两个集体，而是一个集体，而且是一个教育集体”。

所以教师必须有团结协作的精神。团结协作是教师处理与集体关系的重要要求之一，它要求教师为了共同的教育目标，彼此合作，互相支持，最大限度地提高教育教学效果。

(1) *处理好同年级教师间及不同年级教师之间的关系*　教同一年级教师由于平行班的竞争可能会产生矛盾，不能因为竞争而放弃合作，忽视对于同一年龄段学生身心发展状况和工作经验的探讨及交流。教不同年级的教师之间，在对学校的教育上要注意衔接和过渡，妥善地迎来送往。低年级教师要为高年级教师的工作打好基础，高年级教师要向低年级教师了解情况，学习经验，确保教育工作的连续性和一贯性。

(2) *处理好相同学科教师之间及不同学科教师之间的关系*　相同学科教师之间，虽然知识结构接近，但由于毕业学校、教学方法、工作年限不同，教师的风格也不尽相同，应当经常交流，共同提高，不能有“同行是冤家”的陈腐观念，更不能为了保持自己的优势地位搞资料封锁。随着现代科学知识的发展，各学科之间出现了互相渗透、互相依赖的趋势。教师不但要教好本门课程，还要主动关心和配合其他课程的教学，促进学生全面完成学习任务。不能为了抬高本学科而故意贬低其他学科，更不能片面地为本学科争学时、争地位。

(3) 处理好新老教师之间的关系　新老教师在朝夕相处中，影响是多方面的。老教师渊博的知识、丰富的教育教学经验，对年轻教师会是一笔宝贵的财富，会让自己在教师职业生涯中少走很多弯路。同时老教师的敬业精神和工作态度，也会促进新教师的职业信念和工作风格的形成。从另一方面来说，年轻教师积极进取、勇于创新的精神对老教师也是一种促进。因此，年轻教师应该虚心向老教师学习，借鉴老教师的经验，使自己更快成长，老教师在吸收新教师优点同时，应该多关心新教师，帮助他们成长。

(4) 处理好一般教师和优秀教师的关系　优秀教师在教学中有过人之处，但不能就此认为自己处处优秀，高高在上，甚至盛气凌人。这样会使自己成为孤家寡人，不利于教师之间的团结协作。教学水平一般的教师一方面要认真反省自己，找出自己与优秀教师的差距，另一方面也要虚心向优秀教师请教，借鉴他们的教学经验，提高自己的教学水平。切忌文人相轻，互相诋毁。

(5) 处理好班主任和任课教师之间的关系　班主任对于学生全面健康发展负有重大责任。但在教育过程中对学生发挥作用的不止是教师一人，而是教师集体。因此班主任要善于团结任课教师，共同做好教育工作。班主任要向任课教师及时了解学生学习和思想情况，听取他们对班级管理的意见，同时还要注意维护任课教师在学生中的威信。而任课教师则应主动配合班主任工作，及时与班主任交流相关信息。

(6) 处理好个人和集体的关系　教师个体属于教师集体，关心教师集体，维护集体荣誉是对教师的基本要求。首先，教师个体要服从于教师集体的目标和利益，把个人利益和集体利益融合在一起，教师只有把自己融入集体，才能最大限度发挥自己的聪明才智；其次，教师个体要热爱教师集体，维护集体利益，教师的教育活动离不开集体的支持，在良好的集体中，教师之间能够互相帮助，取长补短，有利于个人能力提高，有利于圆满完成教育教学任务；再次，维护集体团结，正确处理矛盾，每个教师都应为维护集体团结贡献自己的力量，同事遇到困难，要慷慨相助。集体内部出现矛盾，要顾全大局，必要时可以牺牲个人利益维护集体利益。教师之间应该经常沟通，统一认识，维护团结。

总之，教师要做到团结协作，一方面要互相帮助，通力合作。反对同行相轻，提倡同行相助，追求教育教学的整体效果，在集体奋斗的过程中实现个人的价值。反对同行是冤家、文人相轻等错误观念，反对教师的知识和经验当成私有财产，反对资料封锁、专题保密的不良倾向。另一方面，要通过学习先进，共同提高。优秀教师和模范班主任通过长期的教育教学实践积累了宝贵的经验，应该向他们学习，使个人经验成为集体的共同财富。

（六）范例六：为人师表

1. 范例

我国著名教育家张伯苓先生，在一次修身课上，看见一个学生的手指焦黄，便说："看你的手指熏得那么黄，吸烟对身体有害，应当戒掉。"学生调皮地反问："您怎么也吸烟呢？"张先生一时无言以对。一会儿，他从怀里取出自己的长烟杆，将它一下折断，宣布"从今以后，我和全体同学一起戒烟。"果真，张伯苓从此再也不吸烟了。他认识到以身作则的重要性，以自己的行动给学生做榜样。只有教师处处以身作则，严于律己，用自己的实际行动教育学生，才能获得学生的尊重和认同，收到此时无声胜有声的效果。

2. 原理：陶行知的教师观

陶行知的教师观提到，教师要“以身作则，为人师表”。陶先生不仅自己是集言教身教于一身的教育实践家，而且他也是主张言教与身教结合并强调“身教重于言教”的教育思想家。陶行知认为：教师的任务就是“自化化人的”，因此，“教师应当以身作则”。他在“南京安徽公学创学旨趣”一文中进一步指出：“我们最注重师生接近，最注重以人教人。”强调“千教万教教人求真，千学万学学做真人”“真教师才能培养真人才”。

教师怎样才能做到以身作则，为人师表呢?

（1）*明确自己的使命，树立正确的荣辱观*　著名教育家叶圣陶曾说过：“教育工作者的全部工作就是为人师表。教师的职责是‘教书育人’。教书，即指教师教给学生知识；育人，即指教师对学生进行思想道德教育，教育学生如何做人。”作为教师，只有把学生培养成德才兼备的人才方可肩负起未来建设祖国、强我中华之重任。而教师要教育学生如何做人，以及如何树立正确的人生观、价值观、世界观，教师首先必须自己树立正确的人生观、价值观、世界观。如果一名教师自身没有正确的荣辱观，绝不可能帮助学生树立正确的荣辱观，所谓“育人必先正己”正是这个道理。

（2）*加强语言修养*　教学实践证明，教师的语言在对学生的教育过程中起着非常重要的作用，因此在教学的交流中，在评价学生的言语中，在与学生的交谈中，在参与学生的活动中，教师必须把好语言这个关口。特别要注意：表扬不能失实、超限；批评不能贬斥、刺伤，要很好地掌握分寸。要努力使自己的语言具有教育性、启发性、简练性和直观性等。

（3）*规范自己的行为*　身教重于言教。教师的行为表达着情感，学生从教师行为中接受着情感的熏染和启迪。这是因为教育是人与人心灵上的相互接触，教师所表现出的道德面貌，既是学生认识社会、认识问题、认识人与人关系的一面镜子，也是学生道德品质成长的最直观、最生动的榜样。因此教师必须具有崇高的品德和高尚的行为，才能达到育人的目的。

（4）*以高尚的形象树立威信和尊严*　教师要注意自己的仪表服饰。庄重、大方、整洁、朴素的着装，能够体现出教师的职业特点与美感，容易引起学生的敬爱之情，进而树立教师的威信和尊严。过分鲜艳、浮华或过分拘谨邋遢，都是不适宜的，教师的威信和尊严不是自封的，而是通过“教书育人”实践逐步树立起来的。在这方面教师还要注意不能在学生面前把自己看得“神圣不可侵犯”，教师在对学生进行教育时，要把学生放在同自己平等的位置上，要讲清道理，以理服人，一旦自己有过失，要敢于承认，有错必改，以取得学生的谅解和信任。

（5）*对自己严格要求*　学生每时每刻都注视着教师的言行举止，这就要求教师必须严格要求自己，做到模范遵守社会公德，衣着整洁得体，语言规范健康，举止文明礼貌，严于律己，作风正派，以身作则，注重身教。必须不断注意自我修养，陶冶情操，自觉用师德规范自己的言行举止，自觉地增强教育事业心和责任感，只有这样，才能做到为人师表。

二、师德认知偏差与测试

（一）师德认知偏差

1. 范例

> 有一次去某中学联系工作，坐在办公室等人时，听到两位女教师在共同教育一名女生。教师甲："你本学期经常迟到、旷课，啥道理？这次连续三天不来读书，跑到哪里去了？……要是不想读书，干脆退学算了，何必'死硬撑'，班里倒也好掼掉一个包袱！"学生低着头默默不语。教师乙："功课一塌糊涂，上课没精打采，像只'瘟鸡'！这样下去，不留级才有鬼呢，拖班级后腿……真是一个宝货！"两位教师轮番训斥、挖苦和讥刺，言语中夹着不少粗俗成分和脏话，后来两位教师都上课去了，教师甲临走时还扔给她一张纸和一支笔，责令她"写检讨"。

不可否认的是，随着改革开放的不断深入，国内外各种腐朽思潮的汹涌侵袭，以及商品经济、市场经济的巨大冲击，一些抵御不住诱惑的教师也没有能够做到"独善其身"。有悖教师职业道德、影响"园丁"形象的现象时有发生，主要表现如下。

(1) *有偿家教，功夫放在校外*　教育家陶行知先生曾经说过："捧着一颗心来，不带一根草去"。苏联教育家苏霍姆林斯基也曾把教师这一职业形容为："太阳底下最光辉的事业"。

"安贫乐道、廉洁从教""认认真真教书、清清白白做人"自古以来就是我国教师的优良传统。然而近年来，由于受市场经济和社会转型期某些人"金钱至上"思想负面影响，部分教师把自己这一神圣的职业操守抛到了九霄云外。因此，有些教师舍本求末，把教学的功夫放到了校外。白天在学校教书敷衍塞责、马虎了事。到了业余时间，却热衷于家庭辅导。动员自己教的学生晚上或者周末假日集中补课，甚至有时家长没有让孩子补课的意愿，还要暗示动员。甚至会说你家孩子学习怎样怎样，如果不补课学习就赶不上等等诸如此类近似于要挟的话。为此，家长反应很强烈，这样的教师也遭到了学生、家长、社会的强烈不满和鄙视。

(2) *不求上进，工作上得过且过，缺乏进取精神*　不求上进，工作上得过且过。一些教师不是把教书看成是"人类灵魂的工程师"的神圣事业，而只是把它作为一种单纯的谋生职业。因而表现在教学工作中，马虎应付，不去认真钻研教学业务，不去探讨改进教学方法，更不愿意去研究学生的学习心理。上课缺乏激情，教学方法单一，课堂气氛沉闷，照本宣科，泛泛而谈。有的青年教师不重视教学基本功的训练，"三笔字"写得实在令人难以恭维，课堂教学语言常常是东拉西扯，语无伦次。教学时一味依赖从网络上下载的课件，备课教案则照抄照搬教学参考书和《教案范例》。有些青年教师虽然岁数不大，却老气横秋，缺乏开拓和进取精神。

还有部分老教师倚老卖老，思想僵化，工作上故步自封。不愿接受新的教育理念，不愿意学习现代教学技术和教学手段，更不愿意学习借鉴他人的先进教学方法。有的五十岁不到便产生"船到码头车到站"的思想，革命意志衰退，不再坚守教学第一线，不再担任主科教学，只是做些教学辅助性工作或者转行搞后勤，有的甚至干脆在学校吃闲饭，等待退休。

（3）偏爱优生，对后进学生冷漠，教育缺乏爱心、耐心，甚至出现“语言暴力”
有的教师偏爱优生，片面地认为学习好的同学便“一好百好”。评优评先只看学生学习成绩，不问思想道德表现。在平时上课只关注优生，提问发言只点优生的名，后进学生则机会很少。对待后进学生的缺点和错误缺乏耐心、信心，更缺乏爱心，不是满腔热情地帮助教育，而是冷漠或疾言厉色。有的教师遇到后进生违反课堂纪律或者顶撞时，一时冲动甚至口无遮拦，出现“人渣”“猪”这样的语言暴力。殊不知，这不仅给学生带来严重的心理伤害，使学生产生强烈的逆反抵触心理，毫无教育效果，同时无形中也降低了自己的教师身份，损伤了教师职业的圣洁声誉。

2. 讨论

分组讨论如下问题：

1）上述范例反映了部分教师师德认知存在哪些问题？

2）产生这些问题的原因是什么，如何引导教师形成正确的师德认知？

（二）师德认知测试

中等职业教师道德认知测试试卷

（本测试试卷为单项选择题，请将正确答案符号写在括号内）

1．教师职业道德的核心和精髓是（　　）。

A．爱岗敬业　B．依法执教　C．为人师表　D．关爱学生

2．下列选项中，对教师行为选择起决定作用的是其（　　）。

A．学科专业水平　B．认知能力状况　C．职业道德修养　D．身体健康状况

3．下列选项中，不违背教师职业道德规范的做法是（　　）。

A．接受学生自绘贺卡　B．出于爱心，对学生严厉责骂

C．规定学生买大量辅导资料　D．家有喜事时，接受学生家长贺礼

4．学校邀请专家来做教育理念辅导报告，李老师拒绝参加。他说，学那些理论没有用，把自己的课上好才是教师的看家本领。李老师的做法（　　）。

A．错，教师应该不断提高理论素养

B．对，能把课上好就是优秀的中学教师

C．错，教师应该把自我提升作为首要目标

D．对，教育理念报告对实践教学没有任何帮助

5．遇到校外人员闯进校园对校内师生实施暴力行为时，凡在场的教职员工第一要务是（　　），再设法制止暴力行为。

A．保护学生的安全　B．报警　C．保护个人安全　D．保护同事安全

6．上课，英语老师在讲阅读理解的时候突然有一个单词不认识，便说要考考学生。但聪明的学生发现了老师的这个小伎俩，在下面窃喜，你作为老师，该怎么办？（　　）

A．和学生一起查阅字典解决这个单词问题，并告诉学生老师也需要不断学习

B．大方地承认自己忘记了这个单词

C．当作没看见，依然提问学生

D．批评学生不尊重老师

7. 当前教师队伍中存在着以教谋私，热衷“有偿家教”现象，违背了（　　）。

A. 爱岗敬业的职业道德　　B. 爱国守法的职业道德

C. 关心学生的职业道德　　D. 为人师表的职业道德

8. 某职业高中为了招揽生源，制订了一条潜规则，提出“对介绍和推荐学生实行奖励，只要新生报到注册，对该生的介绍人将付给一定中介费”。某镇初中的班主任老师得知此消息后，将本班原打算读另一职高的三个学生动员到该职业高中就读，该职业高中立即履行了自己的承诺。对此行为正确的说法是（　　）。

A. 体现该职高的诚信精神，是学校招生的创新举措

B. 这是买卖生源的违规乱招生行为

C. 为学生前途负责，指导学生选择更好学校，体现班主任的责任心

D. 班主任做工作花费了时间精力，应该有所回报，符合市场经济规则

9. 教师要廉洁从教，适当的行为有（　　）。

A. 借工作之便索要或接受学生、家长财物

B. 接受家长的宴请

C. 让学生家长为个人提供服务

D. 教师要严格执行有关收费规定，不巧立名目乱收费，不向学生推销任何商品或强迫学生购买未经批准的各种学习资料

10. 留守儿童小华身上有一些不良行为习惯，班主任老师应（　　）。

A. 关心爱护小华，加强对他的行为养成教育

B. 宽容理解小华，降低对他的要求并顺其自然

C. 严厉责罚小华，令其尽快改变不良行为习惯

D. 联系小华家长，责令其督促小华改变不良习惯

11. 常言道：“数子十过，莫如奖子一长。”这句话启示教师教育学生应该坚持（　　）。

A. 以实际锻炼为主　　B. 以情感体验为主

C. 以表扬奖励为主　　D. 以说服教育为主

12. 苏霍姆林斯基说：“只有集体和教师首先看到学生的优点，学生才能产生上进心。”这句话说明教师要（　　）。

A. 对学生因材施教　　B. 对学生宽慈相济

C. 尊重和欣赏学生　　D. 团结和关心学生

13. 罗老师很少留意成绩一般的学生，把自己的精力用于培养优秀的学生，该老师的做法（　　）。

A. 有助于学生的个性发展　　B. 有助于教学任务的完成

C. 违背了公正施教的要求　　D. 违背了严慈相济的要求

14. 吴老师在调整座位时让学习成绩好的学生优先挑选喜欢的座位，吴老师的做法（　　）。

A. 有利于激励学生　　B. 便于班级管理

C. 有失教育公平　　D. 有利于因材施教

15. 符合教师与家长交往的行为规范的是（　　）。

A. 当学生犯错误情节严重时，教师可以责备家长管教无方

B．当对学生进行纪律处分时，老师应事先与家长充分沟通
C．在家长不为难的情况下，老师可以要求家长充分沟通
D．对家庭经济困难的学生，老师应当尽可能地避免登门拜访

16．一位家长抱怨：李老师隔三差五给家长打电话，每次都把我们狠狠地批判一顿，还经常让我们到学校听他训话。李老师的做法（　　）。
A．错误，老师与家长是平等的　　B．错误，教师应对学生发展负全责
C．正确，家长要配合学校教育学生　　D．正确，教师应主动寻求家长支持

17．教师在与家长交往中合作沟通的态度和技巧不当的是（　　）。
A．居高临下　　B．尊重理解
C．角色置换　　D．一视同仁

18．随着时代的进步，新型的、民主的家庭气氛和父母子女关系还在形成，但随孩子的自我意识逐渐增强，很多孩子对父母的教诲听不进或当作"耳边风"，家长感到家庭教育力不从心。教师应该（　　）。
A．放弃对家长配合自己工作的期望
B．督促家长，让家长成为自己的"助教"
C．尊重家长，树立家长的威信，从而一起做好教育工作
D．在孩子面前嘲笑这些家长

19．新入职的王老师，想去优秀教师李老师班上随班听课，学习经验。刘老师笑容可掬地说："你是名牌大学毕业的高材生，我的课讲得不好，就不要去听了。"这表明李老师（　　）。
A．缺乏专业发展意识　　B．缺乏团结协作精神
C．能够尊重信任同事　　D．鼓励重视自我提升

20．学校实施青年教师成长导师制，作为导师的李老师手把手地对青年教师进行传帮带，这体现了李老师（　　）。
A．廉洁从教，勤恳敬业　　B．因材施教，乐于奉献
C．团结协作，甘为人梯　　D．治学严谨，勇于创新

21．期中考试前夕，李老师得到了一套很好的复习资料，但他拒绝与其他老师分享。李老师的做法表明他（　　）。
A．不能平等待人　　B．不能诚恳待人
C．不能尊重同事　　D．不能团结协作

22．要做到严谨治学，最重要的是（　　）。
A．一视同仁　　B．实事求是
C．宽宏大量　　D．以书为本

23．对于学习困难的学生，优秀教师总是耐心地给予反复辅导，支持他们这样做的关键因素是其（　　）。
A．知识水平　　B．敬业精神
C．教学水平　　D．教学风格

24．在编写校本教材时，尚老师一丝不苟地审查每一篇文章，即使插图的一点小瑕疵，都会改过来。这表明尚老师（　　）。

A. 诲人不倦　　B. 公正待生
C. 勤恳敬业　　D. 廉洁奉公

25. 对于课堂上有可能引发争议的问题，高老师总是事先进行实验，检验各种假设，并请教相关学者，这突出体现了高老师具有（　）。
A. 独立自主意识　　B. 团结协作精神
C. 求真务实精神　　D. 人文关怀意识

26. 李老师针对已有教学方法的不足，提出了较为完善的情境教学法，并取得了一定的成效。这体现了李老师的（　）。
A. 奉献精神　　B. 关心爱护学生
C. 学科知识扎实　　D. 勇于探索创新

27. 有位学生将几片纸屑随意扔在走廊上，王老师路过时顺手捡起并投进垃圾桶，该学生满脸羞愧。王老师的行为体现的职业道德是（　）。
A. 廉洁奉公　　B. 为人师表
C. 爱岗敬业　　D. 热爱学生

28. 段老师一直在关爱学生、严谨从教、待人和善等方面严格要求自己，但有时却穿着拖鞋上课，经常不注意仪表修饰。对段老师职业修养最恰当的评价是（　）。
A. 值得肯定，师德修养重在内在品质，与仪表修饰无关
B. 有待改善，师德修养是内在品质与仪表修饰的结合
C. 无可非议，仪表随意是个性的表现
D. 无关紧要，上好课才是最重要的

29. 某老师向学生推销课外辅导资料，要求学生必须购买。该老师的做法（　）。
A. 反映教学需要　　B. 体现敬业精神
C. 违背教育规律　　D. 违背师德规范

30. 小海的家长给刘老师送来贵重礼品，拜托刘老师给小孩调换一个好座位，刘老师收下了礼品并给小海调换了座位，刘老师的做法（　）。
A. 体现了礼尚往来的良好品德
B. 体现了关爱学生的教育情怀
C. 反映了他利用职权谋取私利
D. 反映了他忽视学生主题意愿

三、阅读与拓展

（一）师德相关理论书籍

崔福林. 2005. 教师职业道德修养［M］. 保定：河北大学出版社
林崇德. 2014. 师德——教师大计　师德为本［M］. 北京：高等教育出版社
吕德雄. 2010. 陶行知师德理论及其当代价值［M］. 北京：人民出版社
肖自明. 2010. 现代教师职业道德修养［M］. 咸阳：西北农林科技大学出版社
赵宏义. 2005. 新时期教师职业道德修养［M］. 长春：东北师范大学出版社
朱明山. 2006. 教师职业道德修养——规范与案例［M］. 北京：华龄出版社

（二）师德规范及其解读

1. 师德规范

中等职业学校教师职业道德规范（试行）

（2000 年 5 月）

一、坚持正确方向。学习、宣传马列主义、毛泽东思想和邓小平理论，拥护党的路线、方针、政策，自觉遵守《教育法》《教师法》《职业教育法》等法律法规。全面贯彻党和国家的教育方针，积极实施素质教育，促进学生在德、智、体、美等方面全面主动地发展。

二、热爱职业教育。忠诚于职业教育事业，爱岗敬业，教书育人。树立正确教育思想，全面履行教师职责。自觉遵守学校规章制度，认真完成教育教学任务，积极参与教育教学改革。

三、关心爱护学生。热爱全体学生，尊重学生人格，公正对待学生，维护学生合法权益与身心健康。深入了解学生，严格要求学生，实行因材施教，实现教学相长。

四、刻苦钻研业务。树立优良学风，坚持终身学习。不断更新知识结构，努力增强实践能力。积极开展教育教学研究，努力改进教育教学方法，不断提高教育教学水平。探索职业教育教学规律，掌握现代教育教学手段，积极开拓，勇于创新。

五、善于团结协作。尊重同志，胸襟开阔，相互学习，相互帮助，正确处理竞争与合作的关系。维护集体荣誉，创建文明校风，优化育人环境。

六、自觉为人师表。注重言表风范，加强人格修养，维护教师形象，坚持以身作则。廉洁从教，作风正派，严于律己，乐于奉献。

2. 师德规范解读

(1)《师德规范》的核心内容　《师德规范》共六条，体现了教师职业特点对师德的本质要求和时代特征，“爱”与“责任”是贯穿其中的核心和灵魂。

“爱国守法”——教师职业的基本要求。

热爱祖国是每个公民，也是每个教师的神圣职责和义务。建设社会主义法治国家，是我国现代化建设的重要目标。要实现这一目标，需要每个社会成员知法守法，用法律来规范自己的行为，不做法律禁止的事情。

“爱岗敬业”——教师职业的本质要求。

没有责任就办不好教育，没有感情就做不好教育工作。教师应始终牢记自己的神圣职责，志存高远，把个人的成长进步同社会主义伟大事业、同祖国的繁荣富强紧密联系在一起，并在深刻的社会变革和丰富的教育实践中履行自己的光荣职责。

“关爱学生”——师德的灵魂。

亲其师，信其道。没有爱，就没有教育。教师必须关心爱护全体学生，尊重学生人格，平等公正对待学生。对学生严慈相济，做学生的良师益友。保护学生安全，关心学生健康，维护学生权益。

“教书育人”——教师的天职。

教师必须遵循教育规律，实施素质教育。循循善诱，诲人不倦，因材施教。培养学生良好品行，激发学生创新精神，促进学生全面发展。不以分数作为评价学生的唯一标准。

“为人师表”——教师职业的内在要求。

教师要坚守高尚情操，知荣明耻，严于律己，以身作则，在各个方面率先垂范，做学生的榜样，以自己的人格魅力和学识魅力教育影响学生。要关心集体，团结协作，尊重同事，尊重家长。作风正派，廉洁奉公。自觉抵制有偿家教，不利用职务之便谋取私利。

“终身学习”——教师专业发展不竭的动力。

终身学习是时代发展的要求，也是教师职业特点所决定的。教师必须树立终身学习理念，拓宽知识视野，更新知识结构。潜心钻研业务，勇于探索创新，不断提高专业素养和教育教学水平。

(2)《师德规范》体现的基本原则　一是坚持“以人为本”。《师德规范》充分彰显了以人为本的思想，充分体现“教育以育人为本，以学生为主体”“办学以人才为本，以教师为主体”的理念。如“爱国守法”强调了教师要爱祖国和人民；“爱岗敬业”要求教师“忠诚于人民教育事业”；“关爱学生”强调“对学生严慈相济，做学生的良师益友；“保护学生安全”更是注重以人为本的教育理念；“教书育人”进一步明确了教育要以学生的发展为中心；“为人师表”同样赋予了“以人为本”的时代含义，对教师的衣着和言行举止、协作精神、廉洁奉公、不谋私利等方面要求具体细致，还增加了对待家长态度方面的要求；“终身学习”更是人本思想的全面要求。

二是继承与创新相结合。《师德规范》在认真总结了原《师德规范》的基本经验基础上，汲取了原《师德规范》中反映教师职业道德本质的基本要求，如继承了师德规范主旨“爱”和“责任”，又充分考虑经济、社会和教育发展对师德提出的新要求，将优秀师德传统与时代要求有机结合。

三是广泛性与先进性相结合。《师德规范》从教师队伍现状和实际出发，面向全体教师，对教师职业道德提出了基本要求，使之成为每位教师自觉遵守的行为准则。例如，在师德规范修改征求意见过程中，新修订的《师德规范》中有“十五处”广大教师意见被采纳，从而使《师德规范》更加具体、更加实际、更有利于全面贯彻落实。同时，在《师德规范》中还提出了体现时代精神的新的倡导性要求。例如，在《师德规范》中首次加入“保护学生安全”“教书育人”“关心学生健康”“激发学生创新精神”“终身学习”等等，这些都是结合时代要求，与时俱进提出的新要求。

四是倡导性要求与禁行性规定相结合。《师德规范》是从教师职业道德的阶段性特征出发，针对当前师德建设中的共性问题和突出问题，在广泛征求意见的基础上，既作出了倡导性的要求，也作出了若干禁行性规定。例如，倡导性的要求：第一条“爱国守法”中，倡导“热爱祖国”“热爱人民”。第二条“爱岗敬业”中，倡导教师“志存高远，勤恳敬业，甘为人梯，乐于奉献”。乐于奉献的精神特别需要提倡。陶行知先生曾说：“在教师手里操着幼年人的命运，便是操着民族和人类的命运。”只有当教师把教育作为一项事业、作为自己的人生追求时，才可能默默奉献、甘为人梯，这是教育工作的核心价值所在。第三条“关爱学生”中倡导“做学生良师益友”。第四条“教书育人”中倡导“遵循教育规律，实施素质教育”。第五条“为人师表”中倡导“作风正派，廉洁奉公”。第六条“终身学习”中倡导“崇尚科学精神，树立终身学习理念”等。禁止性的规定：第一条“爱国守法”中“不得有违背党和国家方针政策的言行”；第二条“爱岗敬业”中

“不得敷衍塞责”；第三条“关爱学生”中“不讽刺、挖苦、歧视学生，不体罚或变相体罚学生”；第四条“教书育人”中规定“不以分数作为评价学生的唯一标准”；第五条“为人师表”中规定“不利用职务之便谋取私利”。

五是他律与自律相结合。教师职业道德建设重“他律”、贵“自律”。例如，第一条中倡导“自觉遵守教育法律法规”、第二条中倡导“乐于奉献”、第五条中倡导“自觉抵制有偿家教”。《师德规范》在注重“他律”的同时，强调“自律”，倡导广大教师自觉践行师德规范，把规范要求内化为自觉行为。从“他律”走向“自律”是师德建设的最终目的。

【参考文献】

梁晓声. 1996. 橘子皮的故事［J］. 教师博览，7：30

林崇德. 2014. 师德——教师大计　师德为本［M］. 北京：高等教育出版社

三毛. 2011. 蓦然回首［M］. 北京：十月文艺出版社

孙菊如，王燕. 2006. 新时期教师职业道德与专业化发展［M］. 北京：北京大学出版社

周小华，陈建新. 2004. 湖南衡阳中考泄密案：泄题老师被判拘役6个月［DB/OL］. http://www.people.com.cn/GB/shizheng/14562/2952538.html［2016-9-12］

朱明山. 2006. 教师职业道德修养——规范与案例［M］. 北京：华龄出版社

第三章 教学计划

【内容简介】教学计划（又称课程计划）是指导和规定课程与教学活动的依据，是实施学校课程与组织教学活动的依据，也是制订分科标准、编写教科书和设计其他教材的依据。可以保证教师有计划、有目的、有条不紊地进行教学，实现纵观全局，科学地安排教学工作。教学计划一般分为学年教学计划、学期教学计划和单元教学计划。本章以学期教学计划的编写为核心内容。

【学习目标】了解教学计划的含义；理解教学计划的编写原则；学会编写学期教学计划。

【关键词】教学计划；编写原则；教学计划编写。

一、教学计划范本与模仿

（一）范本

《设施蔬菜栽培学》学期教学计划

河北科技师范学院

2015-2016 学年第二学期 - 教学计划（首页）

2016 年 2 月 20 日

园艺学院（系、部） 设施农业科学与工程专业 20140102 班

课程名称：设施蔬菜栽培学

计划时数：60 课堂授课时数 50 实验时数 10

教材名称：《设施栽培技术》 作者 许贵民 宋士清 版本____

主讲教师：宋士清、王久兴、武春成

辅导教师：宋士清、王久兴、武春成

教研室主任（签字）：

______年______月______日

系部主任（签字）：

______年______月______日

注：授课计划填写一式 4～5 份，教务处、教师所在系（部）、学生所在系（部）、教研室、授课教师各存 1 份。

河北科技师范学院授课计划表

园艺学院（系、部） 设施农业科学与工程 20140102 班 课程：设施蔬菜栽培学

周次	顺序	内容摘要	需要时数		作业
			理论时数	实验教学	
1	1	第一章 绪论 一、设施农业 二、设施栽培 三、我国设施栽培的现状 四、我国设施栽培的差距	2		

续表

周次	顺序	内容摘要	需要时数		作业
			理论时数	实验教学	
		五、我国设施栽培的发展道路			
		六、我国设施栽培的发展方向			
		第二章 瓜类蔬菜设施栽培技术			
	2	第一节 黄瓜栽培技术	8		
2	3	一、黄瓜设施栽培概述			
	4	二、黄瓜栽培的生物学基础			
3	5	三、黄瓜的类型和品种			
		四、设施黄瓜高产、优质、高效栽培技术			
		五、黄瓜嫁接育苗技术			
4	6	第二节 甜瓜栽培技术	4		
5	7	一、甜瓜生产概况			
		二、甜瓜的生物学特性			
		三、我国甜瓜栽培分区			
		四、甜瓜的栽培形式与茬口安排			
		五、薄皮甜瓜露地栽培技术			
		六、厚皮甜瓜日光温室栽培技术			
		第三章 茄果类蔬菜设施栽培技术			
	8	第一节 番茄栽培技术	8		
7	9	一、植物学特性			
	10	二、对环境条件的要求			
8	11	三、生育周期			
		四、主要设施茬口栽培技术			
10	12	第二节 辣椒栽培技术	2		
		一、植物学特性			
		二、对环境条件的要求			
		三、生育周期			
		四、主要设施茬口栽培技术			
11	13	第三节 茄子栽培技术	2		
		一、植物学特性			
		二、对环境条件的要求			
		三、生育周期			
		四、主要设施茬口栽培技术			
		第四章 豆类设施栽培技术			
13	14	第一节 菜豆栽培技术	2		
		一、植物学特性			
		二、对环境条件的要求			
		三、生育周期			

续表

周次	顺序	内容摘要	需要时数		作业
			理论时数	实验教学	
		四、主要设施茬口栽培技术			
14	15	第二节 豇豆栽培技术	2		
		一、植物学特性			
		二、对环境条件的要求			
		三、生育周期			
		四、主要设施茬口栽培技术			
		第五章 白菜类蔬菜设施栽培技术			
	16	第一节 甘蓝栽培技术	2		
		一、植物学特性			
		二、对环境条件的要求			
		三、生育周期			
		四、主要设施茬口栽培技术			
15	17	第二节 花椰菜栽培技术	2		
		一、植物学特性			
		二、对环境条件的要求			
		三、生育周期			
		四、主要设施茬口栽培技术			
		第六章 绿叶蔬菜设施栽培技术			
	18	第一节 芹菜栽培技术	3		
		一、植物学特性			
		二、对环境条件的要求			
		三、生育周期			
		四、主要设施茬口栽培技术			
		第二节 莴苣栽培技术	1		
16	19	一、植物学特性			
		二、对环境条件的要求			
		三、生育周期			
		四、主要栽培技术			
		第七章 葱蒜类蔬菜设施栽培技术			
17	20	第一节 韭菜栽培技术	2		
		一、植物学特性			
		二、对环境条件的要求			
		三、生育周期			
		四、主要栽培技术			
		第二节 蒜黄栽培技术	2		

续表

周次	顺序	内容摘要	需要时数		作业
			理论时数	实验教学	
		一、植物学特性			
	21	二、对环境条件的要求			
		三、生育周期			
		四、主要栽培技术			
		第八章　芽苗类蔬菜设施栽培技术			
		第一节　芽菜概述	2		
	22	一、芽菜的概述和分类			
		二、芽菜的生产特点			
		三、我国芽菜生产的发展现状			
		第二节　豌豆苗栽培技术			
		一、场地选择	2		
		二、栽培技术			
18	23	第三节　软化菊苣栽培技术			
		一、植物学特性			
		二、对环境条件的要求			
		三、主要设施莛口栽培技术			
	24	第九章　自主训练	4		
	25	设施蔬菜科研现状与学科发展前沿、《设施蔬菜栽培学》课程论文等			
		实验部分			
		实验一　设施蔬菜产品的识别与品尝			
		实验二　蔬菜种子处理技术			
		实验三　营养土的配制与营养钵育苗技术			
		实验四　瓜类蔬菜嫁接育苗技术			
		实验五　设施蔬菜植株调整技术			

（二）模仿

1. “识读”学期教学计划

首先将班级分成小组，每组3～5人。将“《设施蔬菜栽培学》学期教学计划”印发给每一位学生，在没有理论知识基础情况下，让学生进行观察。1学时后，进行小组讨论，讨论后，小组推选代表将“识读”结果完善后，在全班发言。

在“识读”环节，学生需记住学期教学计划包括几个主体部分，每个主体部分主要内容与写法是什么？以备模仿之用。

2. “模仿”具体要求

在学生“模仿”前提出具体要求：第一，模仿内容要求，学期教学计划的各部分都在模仿之列。第二，模仿步骤要求，模仿分两个部分进行，第三列是课程内容的确定及划分，第一、二、四列为对应内容的开课时间设置，其中第四列是理论和实验的分配。第三，模仿纪律要求，模仿开始时，不再翻阅“学期教学计划”，完全独立地凭借大脑记忆去模仿。

3. “模仿”准备

给学生1～2天时间准备，在课上“识读”学期教学计划的基础之上，进一步“识记”学期教学计划。关键点：学时的划分。

4. “模仿”作品提交

按照平常考试的方式，将学生集中于同一教室中，隔位就坐。让学生用2学时凭借记忆模仿“学期教学计划范例”，模仿完毕，个人将“模仿”作品上交。

经过“识读”“识记”“模仿”三个环节之后，学生对于“学期教学计划”已经有了深刻的感性认识，尤其对于“教学计划”的体例、框架、结构、内容、语言等有了完整的把握。自然，学生对于“教学计划”会有许多“问题”，教师结合模仿作品与学生交流。

二、问题与原理

每一学期开始之前，首先要制订学期教学计划。制订学期教学计划的目的在于要求教师能够纵观全局，科学地安排全学期的教学工作，以保证全学期教学工作有计划、有目的、有条不紊地进行。有人认为即使没有教学计划也可以实施教学，其实这样做很难对教材进行系统的安排。学校背景分析是学校研制教学计划的基础与起点。只有在科学地分析学校的经验优势、传统特色、面临的问题和困难的基础上，学校教学计划才有可能具备针对性和有效性。

（一）问题与原理1：理论课与实践课次序如何安排——实践知识优先性

1. 赖尔关于“命题之知”与“能力之知”

理论课主要是命题之知，实践课主要是能力之知。赖尔认为，能力之知对于命题之知具有优先性。自赖尔以来，理智主义和反理智主义的争论从未停息，理智主义者（斯坦利和威廉姆森）认为，knowing how 和 knowing that 之间没有种类差异，knowing how 根本上还是归因 knowing that。而赖尔更提倡反理智主义的观点，认为 knowing that 和 knowing how 有种类差异，进一步论证 knowing how 之于 knowing that 的优先性。

其一，种类差异：knowing that 是一种广义的命题知识，而 knowing how 是非命题性的，更多地体现在做的活动中。

其二，优先性：知道如何做出发现的能力要优先于某种具体被发现的事实真理，就比如当某人知道如何做某事，如设计服装、煎鸡蛋，他自然也就知道了服装、鸡蛋的概念，职业教育的原理也如此。在实践中对规则的聪明应用，先于对规则的理论思考，即对规则的实践之知优先于对规则的理论之知。但 knowing how 并不等同于能力，例如，一个滑雪教练或许知道如何表演一项复杂的绝技，但他自己可能并不知道如何表演。而且我们要立足这样一个基本事实，knowing how 有时指如何做事的方法，但这些都能够用语言来表达；有时指为现实行动的能力之知，赖尔更同意这个，就像前面所举的例子，赖尔认为，他会教却不会做，就不是一种 knowing how 的表达。有能力见之于行动，才是 knowing how 的必要条件。也就是说，knowing that 为命题性知识，knowing how 为能力之知，如理解力、应用能力、技能等。

2. 茅以升“习学”概念

关于理论与实践学习的关系问题，茅以升提出了“习学”概念。在他看来，旧教育制度的弊端造成了以下后果：一是理论与实际脱节；二是通才与专才脱节；三是科学与生产脱节；四是对学生入学的要求，是重“质”不重“量”。鉴于旧的工程教育制度存在的种种弊端，茅以升提出对原有“学而习”的工程教育制度进行彻底变革，推出“习而学”的新制度。新制度提出，学制和课程具有充分的灵活性和广泛性，工程教育以完成工程任务为目的，学生修完每一年的课程就能够担当某一阶段的任务。四年中，每年成一段落，学生可于每学年末决定升学或就业，或就业一段时期后，再回校复学。根据任务的要求，学生在学校里所修的课程应与之充分配合，任务随阶段上升趋于复杂，课程也随学年上升趋于高深。各种课程应有不同的学习方法，但其进行顺序应有共同的规则，即先习而后学。

以桥梁工程为例，为了训练桥梁工程师，学校设立桥梁工程系，招收高中毕业生于秋季及春季入校。一年级新生，先在造桥工地实习半年，后在桥梁工厂实习半年。同时实习测量、地质、工程材料、石工等课程。晚间阅读课本（包括政治科目及劳动法令等）、练习绘图。第一学年修完可担任技术工人。二年级前半年在学校读与桥梁有直接关系的理论课程，如结构学、基础学、机械工程、电机工程等。后半年在现场实习木桥、钢桥、钢筋混凝土桥的施工方法，运用器材等技术，同时实习测量、地质、材料、铁路等课程。晚间读书及绘图。第二学年修完可担任技术员。三年级前半年在学校读较为基本的理论课程，如工程力学、土壤力学、电机、机械、冶金等工程。后半年在现场实习，负责施工、管理及设计等项目，同时实习测量、房屋建筑、铁路公路等课程。晚间读书及绘图。第三学年修完可担任技师。四年级，全年在校学习，读基本科学如微积分、物理、化学、机械学、高等力学、经济学等课程，并在实验室做材料试验、水力试验、机械及电机试验等。在四年级完毕时，学生即可毕业，可任正式的桥梁工务员，以后按级升任工程师。

按照茅以升的习学理论，课程展开的顺序直接依据于认识的顺序，即应从外表到内核，从片段到整体，从简单到复杂，因此课程的排列次序也应由浅入深，由外而内，需先从实践入手再以理论促进理解。同一性质的课程应分为几个阶段，每个阶段的课程，都应先习而后学。所以每种课程，视其内容性质，应分为几个往复轮回的习而学阶段，由具体到抽象，再具体再抽象，先习后学，再习再学。

（二）问题与原理 2：理论课与实践课学时如何分配——杜威“经验”原理

一般认为，由于理论的“崇高”位置，在教学计划中，理论课学时多于实践课学时，事实上，这是对实践课的误读。增加实践课程比例理由如下。

1. 实践包括理论

美国教育家杜威对“什么是教育”这个问题的回答是“教育即生活，教育即生长，教育即经验的改造。”在杜威的教育理论中，经验论是其教育哲学的核心，杜威一贯强调经验的作用和价值，他认为“一盎司经验所以胜过一吨理论，是因为经验包含理论，理论却不包括经验，并且只有在经验中，任何理论才具有充满活力和可以证实的意义”。

2. 实践激活理论

针对“传统教育”远离生活的特点，杜威提出“做中学”。他指出，传统教育传授的是过时的死知识，这种知识以固定的教材形式提供给学生，教师照本宣科，学生死记硬背。重视课本的讲授，忽视学生对于知识的实践运用。因此，授课计划中，理论学时过多，并且理论与实践分离，导致了“惰性知识”传输，增加实践学时，将理论镶嵌在实践中，使“惰性知识”转向“活性知识”。

另外，实践凸显学生主体地位，改变被动接受知识的局面。

（三）问题与原理3：教学计划如何编写——内容、逻辑、关系原理

教学计划与课程标准有紧密关系。课程标准包含课程性质、类型、学时或学分分配、教学方式、开课时间、实践环节等安排。另外，还应该正确认识到，课程的学时学分结构应是作为设计教学计划表的充分条件（之一）而非必要条件来使用。从理论上来讲，课程的学时学分结构应该属于课程体系构建的思考基础之一，是给各类课程合理分配学分学时的一种原则。必须是在经过充分讨论、科学论证的基础上，提出课程体系框架，并根据一定的原则给各部分课程规定相应比例的学分，然后再在规定的学分量内精心设计课程及其内容。如果将以上逻辑关系颠倒，整个课程体系的学时学分机构将失去原则和依据，只能成为是由课程结构统计出来的一种“既在事实”的数据而已。

我们在拟定教学计划时，往往从以下几个方面考虑：①确定全学期的教学目的、要求和重点；②安排一个学期的教学进度；③合理分配教学内容和时间；④考虑教学方法；⑤做好教学（包括教具）准备。对于学生来说，分配教学内容和时间还有难度。

在教学活动开展之前，教师应先了解学生、钻研课程标准和通览教材，领会编辑意图，熟悉知识范围；明确各个单元的目的要求及它们之间的内在联系，同时掌握重点，分清主次，作出课时划分。一般来讲，备课的工作程序是按照“由大到小、由粗到细”的过程进行的。“由大到小”是就范围而言的，即先进行学期总备课，再进行单元备课，最后进行每堂课的备课。“由粗到细”指的是备课的深度。例如，对教材的钻研，第一次是开学前对整体教材的通读，相对后两次来说，阅读可以“粗”些；第二次是对一个单元教材的重读，这时研究得细致些；第三次是细读一节甚至一堂课的教材，钻研得更深入。学期教学计划、单元教学计划和教案，则是依次“由大到小、由粗到细”的备课程序中三个不同阶段的产物。我们一般以学期备课为主，并且要制订出全学期的教学计划、单元教学计划和每堂课的教案。教学计划，可以写成文字，也可以列成表格，视需要而定。

在学期教学计划的基础上，将各个单元的教学安排进一步具体化是单元教学计划的主要任务。一般来讲，在每一个单元教学开始前，先由教师根据学期计划和本班学生的实际学习情况，拟出该单元的具体教学安排，然后通过同年级备课组的集体讨论，大致统一。单元教学计划的内容一般包括：单元教学目的，单元教学课时划分，每一课的教学内容，教学目的要求，课的类型，例题、习题的配备及单元考查等。有时根据实际需要，要将单元教学计划与课时教案合为一体，这时需要将计划写得更为详细、具体。

三、训练与提升

1. 反思与修正

根据教学设计的相关原理，针对模仿作品进行反思。主要内容包括：教学重点的确定是否合理？教学内容安排是否合理？学时分配是否合理？实践教学内容的选择是否合理？教学方法的选择是否合理？应做哪些教学准备？

根据反思结果，每位同学根据教学计划编写原理修正模仿作品，并完善整个教学计划。

按照之前小组成员之间对于修正后作品相互评价，经“集体审议”后形成一个比较完善的教学计划范本。

2. 分解训练

1）了解学生、钻研课程标准和通览教材。

2）明确各个单元的目的要求及它们之间的内在联系，同时掌握重点，分清主次，作出课时划分。

3）划分出实验课。

3. 课后完整作业

根据已学知识与技能，从《设施农业科学与工程专业》培养方案中选择一门课程，进行教学计划编制训练，并将作业上交，记入平时成绩。

四、阅读与拓展

1. 概念理解

教学计划（又称课程计划）是指导和规定课程与教学活动的依据，是实施学校课程与组织教学活动的依据，也是制订分科标准、编写教科书和设计其他教材的依据。教学计划，体现国家对学校的统一要求，是组织学校活动的基本纲领和重要依据。具体规定了学校应设置的学科、课程开设的顺序及课时分配，并对学期、学年、假期进行划分。

2. 教学计划制订的原则

1）既要保证教育目的的全面实现，又要适应不同地区和不同学生的发展需要，体现课程结构的综合性、均衡性和选择性。

2）正确处理课程系统内部的几个基本关系，正确处理学科课程、综合课程及活动课程之间的关系，必修课与选修课之间的关系，以及打好基础与发展特长之间的关系。

3）教学为主，全面安排。

4）统一性、稳定性与灵活性相结合。

3. 案例

河北科技师范学院

2015-2016 学年第二学期　实验教学计划（首页）

2016 年 2 月 26 日

园艺学院（系、部）　设施农业科学与工程专业　20140102 班

课程名称：设施蔬菜栽培学

计划时数：60　课堂授课时数 50　实验时数 10

教材名称：《设施蔬菜栽培学实践教学指导书》　作者 王久兴　宋士清

主讲教师：宋士清、王久兴、武春成

辅导教师：宋士清、王久兴、武春成

教研室主任（签字）：

____年____月____日

系部主任（签字）：

____年____月____日

注：授课计划填写一式4～5份，教务处、教师所在学院（系、部）、学生所在系（部）、教学部、授课教师各存1份。

周	顺序	内容摘要	需要时数		作业
			理论时数	实验教学	
	1	实验一　设施蔬菜产品的识别与品尝 目的要求：识别各种设施蔬菜栽培产品 内容：①识别；②品尝 时间地点：4月上旬，在实验室进行 考核：依据实验报告评定成绩		2	
	2	实验二　设施蔬菜种子识别与处理技术 目的要求：掌握浸种催芽技术 内容：①识别；②浸种；③催芽 时间地点：4月上旬，在实验室进行 考核：依据实验报告评定成绩		2	
	3	实验三　设施蔬菜育苗技术 目的要求：掌握营养土配制的方法；穴盘育苗方法 内容：①营养土配置；②穴盘育苗 时间地点：4月上旬，在实验站进行 考核：依据实验报告评定成绩		2	
	4	实验四　黄瓜嫁接育苗技术 要求：掌握嫁接的意义；掌握黄瓜嫁接育苗的方法 内容：采用插接法和靠接法进行嫁接，说明不同嫁接方法的优缺点 时间地点：4月上旬，在实验站进行 考核：依据实验报告评定成绩		2	
	5	实验五　蔬菜植株调整技术 目的要求：掌握植株调整的意义和方法 内容：在蔬菜生长发育期，进行支架、整枝、打杈、摘叶、疏花疏果 时间地点：5月上旬，在实验站进行 考核：依据实验报告评定成绩		2	

【参考文献】

曹慧，张保仁，李媛媛，等. 2012. 设施农业科学与工程专业人才培养方案的建设与改革［J］. 中国科教创新导刊，14：198-199

骆峥. 2009. 中美教师教育实践课程比较研究［D］. 上海：华东师范大学博士学位论文

马凤芹，杨国欣. 2012. 教育学［M］. 北京：中国书籍出版社

王道俊. 2009. 教育学［M］. 9版. 北京：人民教育出版社：181-183

吴志行. 2000. 实用园艺手册［M］. 合肥：安徽科学技术出版社

第四章 教案设计

【内容简介】教案是课堂教学之前具体的教学设计方案，是教学设计的最后成果之一。它应力求反映出教学全过程的概貌。编写教案要从学生实际情况出发，并依据课程标准和教科书精心设计。教案中应该主要包括一堂课的目的要求和本堂课教学过程中各部分的计划。教师要根据不同的课型编写教案。本节内容的核心是学会编写教案。

【学习目标】理解教案的含义；明确教案包含的内容；学会编写教案。

【关键词】课程标准；教学目标；教案。

一、教案范本与模仿

（一）范本

《甘蓝栽培技术》教案设计

河北科技师范学院教案

2007-2008 学年 第二学期

课程名称：设施蔬菜栽培学 教研室：设施农业科学与工程

任课教师：宋士清、王久兴、武春成

授课章节：第五章 白菜类蔬菜设施栽培技术

授课班级	设施 20050102 班	授课日期	
课题	甘蓝栽培技术	时数	2 学时
教学目的及要求	掌握甘蓝的植物学特性、对环境条件的要求和主要茬口栽培技术		
教学重点	主要栽培技术		
教学方法及教具	CAI 课件教学		

课堂设计（教学内容、过程、方法、图表等）	时间分配（分钟）
复习上次课程内容，引入本次课程内容	5
第五章 白菜类蔬菜设施栽培技术 第一节 甘蓝栽培技术 一、植物学特性	10
（一）根 （二）茎 （三）叶 （四）花 （五）种子	
二、对环境条件的要求	15
（一）温度 （二）光照 （三）湿度 （四）土壤养分	

续表

三、生育周期 四、主要设施茬口栽培技术 （一）品种选择 按其栽培目的和上市时间的不同而定。小拱棚早春地膜栽培多选用早熟品种，如中甘11、北农早生、8398、报春、迎春、鸡心甘蓝、牛心甘蓝、北京早熟。中熟品种如京丰1号、中甘8、秋蓝、秋丰、理想1号、庆丰1号、夏光。晚熟品种如华甘2号、东农609、秋丰、晚丰、寒光1号、新丰甘蓝、黄苗甘蓝。中晚熟品种多用于夏秋栽培。	20
（二）栽培季节 春甘蓝于2月上旬播种育苗，4月上旬定植，6月上旬收获；夏甘蓝4月上旬育苗，8月上旬收获；秋甘蓝一般是6月上旬播种9月上旬开始收获。	25
（三）播种育苗 1．营养土配制。一般由大田土、马粪、草炭及速效肥料配制而成，以砂壤土为好，配制比例：田土60%～75%，马粪草炭土15%～25%，每立方米床土加入复合肥1～1.5kg，充分拌匀待用。 2．种子处理。为提高种子出芽率可用50～55℃温水浸种15min，然后自然冷却浸种3h左右，捞出甩干置于22～24℃条件下催芽，注意保持湿度，一般36h出芽，待80%种子出芽即可播种。 3．播种方法。将育苗床整平，浇透底水，待水渗下后撒一薄层过筛土，然后播种。播种量每平方米4g左右，播种后均匀覆土8～10mm。为防止立枯病发生，可用50%多菌灵可湿性粉剂对土壤杀菌，每平方米7～10g拌于覆土中。温室育苗土壤温度较高可采取浇足底水后播干种。 4．苗期管理。出苗前白天温度20～25℃，夜间温度13～15℃。幼苗出土后白天12～15℃，夜间5～8℃，然后再逐渐提高温度，白天15～20℃，夜间8～10℃。当幼苗长到2叶1心时进行移苗，移苗后要浇透水，适当给较高温度。缓苗后，要及时通风、降温管理，防止徒长。当幼苗茎粗达0.5cm以上时，应尽量保持温度在15℃以上，以免通过春化阶段出现未熟抽薹现象。	10
（四）定植 种植甘蓝地块应结合施有机肥提前旋耕，整地做床或起垄，覆盖地膜。早春栽培的早熟品种每亩[①]栽5000～5500株，中熟4000～5000株，晚熟2000～3000株。浇水定植。 （五）田间管理 早春地膜栽培定植缓苗后，应适当控制浇水以提高地温。若有寒流天气，可提前施硫酸铵每亩15～22.5kg。并灌水可增强植株抗寒能力。莲座期进行1次追肥，每亩施速效氮肥15～20kg，莲座末期可适当控制浇水，及时中耕除草。	10
解答学生关于本次授课内容的提问	5
作业及参考文献 1．课下复习课堂讲授内容。 2．参阅《园艺学报》《农业工程学报》等学术期刊及书籍。	
课后小结	

① 1亩≈666.7m²

（二）模仿

1. “识读”教案

首先将班级分成小组，每组3～5人。将“甘蓝栽培技术”教案印发给每一个学生，让学生对教案进行观察。30分钟后，进行小组讨论，讨论后，小组推选代表将“识读”结果完善后，在全班发言。

在“识读”环节，学生需记住教案包括几个主体部分，每个主体部分主要内容与写法是什么？以备模仿之用。

2. “模仿”具体要求

在学生“模仿”前提出具体要求：第一，模仿内容要求，在教案各部分中，除“小结”这个部分之外，其余部分都在模仿之列。第二，模仿步骤要求，模仿分三步进行，第一步模仿制订教学目的和要求，提炼教学重点；第二步模仿设计教学过程；第三步拟定课后作业。第三，模仿纪律要求，模仿开始时，不再翻阅“教案”，不与同学商量，完全独立地凭借大脑记忆去模仿。

3. “模仿”准备

给学生1～2天时间准备，在课上“识读”教案基础之上，进一步“识记”教案，关键点：熟悉教材（内容自选）。

4. “模仿”作品提交

按照平常考试的方式，将学生集中于同一教室中，隔位就坐。让学生用2学时凭借记忆模仿“教案范例”，模仿完毕，个人将作品上交。

经过“识读”“识记”“模仿”三个环节之后，学生对于“教案”已经有了深刻的感性认识，尤其对于“教案”的框架、内容、语言等有了完整的把握。自然，学生对于“教案”会有许多“问题”，结合模仿作品将“教案”研制的原理部分与学生交流。

二、问题与原理

（一）问题与原理1：教案的编写要求如何完善——建构主义原理

学生将“模仿”完成的教案提交上来后，发现绝大部分学生不能完全“识记”教案，漏写教学目的和漏写教学重难点的学生占一小部分，但是其中很大一部分学生在写课堂设计时不能将设计内容完全呈现，内容零零散散、参差不齐，通过相互交流，知道学生无法“识记”全部教案要素的原因很多，其中最为重要的原因是学生对教学内容也就是教材不熟悉。“识记”教案的关键点在于熟悉教材。编写教案要依据课程标准和教科书，要从学生实际情况出发，精心设计。一般要符合以下要求：明确地制订教学目标，具体规定传授基础知识、培养基本技能、发展能力以及思想政治教育的任务，合理地组织教材，突出重点，解决难点，便于学生理解并掌握系统的知识。恰当地选择和运用教学方法，调动学生学习的积极性，面向大多数学生，同时注意培养优秀生和提高后进生，使全体学生都得到发展。

根据建构主义理论，教材知识，只是一种关于某种现象的较为可靠的解释或假设，并不是解释现实世界的“绝对参照”。任何知识在被个体接收之前，对个体来说是没有什么意义的，学生对知识的接收，只能由他自己来建构完成，以他们自己的经验为背景来分析知识的合理性。所以在“识记”教材内容时，学生不仅要理解教材中的新知识，而且要对教材中的新知识进行分析、检验和批判。再者，建构主义认为，学习者的知识是在一定的情境下，借助他人的帮助，如人与人之间的协作、交流，利用必要的信息等，通过意义的建构而获得。在教案编写尤其是课堂设计中，创设有利于学生建构意义的情境是最重要的环节或方面；协作应该贯穿于整个编写活动过程中。教师与学生之间、学生与学生之间的协作交流是协作过程中最基本的方式或环节。其实，协作学习的过程就是交流的过程，在这个过程中，每个学生的想法都为整个学习群体所共享。交流对于推进每个学习者的学习进程，是至关重要的手段；意义的建构是教材编写活动的最终目标，一切都要围绕这种最终目标来进行。另外，教案一定不是灌输式的，尤其是在专业技能课程的学习中，教案呈现方式是活动式和探究式的，所以根据建构主义原理，需要在编写过程中运用教师与学生、学生与学生的相互讨论的方法、角色扮演的方法或者项目教学的方法，从中发现问题和解决问题，从而达到教材编写要点的完善。

（二）问题与原理 2：教案的编写形式如何统一——系统科学的基本原理

教案有详简之分。教案的详简，主要是指一节课的教学过程（特别是主要内容的教学过程），是详写还是略写。以新授课为例，详细的教案要求写出如何检查课外作业，复习哪些具体内容；讲新课时如何提出任务，如何逐步启发诱导，详细步骤怎样（如果采用谈话法教学，要写出问题怎样一个接一个提出）；巩固阶段是由教师还是由学生归纳、小结，课堂练习如何进行；布置课外作业时，如果有需要提示或解释的，也要写明等等。同时，需要用哪些教具、板书如何计划、各环节需要多少时间，也可在教案中说明。教案的最后还可附一个教学后记（也称为教学反思），以便上课之后记载这堂课的教学经验和问题，反思其中的得失。

简略的教案，则相当于详细教案的提纲。它虽然简明扼要，但也必须包含教师和学生进行活动的基本步骤，并要简要地说明讲授内容和教学方法。一般来说，新教师宜写出详细教案，这样一方面可以促使自己备课更加仔细，另一方面也有助于自己逐步积累教学经验。那些写得详细又认真做了教学后记的教案，对于将来在教同一内容时，将是很好的参考，教师在备课时就可以事半功倍。此外，观摩教学或示范教学的教案，一般应写得详细些，以便大家学习和讨论。教师在进行单元教学设计、编写一堂课的教案的同时，应连带通盘设计后面几节课的教学细节，不仅有助于更好地利用时间，而且可以对一个阶段的教学工作做统筹，使前课与后课有机地结合起来，从而克服教学工作中的忙乱现象，保证教学质量。

通过对学生提交上来的教案的归纳总结，会发现有的学生教案写得比较简单，有的学生教案写得很复杂。事实上，教案的格式从表述方法上可分为综合式、纲要式和表格式三种，从编写教案的详略程度分类可以分为详细教案和简略教案两种，前者是详尽而细致地写出整个教学过程和全部教学内容，即把构思中的教学活动几乎全部跃然纸上，后者则是“勾其要”“提其玄”（写出主要教学过程和主要教学内容，即把构思中的教学活动的主体框架展示出来），详细教案通常表述成综合式或表格式，简略教案通常表述成纲要式。再者，教案编写主要分为五个维度，分别是教学内容维度、教学主体维度、教学资源维度、呈现方式维度和教学方法维度。其中教学内容包括教学目标、教学内容、教学组织和教学评价；教学主体分为教师和学生；教学资源包括教学的时间、地点、教学材料和教学文本；教学方法主要分为语言传递教学法、直接感知教学法、实际训练教学法和引导探究教学法；教案呈现方式主要有活动型的和探究型的。

系统观念在古代人类社会实践中就已经萌生，但是由于受时代和科学发展的局限，人们不具备认识构成事物整体各个细节的能力。到近代系统科学进一步发展，莱布尼茨提出“单子论”，在他看来，单子是能动的实体，构成了整体世界；康德反对仅仅用机械论的观点看待事物的整体性，提出了合目的性整体的观点；在近代哲学史上，黑格尔的系统思想，具有特殊意义，他第一次把自然的、历史的精神和世界描写成一个统一的过程。1925 年，美籍奥地利生物学家贝塔郎非提出系统论的思想，1954 年他与另外三名著名学者：经济学家鲍尔丁、生物学家杰拉德、生物数学家拉波拉特发起成立了“一般系统研究会”。目前系统科学已经应用于社会生活的各个层面，系统科学的基本原理包括整体原理、有序原理和反馈原理，这三个原理被广泛应用于教育理论与实践，运用系统化科学原理，就是要认识到教材编写格式中的每个维度及其组成成分都担当着重要的角色，就像空调系统中的各个组成部分一样，为了达到期望的输出，必须有效地合作。在整个教案编写的过程中要注意把握各个维度及其组成成分的整体性和有序性。

（三）问题与原理 3：教案编写的内容如何组织——“理实一体”原理

由于每堂课的具体任务不同，课的类型与结构不一，同时，也由于各个教师的教学经验和驾驭课堂教学的能力不同，教学过程千差万别，所以没有统一的编写教案模式。但不管哪一种教案，一般应包括以下内容：教学时间、授课的题目、教学目标、教学重点和难点、教学的基本内容、授课方式方法和手段、作业、课后小结、参考资料（含参考书和参考文献）。如果是新授课，教学过程就要反映新授课的几个环节，如传统新授课的基本教学过程是：第一步，复习，引入新课（有时还要检查课外作业）；第二步，讲授新课；第三步，巩固；第四步，小结；第五步，布置作业。当然，不同教育思想指导下的新授课教学基本过程不尽相同，教学环节也千差万别，教师要根据实际情况灵活设计。如果是练习课或是复习课，教学过程又要分别按这两种课型的结构编写。

教案编写主要根据教学班的基本情况，如专业性质、课程教学时数、教学环节、教学内容和教学特点等进行具体编写。教案编写的内容同时也受到编写者多年积累的教学经验和形成的教学风格的影响。基于“理实一体化”原理，教案编写的内容要突破以往理论与实践相脱节的现象，教学环节相对集中。教案中的整个教学过程是以学生为中心，通过教师设定的教学任务和教学目标，让师生双方边教、边学、边做，全程构建素质和技能培养框架，丰富课堂教学和实践教学环节，提高教学质量。在教学中，体现实践优先原则，理论和实践交替进行，直观和抽象交错出现，而理中有实，实中有理。突出学生动手能力和专业技能的培养、充分调动和激发学生学习兴趣。理实一体的教案内容编写是以建构主义、发现学习等理论为基础，以教学过程为研究对象，凸显学生中心，以系统观统领教学过程的各个要素，通过设置特定的情境与典型问题将理论和实践有机融为一体，使学习者在情境学习与解决问题过程中提升职业能力的教学活动实施方案。从另一个层面看，在“理实一体”原理的助推下，编写出的教案具有自身的特色，以达到最佳的教学效果和质量。

三、训练与提升

1. 反思与修正

根据教案编写原理，针对模仿作品进行反思。主要内容包括：教学目标和要求是否合理？教学重点是否突出？时间分配是否恰当？作业安排是否适中？

根据反思结果，每个同学根据教案编写原理修正模仿作品，并根据实际选取的教材内容，有针对性地编写出优秀的教案。

按照之前小组，成员之间对于修正后作品相互评价，经“集体备课”后形成一个比较完善的教案范本。

2. 分解训练（以花椰菜的栽培技术为例）

1）拟定花椰菜栽培技术的教学目的和要求，确定教学重点。

2）准备花椰菜栽培技术教学时所有学具。

3）设计花椰菜栽培技术的教学过程。

4）拟定花椰菜栽培技术的课后作业。

3. 课后完整作业

根据已学知识与技能，选择某类蔬菜的栽培技术的教学，进行教案编制训练，并将作业上交，记入平时成绩。

四、阅读与拓展

1. 教案的概念

教案即教学方案，是依据教学进度要求，为完成课程标准所规定的教学任务而准备的教学工作计划，是教师以课时为单位编写的供教学用的实施方案。它是落实教育思想、教学方法、教学手段和考试方法改革的具体体现，是指导具体教学实践的重要依据。

2. 编写教案的依据

编写教案要依据课程标准，从学生实际情况出发，精心设计。一般要符合以下要求：明确地制订教学目标，具体规定传授基础知识、培养基本技能、发展能力以及思想政治教育的任务，合理地组织教学内容，突出重点，解决难点，便于学生理解并掌握系统的知识。恰当地选择和运用教学方法，调动学生学习的积极性，面向大多数学生，同时注意培养优秀生和提高后进生，使全体学生都得到发展。

3. 编写教案应遵循的原则

（1）科学性　所谓符合科学性，就是教师要认真贯彻课标精神，按教学内容内在规律，结合学生实际来确定教学目标、重点、难点；设计教学过程，避免出现知识性错误。那种远离课标，脱离教材完整性、系统性，随心所欲另搞一套的写教案的做法是绝对不允许的。一个好教案首先要依标合本，具有科学性。

（2）创新性　课程标准是固定的，一般不随意更改。但教法是活的，课怎么上全凭教师的智慧和才干。尽管备课时要去学习大量的参考材料，充分利用教学资源，听取名家的指点，吸取同行经验，但课总还要自己亲自去上，这就决定了教案要自己来写。教师备课也应该经历一个相似的过程。从课本内容变成胸中有案，再落到纸上，形成书面教案，继而到课堂实际讲授，关键在于教师要能“学百家，树一宗”。在自己钻研教材的基础上，广泛地涉猎多种教学参考资料，向有经验的老师请教，而不要照搬照抄，要汲取精华，去其糟粕，对别人的经验要经过一番思考、消化、吸收，独立思考，然后结合个人的教学体会，巧妙构思，精心安排，从而写出自己的教案。

（3）差异性　由于每位教师的知识、经验、特长、个性是千差万别的，而教学工作又是一项创造性的工作。因此写教案也就不能千篇一律，要发挥每一个老师的聪明才智和创造力，老师的教案要结合本地区的特点，因材施教。

（4）艺术性　所谓教案的艺术性就是构思巧妙，让学生在课堂上不仅能学到知识，而且能得到艺术的欣赏和快乐的体验。教案要成为一篇独具特色的“课堂教学散文”或者是“课本剧”。所以，开头、经过、结尾要层层递进，扣人心弦，达到立体教学效果。教师的说、谈、问、讲等课堂语言要字斟句酌，该说的一个字不少说，不该说的一个字也不能多说，要做到恰当的安排。

（5）可操作性　教师在写教案时，一定要从实际需要出发，要考虑教案的可行性和可操作性。该简就简，该繁就繁，要简繁得当。

（6）考虑变化性　教学面对的是一个个活生生的有思维能力的学生，每个人的思维能力不同，对问题的理解程度不同，常常会提出不同的问题和看法，教师又不可能事先都估计到。在这种情况下，教学进程常常有可能离开教案所预想的情况，因此教师不能死抠教案，把学生的思维积极性压下去。要根据学生的实际改变原先的教学计划和方法。为此，教师在备课时，应充分估计学生在学习时可能提出的问题，确定好重点、难点、疑点和关键点。学生能在什么地方出现问题，大都会出现什么问题，怎样引导，要考虑几种教学方案。出现打乱教案现象，也不要紧张，要因势利导，耐心细致地培养学生的进取精神。

【参考文献】

陈琦. 2007. 当代教育心理学［M］. 2版. 北京：北京师范大学出版社
骆峥. 2009. 中美教师教育实践课程比较研究［D］. 上海：华东师范大学博士学位论文
马凤芹，杨国欣. 2012. 教育学［M］. 北京：中国书籍出版社
孙喜亭. 2002. 教育原理［M］. 北京：北京师范大学出版社
王道俊. 2009. 教育学［M］. 9版. 北京：人民教育出版社：181-183
吴志行. 2000. 实用园艺手册［M］. 合肥：安徽科学技术出版社

第五章　教法设计

【内容简介】教学方法是指师生在教学过程中为了完成教学任务、实现教学目的所采用的一系列具体方式和手段的总称。它是教学系统中的重要因素之一，是联系教师与学生及其课程内容的中介和桥梁。采用有效的教学方法具有十分重要的意义，可以促进学生积极地参与教学活动，实现课程目标，完成教学任务，提高教学效率和质量，减轻学生的学习负担。合理选择教学方法为本节重点。

【学习目标】教学方法的作用和意义；掌握教学方法的基本种类；学会恰当选择和运用教学方法。

【关键词】教学方法；课程目标；教学任务。

一、教学方法范例与模仿

（一）范例 1：案例教学法

1. 案例

春茬菜豆定植及定植后管理

1. 定植前的准备及定植（垄作定植、畦作双行定植或畦作单行定植）。

2. 定植后的管理

1）温度管理：在定植前期，温室和大棚应以保温为主。当菜豆进入开花期时，通常白天温度以22～25℃为宜，夜间温度仍以15～20℃为宜。进入结荚盛期，应加大放风量，防止高温落花。

2）肥水管理：应注意定植前期少灌水施肥，结荚盛期多灌水施肥。结荚后应开始追肥灌水，蔓生菜豆每隔10～15天灌一次水，每隔20～30天追一次肥，每次追施尿素、硫酸钾每亩各15～20kg。

3. 防止落花、落荚（落花、落荚原因及防治措施）。

2. 模仿

将班级分成小组，每组3～5人，进行小组讨论，按照范例进行模仿。

3. 问题与原理：操作知识如何传递——波兰尼默会知识论

传统学徒制中，师傅技能往往充分地表现在行动上，而不是以概念的形式存在。因此通常以“行动中的知识”（knowledge in action），或者以“内在于行动中的知识”（action-inherent knowledge）而称谓。伴随表征主义认识论的瓦解，又加之技术哲学的贡献，作为一种重要的知识类型，“行动中的知识”逐步被学界所认识。诚如挪威哲学家格里门所言：“对知识的表达而言，行动是和语言同样根本的表达方式。”格里门之语一方面凸显出能力之知以“行动”来表达，同时演绎出能力之知的“即时”属性和“情境”特征。对此，约翰内森曾有一句更加具体、生动的诠释：“我拥有某乐曲的某种特定演奏的知识……想完全传达我知所知，最好的办法莫过于径直去演奏该乐曲的片段。”事实上，由于技能的“行动”属性，师傅往往通过“范例”完成教学过程。波兰尼称其为“通过范例学习”（learn by example），“一种难以说明细节的技艺不能通过规定（prescription）来传递，因为对它来说不存在规定，它只能通过范例由师傅传给徒弟。”同时，“范例”教学还避免了技能传授中“默会”成分的丢失，诚如波兰尼所说：“通过对师傅的观察，直面他的范例，模仿他的各种努力，徒弟无意识地获得了该技艺的规则，包括那些师傅自己都不太明确了解的规则。”

由此可知，在传统学徒制中，即使没有专门教授“如何成为师傅”的课程，但师傅自身的“行动”已构成了课程本身。事实上，“师范元素”内居于“工作体系”之中，即师傅教授某一制造工艺之时，融合了如何教的知识与技能，尤其包括了独特的“师承文化”。与之比较，“学科范式”过度注重了命题之知的灌输，恰恰忽略了教师技能的“行动”属性，自然未能很好地运用本应通过“行动”所展现的教师“示范”效应。

库恩认为，规则不能穷尽我们对常规科学的本性的理解。“尽管在一段时期内明显存在着为一个科学专业的所有实践者都坚持的规则，但这些规则本身不可能囊括这些专家在实践中所共同具有的一切。常规科学是一种高度确定性的活动，但它又不必要完全由规则所确定。”在规则之外，还有一个重要因素指导着常规科学研究，那就是狭义的范式，即范例。库恩不仅在规则之外肯定了范例，而且还有一个更强的主张。在他看来，在指导常规科学的这两个因素之间，范例优先于规则。他说，“规则导源于范式，但即使没有规则，范式仍能指导研究。”

默会知识的传递主要靠范例。然而，既然默会能力能通过范例来传递，那么，按照概要的规则观，在范例的基础上提出模糊规则，总是可能的，而且在实践中人们确实也是如此做的。这就是默会知识论的范例之于规则的优先性原理。

（二）范例2：情境教学法

1. 案例

教师在讲授番茄日光温室越冬茬栽培技术时，将学生带到日光温室中，观察定植后的温度管理。定植后温度适当高些，促进缓苗，白天25～32℃，夜间15～20℃。缓苗后，白天20～25℃，夜间15～16℃。进入深冬季节，白天上午25～27℃，下午24～20℃，夜间前半夜16～13℃，后半夜12～8℃，揭苫前可短时间降至5℃。深冬季节株型为：茎粗壮，节间紧凑，叶片小而肥厚，叶色深绿。天气转暖后，适当提高温度，白天25～28℃，夜间15～16℃，以促进果实发育和成熟。

2. 模仿

学生分成小组，讨论相关知识可以运用何种情境，例如，讲温室时模拟在温室里，讨论温室的部分构成、温室结构等。

3. 问题与原理：技术传播在教室中是否可行——情境教学原理

情境认知学习理论强调，个体心理常常产生于构成、指导和支持认知过程的环境之中，而认知过程的本质是由情境决定的，情境是一切认知活动的基础。这一理论还认为，心理与环境的互动不仅发生在高度机械的任务当中，而且也在一些日常任务之中，它们同时把学习的情境分为积极互赖（合作）、消极互赖（竞争）和无相赖（无互动）三种情况，强调知识的学习应建构在真实的活动中，同时强调学习活动与文化的结合，其主要观点包括：①人具有主动建构知识的能力；②学习是个人与情境互动的历程；③学习是从真实活动中主动探索的过程；④学习是共同参与的社会化历程；⑤学习是从周边参与扩展至核心的。情境学习理论认为知识是在情境中建构、不能与情境脉络相分离的。简言之，情境认知与学习理论认为，知识和情境活动相联系，将重点放在学习者的积极参与上，并要求学习者在不同情境中进行知识的意义协商。

吸收传统学徒制“工作场所学习”特征，“情境”设计成为“认知学徒范式”的核心要件。与常规化、标准化的课堂灌输不同，“情境”设计源于情境认知理论，有别于传统认知理论，即从认知的个人性、抽象性、分离性、一般性转向社会性、参与性和具体性。

传统学徒制都是在作坊、工厂或“工作坊”等生产环境发生的，受此影响，认知学徒制对于“情境”设计极为重视。柯林斯曾撰文“学习环境的设计问题”“认知学徒制和变化中的工作场所”以详述认知的情境条件，布朗也常强调人类心智的情境性，“很明显，人类的心智是在社会情境中发展的，它们运用文化提供的工具或表征媒体去支持、拓展和重组心智的运作。”“概念知识不是抽象的独立于情境的实体，它们只有通过实践应用活动才能真正被理解。”事实上，布朗与柯林斯汲取了莱夫的研究成果。作为情境认知理论的主要倡导者，莱夫在研究中发现：成人在做简单的数学题时，表现十分糟糕，可在杂货店中询问同样的问题，他们却能显示出能力和解决熟悉问题的策略。威尔逊则指出“情境”设计基于以下 4 个主要假设：①学习是根植于日常情境行动中的；②知识只有在类似的情境中才可有效迁移；③学习作为一个社会过程，知识、技能和思维融合其中；④学习无法与由学习者、行动和环境组成的统一体分离。

1989 年，柯林斯、布朗和纽曼合作的“认知学徒制教授阅读、写作和数学的技艺”一文正式载于雷斯尼克主编的论文集“Knowing, Learning, and Instruction: Essays in honor of Robert Glaser”中。这是认知学徒制理论第一次被公开正式提出。文章分析了怎样组织教学才能使获得的知识不会孤立于它被使用的情境，并指出将知识从它们被使用的情境中抽取出来是现代学校教育组织独有的特点。将典型的学校学习和传统学徒制中的学习进行对比，可以发现，传统学徒制的主要教学和学习模式是，在真实的生产任务中，师傅示范并指导学徒实践，所给予的支持逐渐减弱，直至淡出。柯林斯等因而提出，应发展传统学徒制用于认知技能的教学，运用一些特别的技术使思维过程外显，鼓励学生自我监控技能的发展。文章还分析了三个成功的案例，来说明认知学徒制在阅读、数学和写作教学等真实教学场景中的生动应用。

同年，约翰·西利·布朗、阿伦·科林斯与保尔·杜吉德发表了《情境认知与学习文化》一文。论文的主要观点是知识是具有情境性的，知识是活动、背景和文化产品的一部分，知识正是在活动中，在其丰富的情境中，在文化中不断被运用和发展着。学习的知识、思考和情境是相互紧密联系的，知与行是相互联系的。知识是处在情境中的并在行为中得到进步与发展的。人的认识是有意识的心理活动和无意识的心理活动的统一、理智活动和情感活动的统一。

与此同时，以莱夫为代表的人类学家也从人类学的视角来对情境认知与学习进行研究。莱夫从研究从业者（如裁缝、产婆、航海家等）的日常学徒开始，关注日常认知、实践中的认知，进而推进到对情境认知与学习的深入研究。她分别于 1984 年和 1988 年出版了两本与情境认知与学习理论密切相关的著作：《日常认知：社会情境中的发展》与

《实践中的认知：心理、数学和日常生活文化》；并于1991年出版了她最具有代表性的名著《情境学习：合法的边缘性参与》。该书后又于1993～1999年连续7次再版，并与她的另一部著作《理解实践：活动与情境的观点》共同收录在由剑桥大学出版社1993年出版的丛书《做中学：社会、认知和计算的观点》中。除此之外，莱夫还相继发表了一些有关情境认知与学习的论文。在她的论著中，莱夫从对“认知学徒模式”的反思中，在对利比亚的Vai和Gola两地的裁缝认知学徒的研究中，认识到了“默会知识”在学习中的重要性，从而提出了情境学习理论研究中的著名论断“情境学习：合法的边缘性参与”。

美国教育家杜威认为传统教育失败的根本原因，在于未能在教学过程中给学生以“引起思维”的情境。他主张教学过程的第一个要素就是“学生要有一个真实的经验的情境”。克伯屈等创立的设计教学法模式，第一步就是“创造情境”，即创造出引起学生学习动机的情境。美国心理学家布鲁纳创立的发现教学模式的第一步也是“创设问题情境”。保加利亚的洛扎诺夫所创立的暗示教学模式的核心就是运用暗示、联想和音乐等综合手段创设情境，激发学生学习的兴趣和需要，形成学习的最佳状态，从而充分发挥学习潜力，提高教学效果。美国人本主义心理学家罗杰斯所倡导的非指导性教学模式的第一步也是创设情境。

情感和认知活动相互作用的原理。情绪心理学研究表明：个体的情感对认知活动至少有动力、强化、调节三方面的功能。动力功能是指情感对认识活动的增力或减力的效能，即健康的、积极的情感对认知活动起积极的发动和促进作用，消极的不健康的情绪对认知活动的开始和进行起阻碍抑制作用。马克思曾说过：“热情是一个人努力达到自己目标的一种积极力量”，谈的也是情感的动力功能。而情境教学法就是要在教学过程中引起学生积极的、健康的情感体验，直接提高学生对学习的积极性，使学习活动成为学生主动进行的、快乐的事情。

（三）范例3：项目教学法

1. 案例

项目教学法包括6个典型步骤：目标、计划、决策、实施、反馈、评价。例如，下面即一个项目教学法“片段”。

教师给出题目：为我国北纬40°左右地区，设计并建造面积约200m^{2}的生产芽苗菜用日光温室，具体要求：采光、保温性能良好，能方便进行光温调控，在不进行人工加温的前提下，1月温室最低温度不低于15℃，能满足越冬生产对环境的要求。经费预算不超过15万元，墙体、前屋面骨架、后屋面等主体结构使用寿命达到5年。

教师引导学生破题、设计图纸、讨论、修改图纸、购买材料、建造……

2. 模仿

教师对项目进行详细描述并对学生分组，制订项目规划。基于项目计划，学生以小组形式解决项目问题，将项目目标规定与当前工作结果进行比较并作出相应调整，最后进行成果汇报，教师给予评价。

3. 问题与原理：如何解决理论与实践分离问题——克伯屈设计教学法

克伯屈认为教育过程应该围绕“行动因素，特别是全心全意的、充满活力的、有目的的活动”来进行。克伯屈对“设计”（project）一词的内容做了举例说明：“假定一个女孩做一件衣服，甚至亲自动手做，那么，我可以说这就是‘设计活动’的一个典型实例。”在一定的社会条件下，人们通常有一个占据自己全部身心的、有目的的活动。做衣服具有明确的目的性，这是显而易见的。目的一旦形成，它将指导过程的每一个步骤，并使整个过程统一化。

他对于“设计教学”的含义进行了阐述：“……把设计法理解为以有目的的方式对待儿童，以便激发儿童身上最好的东西，然后尽可能放手让他们自己管理自己。”他界定设计教学法的内容有如下几个方面：①必须是一个亟待解决的实际问题；②必须是有目的、有意义的单元活动；③必须由学生负责计划和实行；④包括一种有始有终、可以增长经验的活动，使学生通过设计获得主要的发展和良好的生长。“亟待解决的实际问题”跟杜威提出的思维的开端——“迷惑的、纷乱的、困难的”是类似的；“必须是有目的、有意义的单元活动”，这点恰恰体现了霍尔、杜威、詹姆斯所提出的在儿童成长和发展中开展有目的的活动的重要性，以及帕克所说的“儿童做的每一件事都必须是有意义的”。整个内容建立在“以儿童为中心”的基础上，开展有目的、有意义的活动，使儿童的经验不断的改造，从而使儿童获得更好的发展和生长。

克伯屈的设计教学法深受杜威的“五步教学法”的影响。杜威的“五步教学法”为：第一，老师为学生准备一种真实的情境，这种情境与现实生活密切联系，以便儿童获得现在生活中所需要的经验，与此同时，老师要给予一定暗示，使学生意识到问题的存在；第二，帮助学生确定问题所在，激发学生解决问题的兴趣和愿望，这一环节需注意问题的难易程度，太容易的，学生会丧失兴趣，太难的又会打击到儿童的积极性；第三，让学生准备充足的资料，并帮助学生运用所拥有的资料找寻解决问题的方法；第四，帮助学生推理假设是否合理，他认为学生提出假设的合理性需要来自老师的判断，老师应该引导学生提出有逻辑、有条理的论据；第五，为学生创造应用知识的实际情景，也就是去验证论据的合理性和正确性，以及假设是否成立。这也贯穿了杜威认为的教学方法——从做中学。而设计教学法的教学步骤来看，不可否认，同样继承了杜威的“从做中学”。只是这里的“做”比杜威的“做”范围更广。杜威的“做”主要倾向于实际问题的解决过程，以及证明假设后在实际生活中进行验证。而克伯屈的“做”扩展到了：问题的选择由学生来“做”，目的的确立由学生来“做”，方案的制订由学生来“做”，问题解决后的评价也由学生亲自来“做”。老师在其中发挥的作用也是不同的。虽然杜威强调以儿童为中心，在“五步教学法”中，儿童的中心地位确实也有所提高，但老师依旧在许多方面发挥着“决策”作用，如初始情景的设置是由老师来“做”，在检验假设时的实际情景的创造也由老师来“做”。与之不同，设计教学法中，老师的作用仅仅是引导、建议、鼓励等等。

同时克伯屈又接受了当时美国著名教育心理学家桑代克的联结理论，把它作为设计教学法的心理学基础。桑代克是联结论的创始人，所谓联结是指某种刺激仅能引起某种对应的反应，而不能引起其他反应，其公式为S→R（刺激→反应）。

二、训练与提升

1. 反思与修正

根据教案，针对模仿作品进行反思。主要内容包括：运用了几种教学方法？教学方法是否运用合理？理论课和实验课运用的教学方法有无交叉？每种教学方法运用时怎么合理分配用时？

根据反思结果，每个同学修正模仿作品，完善教案中教学方法设计部分。

2. 提升训练

(1) 分解训练

1）用讲授法讲解“黄瓜栽培的生物学基础”。

2）用实验法完成“黄瓜的靠接法”。

(2) 迁移训练　用讲授法和实验法完成“黄瓜嫁接后的管理”。

3. 课后完整作业

根据已学知识与技能，综合利用学过的教学方法，完成“黄瓜设施栽培技术”整章的教学，并将作业上交，记入平时成绩。

三、阅读与拓展

（一）教学方法的概念

现代教学论认为，教学方法是指师生在教学过程中为了完成教学任务、实现教学目的所采用的一系列具体方式和手段的总称。是教学系统的一个分支系统，它是由教师、学生、教学内容和教学手段等构成的。基本要素是：教师的教、学生的学、认识对象、信息载体和教具。

（二）国外教学方法分类

1. 巴班斯基的教学方法分类

依据对人的活动的认识，认为教学活动包括了这样的三种成分，即知识信息活动的组织、个人活动的调整、活动过程的随机检查。把教学方法划分为三大类：第一大类，组织和自我组织学习认识活动的方法；第二大类，激发学习和形成学习动机的方法；第三大类，检查和自我检查教学效果的方法。

2. 拉斯卡的教学方法分类

分类的依据是新行为主义的学习理论，即刺激 - 反应联结理论（教学方法——学习刺激——预期的学习结果）。

依据在实现预期学习结果中的作用，学习刺激可分为 A、B、C、D 四种，据此相应地归类为四种基本的或普通的教学方法：第一种方法，呈现方法；第二种方法，实践方法；第三种方法，发现方法；第四种方法，强化方法。

3. 威斯顿和格兰顿的教学方法分类

依据教师与学生交流的媒介和手段，把教学方法分为四大类：①教师中心的方法，主要包括讲授、提问、论证等方法；②相互作用的方法，包括全班讨论、小组讨论、同伴教学、小组设计等方法；③个体化的方法，如程序教学、单元教学、独立设计、计算机教学等；④实践的方法，包括现场和临床教学、实验室学习、角色扮演、模拟和游戏、练习等方法。

（三）国内李秉德教授的教学方法分类

教学方法不仅关系到教师的教学方式，也关系到学生的学习方式。因此，从教学过程中师生活动的关系和信息交流的方式可将教学方法分为四大类。

1. 以语言传递为主的教学方法

(1) 讲授法　讲授法是教师通过简明、生动的口头语言向学生传授知识、发展学生智力的方法。它是通过叙述、描绘、解释、推论来传递信息、传授知识、阐明概念、论证定律和公式，引导学生分析和认识问题。它包括讲述、讲解、讲读、讲演等具体形式。讲授法是一种最常见的教学方法。

运用讲授法的基本要求有以下几点。

1）讲授既要重视内容的科学性和思想性，同时又要尽可能地与学生的认知基础发生联系。

2）讲授应注意培养学生的学科思维。

3）讲授应具有启发性。

4）讲授要讲究语言艺术。语言要生动形象、富有感染力，清晰、准确、简练，条理清楚、通俗易懂，尽可能音量、语速要适度，语调要抑扬顿挫，适应学生的心理节奏。

讲授法的优点是教师容易控制教学进程，能够使学生在较短时间内获得大量系统的科学知识。但如果运用不好，学生学习的主动性、积极性不易发挥，就会出现教师满堂灌、学生被动听的局面。

(2) 谈话法　谈话法又称问答法，是教师根据一定的教学目的要求和学生已有的知识、经验，通过师生间的问答对话而使学生获得新知识或巩固知识、发展智力的教学方法。谈话法分为复习谈话和启发谈话两种形式。

(3) 读书指导法　读书指导法是教师指导学生通过阅读教科书和参考书及课外读物，使学生获得知识、发展能力的一种方法。它包括指导学生预习和复习、阅读参考书、自学教材等形式。

2. 以直接感知为主的教学方法

(1) 演示法　演示法是教师通过展示各种实物、直观教具或做示范性实验和动作，使学生通过观察获得感性知识或印证所学书本知识的方法。演示法分为三种形式：①为了使学生获得对事物的感性认识，主要通过实物、挂图、模型等演示；②为了使学生了解事物发展变化的过程，主要使用幻灯片、投影仪、多媒体等现代化的教学媒体；③教师身体力行的示范性动作，如体育课中的示范性动作。演示法是通过视觉刺激完成的，所以要养成学生有目的的知觉习惯，促进学生的思维能力的发展。使用演示法，要依赖一定的物质条件，同时作为一种辅助性的教学方法，要与讲授法、谈话法等方法结合使用。

运用演示法的基本要求是：第一，目的要明确；第二，现象要明显且容易观察；第三，尽量排除次要因素或减小次要因素的影响。

(2) 参观法　参观法是教师根据教学内容的需要，组织学生去实地观察学习，从而获得知识或巩固、验证已学知识的方法。参观法有准备性参观、并行性参观、总结性参观三种形式。

参观教学法一般由校外实训教师指导和讲解，要求学生围绕参观内容收集有关资料，质疑问难，做好记录，参观结束后，整理参观笔记，写出书面参观报告，将感性认识升华为理性知识。参观教学法可使学生巩固已学的理论知识，掌握最新的前沿知识。参观教学法主要应用于各种植物品种改良技术的工作程序、后代选择方法和最新研究进展等方面内容的教学。

3. 以实际训练为主的教学方法

（1）实验法　实验法是指学生在教师指导下，利用一定的仪器设备，进行独立操作，通过观察研究获取知识，培养技能、技巧的方法。实验法可分为感知性实验和验证性实验两种形式，被广泛应用于自然学科的教学中。实验法不仅可以培养学生的动手操作能力、观察能力，而且有助于培养学生热爱科学的情感和实事求是的科学态度。

（2）实习作业法　实习作业法是学生在教师的组织和指导下，在校内外的一定场所，综合运用所学的理论知识进行实际操作或其他实践活动，以掌握知识，形成技能、技巧的方法。实习法的特点是感性、综合性、独立性和独创性，在自然科学和技术学科中占有重要地位，如数学的测量实习，物理、化学的生产技术实习，生物课的植物栽培和动物饲养实习，地理课的地形测绘实习，劳动技术课的生产技术实习等。实习法有利于贯彻理论联系实际原则，培养学生独立工作能力和工作技能。

（3）练习法　练习法是学生在教师指导下进行巩固知识、运用知识，形成技能技巧的教学方法。练习法分为各种口头练习、书面练习、实际操作练习、模仿性练习、独立性练习、创造性练习等形式。练习法以一定的知识为基础，具有重复性特点，在各科教学中被广泛使用。它不仅能使学生巩固和运用所学的知识，形成一定的技能、技巧，而且还有利于培养学生克服困难的毅力、一丝不苟的工作态度等优良品质。

练习一般可分为以下几种：①语言的练习，包括口头语言和书面语言的练习，旨在培养学生的表达能力；②解答问题的练习，包括口头和书面解答问题的练习，旨在培养学生运用知识解决问题的能力；③实际操作的练习，旨在形成操作技能，在技术性学科中占重要地位。

4. 以引导探究为主的教学方法

（1）讨论法　讨论法是在教师的指导下，学生以全班或小组为单位，围绕教学内容的中心问题，各抒己见，通过讨论或辩论活动，获得知识或巩固知识的一种教学方法。优点在于，由于全体学生都参加活动，可以培养合作精神，激发学生的学习兴趣，提高学生学习的独立性。一般在高年级学生或成人教学中采用。

运用讨论法的基本要求是：①讨论的问题要具有吸引力，讨论前教师应提出讨论题和讨论的具体要求，指导学生收集阅读有关资料或进行调查研究，认真写好发言提纲。②讨论时，要善于启发引导学生自由发表意见。讨论要围绕中心，联系实际，让每个学生都有发言机会。③讨论结束时，教师应进行小结，概括讨论的情况，使学生获得正确的观点和系统的知识。

（2）研究法　研究法是在教师指导下学生通过独立地探索、创造性地分析问题和解决问题，从而获取知识和发展能力的方法。使用研究法时，教师要为学生独立思考提供必要的条件，选择正确的研究课题，让学生可以独立思考与探索问题。

（四）教学方法的选择和运用

1）要明确选择教学方法的标准：①依据具体的教学目的和任务；②依据学科和教材的特点；③依据学生学习特点；④依据教师自身特点。

2）尽可能掌握多种教学方法，以便自己选择。

3）对多种可供选择的教学方法进行比较。

4）对已选择的教学方法灵活运用。

【参考文献】

马凤芹，杨国欣. 2012. 教育学［M］. 北京：中国书籍出版社
孙喜亭. 2002. 教育原理［M］. 北京：北京师范大学出版社
王道俊. 2009. 教育学［M］. 9版. 北京：人民教育出版社：181-183
吴志行. 2000. 实用园艺手册［M］. 合肥：安徽科学技术出版社
徐践. 2008. 园艺植物生物学［M］. 北京：化学工业出版社
张振贤. 2003. 蔬菜栽培学［M］. 北京：中国农业大学出版社

第六章　教 学 实 施

【内容简介】教学实施就是合理地设计教学活动顺序，从起点成功地达到预期的终点——教学目标的过程。为了实现预期的目标，教师需要有效地组织教学活动顺序，做好各项教学准备工作。教学实施一般包含教学过程、教学信息的呈现、教学过程组织形式及信息的交流与反馈四个组成部分。

【学习目标】理解教学实施的含义；明确教学实施应做的准备；理解理论教学、实验教学、实训教学的教学要点；学会运用理论教学、实验教学、实训教学进行“设施蔬菜栽培”的教学。

【关键词】教学实施；理论教学；实验教学；实训教学。

一、教 学 观 摩

（一）观摩课

1. 理论教学课

理论教学课见材料1。

材料1　《花椰菜栽培技术》课堂观摩记录

河北科技师范学院教案

2015—2016学年第二学期

课程名称：设施蔬菜栽培　教研室：设施农业科学与工程

任课教师：宋士清、王久兴、武春成

授课章节：第五章　白菜类蔬菜设施栽培技术

授课班级	设施20140102班	授课日期	
课题	花椰菜栽培技术	时数	2学时
教学目的及要求	掌握花椰菜的植物学特性、对环境条件要求和主要栽培技术		
教学重点	花椰菜的主要栽培技术		
教学方法及教具	CAI课件教学		
课堂设计（教学内容、过程、方法、图表等）			时间分配（分钟）
复习上次课程内容，引入本次课程内容			5
第五章　白菜类蔬菜设施栽培技术			
第一节　花椰菜（菜花）栽培技术			
一、植物学特性			10
（一）根（二）茎（三）叶（四）花（五）种子			
二、对环境条件的要求			15
（一）温度：种子发芽适温25～30℃，生育适温15～25℃，超过25℃品质差。			
（二）水分：需要湿润的条件，特别是夏季栽培，但又不耐水，栽培上防止水分过多或积水，否则易造成沤根。			

续表

（三）土壤营养：对土壤的要求不严格，砂壤土到一般的黏土都可以栽培，但以保水保肥能力较好的土地为好。	
三、生育周期	20
四、主要设施茬口栽培技术	
（一）栽培季节	25
1. 大棚夏菜花：一般于4～6月播种。	
2. 大棚秋菜花：在7月均可陆续播种或育苗。	
3. 温室冬菜花：10月至翌年2月均可播种育苗，一般选用较耐寒而生长期较长的品种，如迟心菜花。	
（二）播种与育苗　由于菜花生育期长短相差甚大，所以生育期短而在炎热季节播种的采用直播的方法，生育期长的多采用育苗移栽。	10
1. 育苗：一般定植每亩需苗床30m²，种子30～40g，精耕苗床，然后按每平方米苗床施腐熟农家肥80kg，与床土拌和均匀，淋透水后将种子匀播于苗床，盖土约1cm，盖覆盖物遮荫保墒，出苗后及时撤去。一般苗龄17天左右即可定植。	
2. 直播：先开穴或播种沟，然后按淋水—播种—覆土—盖覆盖物即可。采用直播，用种量可适当增加。	
（三）定植　整地施足基肥，选阴天下午进行，种植的密度依品种不同而异，生长期短的宜密植，反之则稀些。每亩一般定植7000～15 000株。	10
（四）田间管理　播种后保持湿润，以利出苗。幼苗出土后及时揭覆盖物，采用直播的在苗出齐后及时间苗，并2～3天追施一次腐熟的稀粪水。育苗移栽的在苗床时追施1～2次肥，17天左右移植，缓苗后每3～5天追施一次冲施肥。注意及时浇水。	
菜花的病虫防治参照大白菜。	
（五）采收　散球前采收。	
解答学生关于本次课程内容的提问	5
作业及参考文献 1. 课下复习课堂讲授内容。 2. 参阅《北方园艺》《农业工程学报》等学术期刊及书籍。	
课后小结	

（1）观摩记录　课前准备活动：针对“花椰菜栽培技术”，教师根据教材制订了详细的教案，用2学时的时间完成“花椰菜的植物学特性、对环境条件要求和主要栽培技术”的教学，把“花椰菜的主要栽培技术”作为本次课的重点内容讲授。为顺利完成教学任务，教师采取了讲授和CAI课件演示的教学方法，并参阅《北方园艺》《中国蔬菜》等学术期刊及书籍。

课中完成情况：第一步，复习导入，用时5分钟；第二步，介绍花椰菜的植物学特性，用时10分钟；第三步，介绍花椰菜对环境条件的要求，用时15分钟；第四步，介绍花椰菜的生育周期，用时20分钟。第五步，是本次课教学的重点内容，总共用时45

分钟，分别介绍了花椰菜的栽培季节、播种与育苗、定植、田间管理和采收。其中，讲授“菜花的病虫防治”时，带领学生复习“大白菜的病虫防治”。在这个过程中，经常和学生进行沟通交流。有个别学生的思路没跟上，教师适当放慢节奏。

课后小结：用时 5 分钟，重点是解答学生关于本次课程内容的提问。

课后作业：要求学生复习课上学习的内容，以加深印象。

（2）小组交流　首先将班级学生分成小组，每组 3～5 人。每个学生都拿出自己的观摩记录，在本组内分别发言，说出自己的感受。之后进行小组讨论，小组推选代表将结果完善后，在全班发言。

在这个环节，学生主要通过交流观摩记录，记住教学实施包括几个主体部分，每个主体部分主要内容与写法是什么？以备模仿时用。

2. 实验教学课

实验教学课见材料 2。

材料 2 “蔬菜种子物理消毒技术”观摩记录

蔬菜种子处理是蔬菜育苗前的重要措施，种子经过浸种、催芽等处理后能够很好地促进种子发芽，并在一定程度上起到杀菌作用。在不利种子发芽的环境条件（如早春的低温和夏季的高温）下或种子带菌的情况下，浸种催芽显得尤为重要。

一、实验目的

了解蔬菜种子处理在生产上的意义，并掌握蔬菜种子处理的方法。

二、材料与用具

材料：黄瓜、西瓜、番茄、茄子的种子。

用具：培养皿、滤纸、镊子、烧杯、玻璃棒、温度表、电炉、恒温箱。

三、实验内容与方法

1. 温汤浸种　将一定数量的黄瓜种子（约 100 粒）置于烧杯中，加入 55℃温水，水量为种量的 5～6 倍，并不断搅拌，随时加温水，维持 55℃水温 10min；而后加凉水，使水温降至 25～30℃，浸泡 4～5h 后捞出、稍晾。

2. 热水烫种　取冬瓜种子 100 粒，置于烧杯内加 85℃水，立即用另一个烧杯来回倒换，动作要迅速，当水温降至 55℃时，改用玻璃棒搅动，以后步骤同温汤浸种。

四、作业

填写表 6-1～表 6-3。

五、思考题

1. 果菜类蔬菜种子浸种催芽处理的注意事项有哪些？

2. 如何根据果菜类蔬菜种子特性确定浸种催芽的条件？

六、参考文献

山东农业大学. 2000. 蔬菜栽培学总论. 北京：中国农业出版社

浙江农业大学. 1984. 蔬菜栽培学总论. 2 版. 北京：农业出版社

表 6-1　蔬菜种子浸种催芽适宜温度和时间

蔬菜种类	浸种水温 /℃	浸种时间	催芽适温 /℃
黄瓜	20～30	4～5h	20～25
南瓜	20～30	6h	20～25
冬瓜	25～35	1～2 天	25～30
丝瓜	25～35	1～2 天	25～30
瓠瓜	25～35	1～2 天	25～30
苦瓜	25～35	3 天	25～30
番茄	20～30	8～9h	20～25
辣椒	30	8～24h	22～27
茄子	30～35	1～2 天	25～30
油菜	15～20	4～5h	浸后播种
莴笋	15～20	3～4h	浸后播种
莴苣	15～20	3～4h	浸后播种
菠菜	15～20	10～24h	浸后播种
香菜	15～20	24h	浸后播种
甜菜	15～20	24h	浸后播种
芹菜	15～20	8～48h	20～22
韭菜	15～20	10～24h	浸后播种
大葱	15～20	10～24h	浸后播种
洋葱	15～20	10～24h	浸后播种
茴香	15～20	1～2 天	浸后播种
茼蒿	15～20	10～24h	浸后播种
蕹菜	15～20	3～4h	浸后播种
荠菜	15～20	10h	浸后播种

表 6-2　主要蔬菜种子催芽所需时间（20～25℃）

蔬菜种类	催芽所需时间 / h
豆类、甜瓜、黄瓜	40～60
茄果类、莴苣、南瓜	60～80
伞形科、百合科、西瓜	70～80

表 6-3　黄瓜浸种及催芽情况记载表

供试种子数	浸种		浸种后出水的处理	催芽		发芽率	发芽势
	水温	时间		温度	时间		

（1）观摩记录　课前准备活动：针对“蔬菜种子处理技术”，教师根据实验内容制订了详细的教案，把“掌握蔬菜种子处理的方法”作为本次课的重点内容讲授。为顺利完成教学任务，教师采取了讲授和实验的教学方法，并参阅《蔬菜栽培学总论》的第一、二版，列举了蔬菜种子浸种催芽适宜温度和时间表。为顺利完成教学任务，教师还准备了相应的材料（黄瓜、西瓜、番茄、茄子的种子）和用具（培养皿、滤纸、镊子、烧杯、玻璃棒、温度表、电炉、恒温箱）。

课中完成情况：第一步，讲消毒的重要性；第二步，出示本次课所需材料和用具；第三步，操作温汤浸种，边做边提醒学生注意时长和温度；第四步，操作热水烫种，提醒换杯环节动作要迅速；第五步，学生操作，填写表6-1～表6-3。教师边讲解边演示，关键步骤让每一个学生都看清，并在脑海中努力识记实验步骤。学生在操作过程中，教师及时解答学生的疑问并随时纠正学生的不规范操作。

课后小结：学生操作完成后，教师对本次课进行总结，并让学生针对教学内容提出质疑。

（2）小组交流　首先将班级学生分成小组，每组3～5人。每位学生都拿出自己的观摩记录，在本组内分别发言，说出自己的感受。之后进行小组讨论，小组推选代表将结果完善后，在全班发言。

在这个环节，学生主要通过交流观摩记录，记住实验教学包括几个主体部分，每个主体部分主要内容与写法是什么？以备模仿之用。

3. 实训教学课

实训教学课见材料3。

材料3　“蔬菜的分苗技术”的观摩记录

一、目的要求

分苗是蔬菜培育壮苗的重要环节，通过实践操作，掌握蔬菜分苗方法及规范操作。

二、技术环节

（一）材料与用具　适合分苗的适龄蔬菜幼苗、分苗床；水桶、小铲等。

（二）技能操作

1. 低温锻炼　分苗前3～5天，播种床要逐渐降温炼苗。分苗前一天傍晚，播种苗床上浇起苗水，水量不宜太大，以便第二天起苗。

2. 起苗　用小铲起苗，放入苗盘或小筐中，运至分苗床待用。

3. 暗水分苗　一般用于冬季、早春保护地育苗。

（1）平整分苗床床面。

（2）开沟。用小铲从分苗床的一端按苗距开分苗沟。注意：小铲要垂直落下，使分苗沟截面为直角三角形，以便贴苗。沟深与蔬菜种类、秧苗大小有关，一般与原播种床中深度一致或稍深为宜。沟要平直，深浅一致。

（3）浇水。沿分苗沟用水勺浇水，以不溢出沟外且浇足为宜。

（4）摆苗。待分苗水渗下一半时，依苗距贴苗。注意秧苗直立，深度适宜；大小苗分级，分别分苗。

（5）覆土。一沟摆苗完毕，分苗水完全下渗，覆土封沟。整平床面，按苗距开下一沟。

4. 明水分苗　先按苗距开沟、栽苗，整个分苗床分苗完毕再浇水。此法简单、省工，一般用于夏秋季或露地育苗。

三、考核标准

1. 做好准备工作，1分。

2. 正确起苗，1分。

3. 开分苗沟、浇分苗水、摆苗、覆土各2分。

(1) 观摩记录　课前准备活动：针对“蔬菜的分苗技术”，教师根据实训内容制订了详细的教案，把“通过实践操作，掌握蔬菜分苗方法及规范操作”作为本次课的重点内容。为顺利完成教学任务，教师采取了讲授和实验的教学方法，准备了相应的材料与用具：适合分苗的适龄蔬菜幼苗、分苗床；水桶、小铲等。

课中完成情况：第一步，强调分苗的意义；第二步，出示本次课所需材料和用具；第三步，教师演练分苗技能操作的规范，同学观看并练习，在这个环节，教师随时纠正学生不规范的操作动作；第四步，出示考核要求；第五步，考核。

(2) 小组交流　首先将班级同学分成小组，每组3～5人。每个同学都拿出自己的观摩记录，在本组内分别发言，说出自己的感受。之后进行小组讨论，小组推选代表将结果完善后，在全班发言。

在这个环节，学生主要通过交流观摩记录，记住实训教学包括几个主体部分，每个主体部分主要内容与写法是什么？以备模仿时用。

（二）模仿

1.“模仿”具体要求

在学生“模仿”前提出具体要求：第一，模仿内容要求和步骤，仿照材料1，完成书面教学实施步骤设计；在师资实训室（微格教室）中，进行实际准备、实际授课。第二，模仿纪律要求，模仿开始时，独立完成书面教学实施文本。书面文本完成后，与同学配合，在师资实训室中，进行实际准备、实际授课。

2.“模仿”准备

给学生1～2天时间准备，熟悉所讲内容，关键点：课前准备和上课流程。

3.“模仿”作品提交

1）先组内交流教学实施书面文本，然后在全班交流，重点体会教学实施的流程。

2）在师资实训室中，进行实际授课。上课前要熟记教学流程，熟记规范的操作技能，并准备好工具和材料。

二、问题与原理

（一）问题与原理1：一堂课如何分步——赫尔巴特的“四段教学法”

在赫尔巴特看来，学生在接受新事物时，总有一条明显的思维主线，即“明了—联想—系统—方法”。教育性教学的条件是注意与统觉，在教学中必须引起学生的注意和兴趣，同时必须让学生在原有观念的基础上掌握新的观念，教师运用叙述教学法、分析教学法和综合教学法，使学生通过专心达到“明了”与“联想”，通过审思达到“系统”和“方法”，这就是著名的“四段教学法”。

在讲授一堂课时（以新授课为例），大体按照这样的步骤来：第一步导入新课程；第二步，讲授新内容；第三步，巩固练习；第四步，课后小结；第五步，布置作业。

（二）问题与原理2：一堂课选择何种模式——常用教学模式

1. 传递 - 接受式

传递 - 接受式的基本教学程序是：复习旧课—激发学习动机—讲授新课—巩固练习—检查评价—间隔性复习。

复习旧课是为了强化记忆、加深理解、加强知识之间的相互联系和对知识进行系统整理。激发学习动机是根据新课的内容，设置一定情境和引入活动，激发学生的学习兴趣。讲授新课是教学的核心，在这个过程中主要以教师的讲授和指导为主，学生要遵守纪律，跟着教师的教学节奏，按部就班地完成教师布置给他们的任务。巩固练习是学生在课堂上对新学的知识进行运用和练习解决问题的过程。检查评价是通过学生的课堂和家庭作业来检查学生对新知识的掌握情况。间隔性复习是为了强化记忆和加深理解。

2. 自学 - 辅导式

自学 - 辅导式的教学程序是：自学—讨论—启发—总结—练习巩固。教师在教学中根据学生的最近发展区，布置一些有关新教学内容的学习任务，组织学生自学，在自学之后让学生之间交流讨论，发现他们所遇到的困难，然后教师根据这些情况对学生进行点拨和启发，总结出规律，再组织学生进行练习巩固。

3. 探究式教学

探究式教学的基本程序是：问题—假设—推理—验证—总结提高。首先创设一定的问题情境提出问题，然后组织学生对问题进行猜想和做假设性的解释，再设计实验进行验证，最后总结规律。

4. 抛锚式教学

抛锚式教学由以下几个环节组成。

1）创设情境——使学习能在和现实情况基本一致或相类似的情境中发生。

2）确定问题——在上述情境下，选择出与当前学习主题密切相关的真实性事件或问题作为学习的中心内容。选出的事件或问题就是“锚”，这一环节的作用就是“抛锚”。

3）自主学习——不是由教师直接告诉学生应当如何去解决面临的问题，而是由教师向学生提供解决该问题的有关线索，并特别注意发展学生的“自主学习”能力。

4）协作学习——讨论、交流，通过不同观点的交流、补充、修正，加深每个学生对当前问题的理解。

5）效果评价——由于抛锚式教学的学习过程就是解决问题的过程，由该过程可以直接反映出学生的学习效果。因此对这种教学效果的评价不需要进行独立于教学过程的专门测验，只需在学习过程中随时观察并记录学生的表现即可。

（三）问题与原理3：课堂上如何使学生集中注意力——与教学现场适用原理

要想学生课堂上能集中精力听课，必须针对课堂中发生的事情选择适切的方法，之前做好预测，会提高效率。一般，可以从以下几点入手：①布置学生提前预习，掌握重点；②教师在课堂上明确教学目标、布置好学习任务；③教师督促学生勤动脑、勤动笔；④教师采取灵活多样的教学方法；⑤教师采取适度奖励和惩罚。

三、训练与提升

1. 反思与修正

根据教学实施方案，针对模仿作品进行反思。主要内容包括：教学准备是否充分？教学组织形式是否合理？时间分配是否合理？根据反思结果，每个学生修正模仿作品，完善教学实施方案。

2. 项目1分解训练

1）课程准备训练。

2）选择教学组织形式训练。

3）教学训练。

3. 课后完整作业

根据已学知识与技能，选择《设施农业科学与工程专业培养方案》中一门课程，进行教学实施训练，并将作业上交，记入平时成绩。

四、阅读与拓展

（一）教学实施的概念

教学实施就是合理地设计教学活动顺序，从起点成功地达到预期的终点——教学目标的过程。为了实现预期的目标，教师需要有效地组织教学活动顺序，做好各项教学准备工作。

教学实施一般包含教学过程、教学信息的呈现、教学过程组织形式以及信息的交流与反馈四个组成部分。实际上这四个部分并非相互独立，而是穿插交错，共同服务于我们的教学实施。

（二）教学实施的原理

1. 教学活动顺序

人们对于课堂教学的组织有不同的解释，下面是在教学中经常被采用的教学活动顺序。

(1) 引起注意　用于引起学生注意的事件有很多种。教师通常可通过以下三种方式来引起学生的注意。

1）激发求知欲。这是最常用的引起注意的方法，由教师提出问题或设置问题情境，学生为了知道问题的答案，就会集中注意教师的讲解。

2）变化教学情景。通过教学媒体或其他非言语交流，提高教学的直观性、形象性，促进学生的感知和思维活动。

3）配合学生的经验。从学生最关心的问题入手，结合日常生活经验，然后转到所教主题上，也就是从日常概念引出科学概念。

(2) 告知学生目标　引起学生注意后，要向学生提示教学目标，使学生在心理上做好准备，明了学习的方法和结果，以免学生在学习中迷失方向。在向学生陈述教学目标时，要注意用学生能够理解的语言，确保学生理解学习目标和学习结果。

(3) 回忆相关旧知　任何新知识的学习必须以原有知识技能为基础，因为原有知识和技能是新的观念获得的支撑点。

另一个复习先前知识的方法是提供先行组织者。先行组织者是教师所做的引导性阐述，它使学生回忆起已知的知识，并且给学生提供一个理解新内容的框架。

（4）呈现教学内容　教学内容是引起学生学习行为的刺激物，是学生要掌握的知识、技能和情感。呈现教学内容是整个教学过程中最重要的环节，所有类型的教学都不可缺少，否则学习行为无从发生。

教师在呈现教学内容时要根据教学目标、学生学习的特点等有关因素，选取呈现形式。针对知识性目标而言，要使学生能通晓相关信息，首先得了解这些信息；针对动作技能目标来说，要使学生掌握特定技能，也要先学会与动作相关的言语描述。

除了提供必要的信息之外，还要向学生举例说明，使他们懂得如何运用信息。同样，在动作技能学习时，除了说明完成动作的各个步骤，还要做实际示范。

另外，教师在呈现教学信息时要根据教学内容选择恰当的信息呈现工具，并熟练运用所选工具。对于大多数教师来说，演示文稿应该是在课堂中使用最多的演示工具。事实上，在进行信息呈现时，还可选用其他演示工具。

（5）提供学习指导　在呈现教学内容之后，教师要指导学生完成学习任务。学习指导并不是告诉学生问题的答案，而是重在指出学习的思路，明确思考的方向，把学生维系在解决问题的正确轨道上。

学习指导包括直接指导和间接指导，具体使用哪种要视学习的类型而定。当学生对人名、地名等事实性知识不理解时，可给予直接指导，将正确答案直接告诉学生，因为事实性问题不能靠知识经验和思维加以推理；对于与学生经验有关的逻辑性问题，可以提供间接指导，给学生一定的暗示或提示，鼓励学生自己进一步推理而获得答案；对于态度和情感学习的指导，可以使用人物作榜样。

在进行学习指导时，还要根据学生个体差异而采取不同的方法。对高焦虑的学生来说，低水平的提问是有效的；而低焦虑的学生则可能从具有挑战性的问题中得到积极的影响。对于能力较强、个性独立的学生，可给予较少指导，鼓励学生自行解决问题；对于能力较差、个性依赖的学生，可给予较多的指导，直到得到正确答案为止。

（6）引出行为　学习是学习者内在的心理活动，在充分的学习指导后，如果想要确定学生是否产生了学习，就要求他们展现其外显行为，这时教师通常会对学生说“请说明一下”“做给我看”等等。教师可以根据学生以下三种行为线索来判定学生是否产生了学习或要求他们展示的学习行为：①眼神和表情，当认知活动由困惑达到理解时，学生的眼神和表情会流露出一种满意的状态；②随时指定学生将所学知识或问题答案说出来；③根据学生的课堂作业来检查全班学生的学习情况。

（7）适时给予反馈　学生展现学习行为之后，教师必须提供学生学习行为正确性或正确程度的反馈。而且当学生表现出一次正确行为时，未必就表示他已经确实学到了该种行为，因为靠短时记忆学到的东西如果不及时复习，就难以存储到长时记忆中，因此要给学生提供反馈，加强对正确反应的记忆。

学生反应的反馈线索可以来自学生自己，如操作技能的学习，正确的行为导致正确的结果，根据行为的结果，学生能够找到体态活动与正确行为之间的关系；反馈线索也可来自教师，尤其是知识的学习，可以通过作业和谈话而获得反馈。即使教师观察学生作业时的点头、微笑或言语的语气，都可以给学生提供他们的作业是否正确的信息。

(8) *评定学习结果*　　当学生正确的学习行为表现出来时，实际上就直接标志着预期的学习已经发生，其本身就是对学习结果的评估，只不过这种评估还要考虑信度和效度的问题。也就是说，教师如何才能确信学生表现出的学习行为能够有效的标志学习结果呢？通常情况下，系统的学习结果评定要通过标准化测验或教师自编测验完成，在平时或对于一个具体教学目标，可以通过课堂作业情况、课堂小测验或者课堂问答了解学生对本内容的掌握程度。

2. 教学过程组织形式

为了完成教学任务，达到预期的教学目标，除必须确定教学内容、采取适当的教学方法和手段外，还必须凭借和运用一定的组织形式。任何一种教学活动都是由教师和学生双方所构成，在一定的时间和空间环境之中进行。要进行教学活动，就必然要涉及教师、学生、时间和空间的组织和安排问题。下面首先介绍一下教学组织形式的概念，然后将分别介绍三种主要的教学组织形式。

(1) *教学组织形式的概念*　　所谓教学组织形式就是指教学活动过程中教师和学生为实现教学目标所采用的社会结合方式。

(2) *三种主要的教学组织形式*

1）集中授课。所谓集中授课是指在教师的直接指导下，整个班级的学生一起进行的学习。这种学习的特点是：所有学生的活动取向决定于教师的语言、要求、指示之类的直接手段，以及学习课题、使用的教材、演示、问题讨论之类的间接手段；共同的教学对象、共同的目标设定、直接的共同活动，形成了教师和班级集体之间紧密的、恒定的关系。

目前发展的趋势是减少教师花费在集中授课的时间，更多地安排个别学习和小组相互作用，使学生能积极、主动地参与到教学过程中来。

2）小组学习。小组学习就是把学生分成若干小组，以小组为单位进行自主性的共同学习。学生彼此间进行信息交换，教师则起指导作用。小组学习具有下列特点：通过小组学习，学生可以发展集体意识，发展作为集体一员共同地、自主地从事活动的能力；在小组学习中，学生的学习态度是能动的，尤其是成绩居中下水平的学生，可以进行主动的、能动的学习，大幅度减少了同步学习中常见的学习分化现象；分组学习是学生共同地、自主地解决问题的教学方式，学生可借此提高解决问题的能力，提高自主学习能力。

3）个别化学习。学习主要是一种内部操作，必须由学生自己来完成。所谓“个别化学习”，是指学生之间不交换信息，每一个学生自主进行的问题解决学习。在整个学习活动中，教师尽可能加以指导。通过这种方式，学生可以按照自己的进度学习，积极主动完成课题并体验到成功的快乐。这种学习方式常用于巩固知识技能的练习，也可用于掌握并扩展新的知识技能，深化思考。这种组织形式可用在通常的课题教学中，也可用于自习课、家庭学习中。

三种形式之间要有某种程度的平衡，以便扬长避短，相互弥补和促进。当前的学校教育的教学设计中，要适当减少集体授课的时间；要有让学生进行个别化学习的意识，并努力创造个别化学习的条件和资源；要提供足够的小组相互作用的活动。在适当的时机使用适当的组织形式都是有助于教学的。

3. 教学实施准备

（1）*预览材料* 在使用教学材料之前，教师一定要预先浏览一遍要使用的媒体和材料，千万不要贸然使用。教师必须明确教学材料确实符合学生和教学目标的需要。对于某些教学材料，公开的评论、出版商的内容介绍、同行的评价等都是很有价值的判断依据。但这些都不能代替教师自己的审查，只有了解了材料的内容，教师才能充分挖掘材料的潜在价值，用好这些材料。有时候，教师需要设法消除教学材料中的敏感性内容，或者在观看前，组织学生讨论，消除对学生的不良影响。

（2）*准备材料* 为使教学活动顺利开展，不管是由教师播放媒体还是学生自己使用，都需要事先做好准备。首先，收集教学所需的教学材料和设备。然后，确定按照什么顺序使用教学材料和媒体。作为组织者，教师要做什么？作为学习者，学生需要怎么做？制作一个清单，列出所需要的教学材料和设备。

在以教师为主导的课程中，教师需要提前练习各种设备的操作。以学生为中心的环境中，要保证有足够的教学材料、媒体和设备供学生使用，要预先准备好学生可能要用到的教学材料，保证学生的使用。

（3）*准备环境* 教学无论是在教室、实验室或媒体中心进行，都需要具备一定的设备条件，供学生观看媒体或材料。有些因素在各种教学环境中都很重要，例如，舒适的座椅、适当的通风条件、气候控制、合适的灯光等。如果需要播放一些特殊媒体，那么就需要黑暗的房间、电源和灯光控制等条件。不管自己用，还是由学生操作，教师都要提前检查设备的工作状况是否正常。教师要安排好各种设施设备，让每个学生都能看清楚、听清楚。如果有学生讨论的教学环节，那么教师要把学生的座椅安排好，让他们彼此能够看见对方的脸。

（4）*让学生做好准备* 对学习的研究清楚地告诉我们，学生学到了什么，取决于他们为教学做了哪些准备。我们注意到在很多演出活动中，会适当安排“暖场”活动，让观众更加着迷地欣赏演员的表演。同样道理，让学生做好准备，对教学的开展也同样重要。

从教学的角度考虑，“暖场”是指下列活动：首先概括地介绍本节课的教学内容；原理性地说明本节课与前面课程之间的联系；激励性的陈述，告诉学生他们今天的学习收获是什么，创造学习需求；提供线索，把学生的注意力引向教学。

（5）*实施教学* 如果课堂教学是以教师为主的，教师应当表现得像一位专业人士。有一个词专门用来形容教师的表现，叫做“演示技巧”，正如演员要能控制观众的注意力一样，在课堂教学中，教师也一定要能引导学生的注意力。

如果课程是以学生为主的，教师的角色就应当是一个引导者的角色，帮助学生查找因特网上的主题，讨论课程内容，准备多媒体文件夹的材料，或者向别的同学呈现自己找到的信息。

（三）教学要点

1. 理论课教学要点

1）确定好课的类型，是单一课还是综合课。

2）科学地组织教材内容。

3）清晰地讲授教学内容。

4）讲授过程中要关注学生的表现。

2. 实验课教学要点

1）做好实验前的准备工作。要在学年或学期初编制实验计划；准备好实验仪器、设备和材料；分好实验小组，一般2～4人为宜，也可以让学生单独操作；实验前教师要亲自试做以保证实验结果。

2）实验进行中教师要对学生进行具体指导。教师要说明实验目的、步骤和注意事项，教师要巡视全班情况，根据情况可以进行全班或个别辅导，必要时做示范实验。

3）做好实验小结。教师应当小结全班实验情况，指出优缺点，分析产生原因和提出改进意见；要求学生收藏好实验用品；布置指导学生写出实验报告。

3. 实训教学要点

1）要在相应的理论指导下从事操作活动，实训前学生要有理论上的准备。

2）要做好实训作业前的准备工作，如编制计划、选择地点、准备设备材料、划分小组等。

3）实训过程中，要做好具体指导。要认真巡视，掌握全面情况，发现问题，及时进行交流与辅导，保证质量。

4）做好实训作业的总结。由个人或小组写出全面的或专题的总结，以巩固实训作业的收获。

（四）课程实施中应考虑的问题

1）安排课程表，明确各门课程的开设顺序和课时分配。

2）确定并分析教学任务。

3）研究学生的学习活动和个性特征。

4）选择并确定与学生的学习风格和教学任务相适应的教学模式。

5）对具体的教学单元和课的类型与结构进行规划。

6）组织开展教学活动。

7）评价教学活动的过程结果。

【参考文献】

曹慧等. 2012. 设施农业科学与工程专业人才培养方案的建设与改革［J］. 中国科教创新导刊，(14)：198-199

吴志行. 2000. 实用园艺手册［M］. 合肥：安徽科学技术出版社

徐践. 2008. 园艺植物生物学［M］. 北京：化学工业出版社

张国宝. 1999. 芽菜苗菜生产技术［M］. 北京：金盾出版社

张乃明. 2006. 设施农业理论与实践［M］. 北京：化学工业出版社

张真和. 1998. 高效节能日光温室园艺［M］. 北京：中国农业出版社

张振贤. 2003. 蔬菜栽培学［M］. 北京：中国农业大学出版社

第七章 课程考核

【内容简介】随着教育测评理论的发展，新世纪以来发展性评价得到普遍认可，传统的一张试卷的考核形式逐渐被多样化的评价活动所取代，尤其是在职业教育领域，出现了越来越多的面向技能测试和实训活动的考核评价。本章以课程“设施蔬菜栽培学”题库为出发点，由试题编制到表现性评价设计再到课程考核方案设计，应用层层递进与深入的方式，让读者了解课程考核方案中各种不同测评手段的适用范围，有助于读者最终根据具体课程特点和教学目标选取不同测评手段，从而构建课程考核方案。

【学习目标】了解题库建设的价值意义；掌握常见题型的编制要点；熟悉表现性评价活动设计方法；能够规划设计一门具体课程的考核方案。

【关键词】课程评价；题库；表现性测评；课程考核方案。

一、《无土栽培学》试卷范本与模仿

(一)《无土栽培学》试卷范本

试卷由试题组成，试题可比作是题库的细胞，试卷中的每道题目既有共同的目的又各司其职，使试卷整体达到特定的考试目的。材料 1 中的《无土栽培学》期末考试试卷应用 word B5 纸编辑 6 页，用 16 开（B4）纸印刷 3 页，试题包括填空题、判断题、画图题和简答题四种题型。

材料 1《无土栽培学》期末考试试卷范本（图 7-1）。

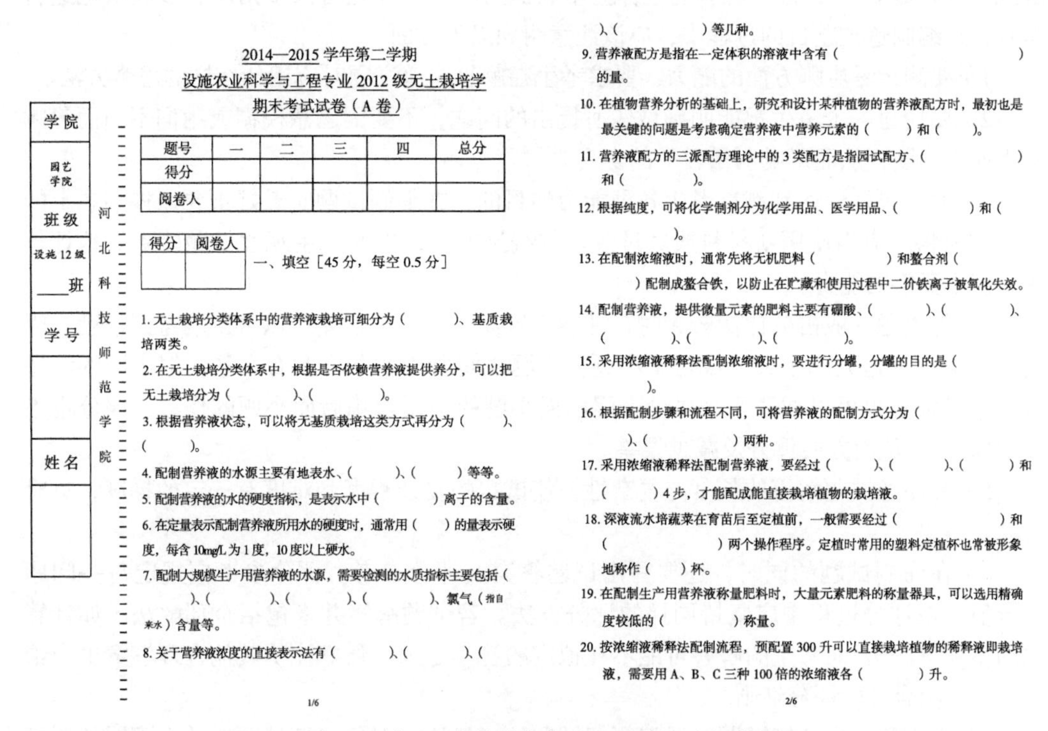

2014—2015 学年第二学期
设施农业科学与工程专业 2012 级无土栽培学
期末考试试卷（A 卷）

学院：园艺学院
班级：设施 12 级 ____班
学号：
姓名：

河北科技师范学院

题号	一	二	三	四	总分
得分					
阅卷人					

得分	阅卷人

一、填空［45 分，每空 0.5 分］

1. 无土栽培分类体系中的营养液栽培可细分为（　　）、基质栽培两类。
2. 在无土栽培分类体系中，根据是否依赖营养液提供养分，可以把无土栽培分为（　　）、（　　）。
3. 根据营养液状态，可以将无基质栽培这类方式再分为（　　）、（　　）。
4. 配制营养液的水源主要有地表水、（　　）、（　　）等等。
5. 配制营养液的水的硬度指标，是表示水中（　　）离子的含量。
6. 在定量表示配制营养液所用水的硬度时，通常用（　　）的量表示硬度，每含 10mg/L 为 1 度，10 度以上硬水。
7. 配制大规模生产用营养液的水源，需要检测的水质指标主要包括（　　）、（　　）、（　　）、（　　）、氯气（指自来水）含量等。
8. 关于营养液浓度的直接表示法有（　　）、（　　）、（　　）、（　　）等几种。

1/6

9. 营养液配方是指在一定体积的溶液中含有（　　）的量。
10. 在植物营养分析的基础上，研究和设计某种植物的营养液配方时，最初也是最关键的问题是考虑确定营养液中营养元素的（　　）和（　　）。
11. 营养液配方的三派配方理论中的 3 类配方是指园试配方、（　　）和（　　）。
12. 根据纯度，可将化学制剂分为化学用品、医学用品、（　　）和（　　）。
13. 在配制浓缩液时，通常先将无机肥料（　　）和螯合剂（　　）配制成螯合铁，以防止在贮藏和使用过程中二价铁离子被氧化失效。
14. 配制营养液，提供微量元素的肥料主要有硼酸、（　　）、（　　）、（　　）、（　　）、（　　）。
15. 采用浓缩液稀释法配制浓缩液时，要进行分罐，分罐的目的是（　　）。
16. 根据配制步骤和流程不同，可将营养液的配制方式分为（　　）、（　　）两种。
17. 采用浓缩液稀释法配制营养液，要经过（　　）、（　　）、（　　）和（　　）4 步，才能配成能直接栽培植物的栽培液。
18. 深液流水培蔬菜在育苗后至定植前，一般需要经过（　　）和（　　）两个操作程序。定植时常用的塑料定植杯也常被形象地称作（　　）杯。
19. 在配制生产用营养液称量肥料时，大量元素肥料的称量器具，可以选用精确度较低的（　　）称量。
20. 按浓缩液稀释法配制流程，预配置 300 升可以直接栽培植物的稀释液即栽培液，需要用 A、B、C 三种 100 倍的浓缩液各（　　）升。

2/6

图 7-1 《无土栽培学》期末考试试卷（部分）

（二）模仿编制学期考试试卷

由试题到试卷，初步的模仿过程便是参考案例题型编制试题，并组成一份学期考试的笔试试卷。

1. 试题编制过程中应注意的问题

“设施蔬菜栽培学”课程纸笔考试的试题类型一般主要包括七大题型：选择题、填空题、判断题、连线题、简答题、论述及设计题等。其中选择题是当前最常用试题类型，主要因为选择题判卷评分准确客观，考查的内容广泛，可以使试卷具有较大容量。选择题由题干和多个（备用）选择项组成，题干往往包含两部分：题设与提问指导语句。提问可以是定性提问、定量提问或者定性定量兼具的提问。而选择项，通常是所提问题的结论或答案。针对选择题的这些特点，命题时应该注意下列事项：①题干应包括解题所必需的全部条件，选项不再做条件上的论述。②题干把问题交待清楚，表述准确、简洁、不出现与答案无关的线索。③题干与选项内容属同一范畴。④题干慎用否定结构。不是绝对不可以使用，适当地使用否定结构形式，有益于培养学生的求异思维能力。使用否定结构应在否定用词下加着重号，适当提醒考生，以免在紧张的应答情况下，疏漏了否定结构的关键词。⑤干扰项（错误项）能反映考生的典型错误，且看上去似乎有理，不要错得太明显，要有诱答作用。⑥正确选项和错误选项都应在逻辑上与题干一致。正确选项和错误选项长度、结构等尽量相近。

除选择题外，常用题型还有填空题、判断题、连线题、简答题、论述及设计题等。这些多为主观题型，其中填空、判断、连线等属于供应式题目，客观性较强，具有和选择题相近的判卷评分准确客观的特点，但简答、论述及设计题目的主观性突出，属于供答式开放性题目，更能考查学生综合应用知识的能力，并且可以多角度、多层次地进行考查，在编制这类题目的过程中，应该注意明确以下方面。

1）要测量考生哪方面的能力，要求考生在解答这道试题时应用什么样的思维方法。

2）要使每一个考生都能明确试题所提出的问题，不要因题意模糊或用词不当而影响考生回答问题，从而影响测量目的的实现。

3）为了更好地达到测量考生各种能力的目的，在编制试题时最好不要照抄书本上的例子和材料。应当使用新材料或经过改造的编排方式，以便使主观性试题能更好地评价考生使用资料的能力。

4）每道题一般占分比例较大时，评卷中容易产生评分误差，以致影响考试信度。因而可以采取一道大题中又分成若干小题，小题之间所用的条件互有联系，但小题的解题过程既可独立也可以相联系，尽量不因前面小题的错误影响后面小题的作答。评分也不要“株连”，从而方便评分及减少误差。

5）要注意试题解答的长度与复杂性。使试题的复杂程度和难度有一定的梯度，有难有易。

6）在命制试题的同时，还要写出试题答案及评分参考。评分参考应规定每一问题的分值，在评分过程中应坚持同样的评分方法。若试题解答并未包括全部解法（如计算题的多种解法），而考生的解答可能不在拟定的答案之内，最好注明其他合理答案也应给分，或注明合理的评分细则。

7）为方便考生解答试题，要编写好试题的指导语，对每一道试题有什么不同的要求都应当有所说明，防止考生误解而影响成绩。

8）填空题要求考生填的空一般是关键性的内容或文字，若用符号、数字等应有所提示。一道填空题中可以有几个空位，但不能过多，且空最好不要放在句首。

9）填空题和简答题在一大题中混用，效果比各自单用要理想些。

10）填空题应避免直接使用从教科书原文中去掉某些文字而安排空位的方法。

2. 组成试卷

将试题组成试卷，并不是确定分数和题目数量，凑够100分这么简单。为了使各个题目考查到知识的方方面面，还需要了解一个“组卷利器”——双向细目表（two-way checklist）。双向细目表是命题及组卷的依据，是编制试卷甚至试卷质量评价的重要工具。在根据试题组成试卷的过程中，不仅要明确各个题目考查什么（内容），还要明确考查到何种程度（目标），即明确考查内容和考查目标。这两方面的信息，可以通过双向细目表进行规范和设计。

制作双向细目表时，试卷中拟对学生进行考核的“考核知识点”须按章次进行编排；双向细目表中考核知识点的个数须与试卷中涉及的知识点个数相一致。双向细目表中的能力层次采用“识记”“理解”“应用”“分析”“综合”“评价”等作目标分类，体现了对学生从最简单的、基本的到复杂的、高级的认知能力的考核。一般来说，一个考核知识点在同一试卷中对应一种题型，原则上只能对应一种能力层次。

双向细目表编制的基本步骤是：依据课程标准中要求的教学目标确定出考核目标及考核能力层次—列出考核内容要点—列出试卷结构（确定题型、题目）—填写双向表。

(1) *列出教学目标清单*　依据课程教学大纲中计划的教学课时数与教学重点的分布情况列出教学目标清单，初步确定考核目标。参考布鲁姆和加涅的教学目标分类研究，结合学科知识特点，将《设施蔬菜栽培学》课程考核的目标层次确定为知识、理解、综合应用、分析评价四个层次。根据考核目标的层次确定出拟制试卷在不同考核层次上的权重分布（详见表7-1小计一行）。

表7-1 试卷编制的双向细目表范例

《无土栽培学》命题分析双向细目表（A卷）

测试目标 / 得分 / 章节	知识	理解	综合、应用	分析、评价	小计
一	5				5
二	15	15	10		40
三	10		10		20
四	2	6			8
五	4	2			6
六	10				10
七	4	2			6
八	3	2			5
小计	53	27	20	0	100

(2) *列出考核的教学内容及其要点* 教学目标描述了希望学生能展现出来的表现种类，教学内容则指明了每一种表现所属的内容领域，内容要点中包含多少细节数主要是根据考核目标确定的，一般来说，直接按照教材章节划分考核内容的方法更直观和便于试题拟制（详见表 7-1 小计一列）。

(3) *列出试卷的结构，并拟制试题* 按照既定的考核目标和考核内容，就可以绘制出考试蓝图——双向细目表（表 7-2），由双向细目表中的分数分布可以确定题型、题量、难度，有助于教师科学安排考核内容，合理编制试题。一般来说容易题的难度值（P）为 0.90～0.75；较易题的难度值（P）为 0.70 左右；较难题的难度值（P）为 0.55 左右；难题的难度值（P）为 0.45～0.20。整卷的试题难度设置比例为 7∶2∶1，即容易题和较易题占 70%，较难题占 20%，难题占 10%。

表 7-2 试卷编制审查的双向细目表（部分）

命题分析双向细目表（A 卷）

测试目标 / 得分 / 章节	知识	理解	综合、应用	分析、评价	小计
一	一（1）二（1）三（1）（6）				5 分
二	一（2）（3）（4）（5）（6）（7）（8）（13）二（2）（3）	四	三（1）		40.5 分
三	一（6）（7）二（11）（12）（16）三（8）（11）（13）		四		20.5 分
四	二（5）（2）	三（2）			1.5 分
五	一（13～18）				4 分
六	一（19～30）二（4）（10）				10.5 分

(4) *依据双向细目表命题或应用双向细目表核对试题* 由上述（1）～（4）中规划的考核目标、教学内容、难度系数等形成表 7-2 中的命题双向细目表，体现出试题编制的整体规划。以此为依据进行题目编制，并在试卷编制完成后，再应用双向细目表（表 7-2）进行核对。

二、问题与原理

（一）问题与原理 1：如何构建题库——测题与题库的质量特性

教育实践中，利用题库让学生通过练习提高学习效果，同时构建题库也能够更加规范地进行相关测试。题库（图 7-2）看起来是有多道同类型试题汇成的试题库，但是这个试题库却并不是练习题或考试题的简单收集。完整意义上的题库，不仅是题目堆积的仓库，更需要在存储试题的同时，注明试题的质量特性（难度、区分度等），进而应用题库系统软件就能够实现试题查询、智能组卷、分析反馈等功能。所以建设题库的前提就是要明确每道题目的四个主要的质量特性。

1. 难度与区分度

难度是指试卷的难易程度。区分度是指试题能把不同水平的考生区分开来的程度。虽是两个不同的概念，但二者存在一定的联系。假如难度过小或过大，即使实际能力有高有低，但都可能通过或通不过。这样试题就没有区分度。一般说，调整试题的难度是

《设施蔬菜栽培学》教学题库

一、填空题

1. 蔬菜的经营生产有______、______、______、______、______等五种方式。

2. 填写下表

蔬菜种类	植物学分类	农业生物学分类	食用器官分类
菠菜			
萝卜			
甘兰			
菜豆			
芹菜			

3. 以蔬菜的农业生物学为分类的依据，把蔬菜分为十一类，分别为______、______、______、______、______、______、______、______、______、______、______。

4. 按日本清水茂等对蔬菜的起源与分布的论述，把蔬菜分为______起源中心，其中______是最古老最大的起源中心。

5. 按我国蔬菜生产的特点，把蔬菜生产分成七个区域，分别为______、______、______、______、______、______、______。

6. 按完成蔬菜生长发育过程所需要的时间，把蔬菜分为______、______、______等三种。

7. 蔬菜的生长发育过程大体分为______、______、______三个时期。

8. 根据蔬菜种类对温度的不同要求，把蔬菜分为______、______、______、______、______五类。

9. 根据蔬菜对光照强度的不同要求，把蔬菜分为______、______、______三类。

10. 蔬菜的品质包括______、______、______、______、______、______等。

11. 菜地耕作从时间上来看，大体可分为______和______两种。

12. 一般常见的蔬菜畦有______、______、______及______等。

13. 蔬菜的发芽过程可分为______、______、______三个过程。

第1页共28页

《设施蔬菜栽培学》教学题库

14. 种子发芽需光的蔬菜有______、______、______。

15. 蔬菜播种前的处理包括______、______、______、______、______、______等。

16. 蔬菜的播种方式分为______、______、______三种方式。

17. 蔬菜播种方法有______、______、______三种。

18. 蔬菜的育苗形式有______、______、______三种。

19. 保护蔬菜根系的措施有______、______、______等三种方式。

20. 蔬菜秧苗定植的方法有______、______两种方法，早春气温低时宜采用______。

21. 影响蔬菜嫁接成活的因素有______、______、______、______、______等。

22. 瓜类蔬菜常用的嫁接方法有______、______、______三种。

23. 茄果类蔬菜常用的嫁接方法有______、______、______、______四种。

24. 大白菜的叶片按全株先后发生的顺序分为______、______、______、______、______五种。

25. 育苗大白菜定植工作宜在______或______进行。

26. 直播大白菜在______定苗。

27. 萝卜肉质根在外部形态上可分为______、______、______三部分。

28. 韭菜的繁殖方法有______、______、其中以______为主。

29. 一年生韭菜分苗从______至______均可进行，而以______两季为主。春季在______，夏季在______。

30. 菠菜根据叶型及种子上刺的有无分为______和______两个类型。

31. 根据茎的分枝结果习性，把番茄分为______和______两种。

32. 茄子与辣椒的分枝结果习性可用______表示。

33. 黄瓜第一雌花着生节位：早熟品种为______节，中熟品种______节，晚熟品种为______节。

34. 黄瓜苦味的发生是由于黄瓜内含有______所致。

35. 豆类蔬菜根部有各种形状的______，可起到______的作用。

36. 蔓生菜豆开花顺序为______，矮生菜豆的开花顺序为______。

37.PCPA 防止番茄落花，处理时期______，处理浓度______。

第2页共28页

图 7-2 题库

提高试题的区分度的重要方法，难度适中的题目，往往有较高的区分度。下面介绍几个常用的术语。

1）难度（P）：试题 P＝该题平均分 / 总分，难度的取值范围为 $0 \leqslant P \leqslant 1$。一般来说试题难度在 0.3～0.7，试卷中所有试题的平均难度在 0.5 左右时，整个试卷的区分度最好。

2）标准差（S）：平均分表征全体考生分数的集中程度，反映了考生水平的总体情况，相应的，标准差表征全体考生分数之间的离散程度，反映了考生水平的差异情况。在 Excel 中，和用 Average 函数计算平均分的方法相似，用 STDEV 函数就能计算出一组考生成绩的标准差。实践中，通常将标准差与平均分（反映考生分数的集中趋势）一起使用，用以观测某次考试分数分布情况。S 值越大，表示部分考生分数离平均分的“差距越大”，也就是分数分布较广；S 值越小，则分数分布较窄或说“集中在平均分附近”。标准差适中时，即 S 值在 8～12 时，能够保证试卷具有一定的区分度。

3）区分度（D）：区分度是指试题能把不同水平的考生区分开来的程度。如果一个题目的测试结果使水平高的考生答对（得高分），而水平较低的考生答错（得低分），它的区分能力就强。区分度（D）通常用高分组（前 27%）的难度值减去低分组（后 27%）的难度值得到，即 $D=\mathrm{Ph}-\mathrm{Pl}$，由此，$-1.00 \leqslant D \leqslant +1.00$，区分度指数越高，试题的区分度就越强。一般认为，区分度的数值达到了 0.3，便可以接受；低于 0.3 的题目，区分能力差。另外，试题的区分度也与应试者的水平密切相关，试题难度只有等于或略低于应试者的实际能力，其区分性能才能充分显现出来。

由此，一份试卷在施测时是难以确定试题乃至整个试卷的难度的，但是一些调节难度的可能因子还是能给编制试题的老师以借鉴，例如：①是单个还是多个知识点？是单个原理、概念、规律、方法还是多个的组合？②是较为直观的还是抽象的概念？③是直接给出的信息、情境还是需要考生开发的隐藏的、隐含的信息？④解题时所用的思维方式属于什么层次？⑤要求学生回答时的用语，方式是否容易表达、规范，是直接表达答案，还是需要转换才能表达？⑥试题所设情境是否为考生所熟悉，陌生度是否较高？⑦试题所给的新信息是否容易被了解和接收？⑧试题是否可能有多个答案，是否要求考生进一步选择最佳答案；⑨试题是否已经将可能产生歧义、误解的各处用说明语作了防止或提醒。

2. 信度与效度

试题的区分度与试卷的信度、效度有着密切的关系，试题的区分度越高，就越能提高试卷的信度，命题的质量就越好，也就说这份试卷是有效的。

信度反映了考试结果的可靠程度。如果一次考试的结果准确，误差小，成绩与考生的真实水平一致，那么这次考试命题的信度就高，即这次考试的分数可靠。如果用某套试题对同一应试者先后进行两次测试，结果第一次得80分，第二次得50分，结果的可靠性就值得怀疑了。

效度是指一个测试能够测试出它所要测试东西的程度，即测试结果与测试目标的符合程度。效度是反映一项考试实现其既定目标的成功程度的指标。就是说命题要准确地测量出它要测量的成绩。如果试题内容过难、过易或偏差，考了不该考的内容或文字表达不当、不准确等等，这些试题本身的缺点和标准答案的误差都能影响考试效度的高低。但效度是一个相对概念，即效度只有高低之分，没有全部有效和全部无效之分。以课程考核为例，一般应用内容效度作为考量指标，即评价一张试卷能够代表整门课程的内容的程度（也就是符合所要测目的的程度）。如果把《设施蔬菜栽培学》课本的整体内容与试卷做一个比例，整本书的内容代表100%，《设施蔬菜栽培学》考试卷的效度就是这张试卷能够占这100%的比例有多少，也就是符合程度。如果这张试卷能完全代表整本书的内容，试卷就占《设施蔬菜栽培学》课本内容的100%，如果效度低，可能代表性就只有90%或者更低（80%），这就是所谓内容效度提出的原理。应用上述“双向细目表”就可以很好地检查出试卷命题涵盖的课程内容及考查层次，可见，精心编制双向细目表是提高试卷效度的有效手段。

一般说来，有效的试卷就是能够将不同水平的学习者进行区分，也就是说有效的试卷就具有一定的区分度，可见作为评价试题及整个试卷质量的四个指标：信度、效度、难度、区分度是相互影响和相互关联的。了解了试题及试卷的这四个质量特性，我们就可以应用相关题库软件进行试题及试卷的管理了。

（二）问题与原理2：实验或实训过程中的操作技能如何考核——表现性评价方法在技能考核中的应用

在设施蔬菜栽培学的教学实践中，实验（实训）课程考核要以实际表现考核为主。实验（实训）课程要以操作考核方式作为主要方式，综合成绩由三部分构成：①期末实训测试成绩；②每个实验（实训）项目操作成绩（含实验报告、操作水平、合作意识、团队精神、责任心等）；③能体现其水平的作品或工作成果。综合成绩构成比例根据课程特点和教学目标拟定，如《设施蔬菜栽培学》中的实训技能主要包括：主要蔬菜种子形态识别、阳畦制作、温室构建识别、温室结构测量方法、番茄植株调整、覆盖地膜与作畦等。

表现性评价是对学习的直接测量。很多情况下，教师通过传统的纸笔测验并不能准确判断学生是否真正掌握了所教授的知识和技能，特别是对操作技能的掌握。例如，从做选择题这个活动本身教师并不能看出学生作畦的操作能力和应用水平。而表现性评价则不同，它是通过学生在切实地“做（完成）”一些任务时的行为或表现来进行评价，如在介绍蔬菜的分苗技术的陈述中，教师当场就可以根据学生的陈述及其展示的实训操作中的图片对学生是否掌握该技术进行评价。因此，表现性评价是对学生学习的直接测量。

表现性测评技术兴起于 20 世纪 90 年代的美国。当时，传统的学生评价绝大多数都是纸笔测验或标准化测验，导致学生死记硬背书本知识。但在职业教育领域，如何评价学生的实际操作能力、解决问题的能力更为重要。于是，表现性评价方法为职业教育课程考核提供了理论和技术支持。美国教育评定技术处（1992）将表现性评价界定为“通过学生自己给出的问题答案和展示的作品来判断学生所获得的知识和技能”。在表现性评价中，学生要在真实或接近真实的环境中解决问题、完成任务，要进行直接的尝试、思考，表现性测评的过程也是学生巩固学习和主动学习的过程。理想的表现性测评活动是实现理论教学与实践教学有机结合的桥梁，教师完全可以将测评活动嵌入到课堂教学与实训活动中，表现性测评活动既是对实践实训技能的检验，同时也是一项积极的学习活动，不仅避免了纸笔测验的弊端，更促进学生将理论知识与实践操作相结合和相互促进，通过实践的“过程”观察与反思、总结，有助于学生形成科学的学科思维，学生在真实的或模拟的情境中完成任务时，总会不同程度地涉及问题的解决，这就需要学生深入理解和积极思考。因此，通过表现性任务可以较好地评价学生的高级智力技能，还有助于学生的社会技能，如合作能力、沟通能力、分享等的发展。可见表现性测评活动的“过程”比测评的“结果”更有价值，并且在表现性评价中常常有对过程进行评价的相应标准。所以，既评价结果又评价过程是表现性评价的又一特点。

但由于表现性测评是主观评估，而表现性任务一般很少有唯一正确或最佳的答案，而且，往往有多种行为表现或问题解决方案，都可以被评定为优秀。相对于传统测验，很多题目都有客观的答案或较客观的评估标准而言，评估的主观性是表现性评价的一个不足之处。应用中多采用编制评价标准或评价量规的方式来提高主观评判的客观性，甚至有学者指出：为表现性评价设立一个完善公正的评价量规是评价的核心内容。由此表现性任务设计时必须注意以下三个原则。

1. 确保评价任务与评价目的的高度相关

表现性评价涉及的任务一般比较复杂，通常也没有客观的标准来衡量任务的合适程度，但具体运用过程中要真正做到，却不是很容易。要结合理论课程内容和实训具体特点，考虑评价前后的有关因素和效应。设计任务前，对学生现有水平、实训条件等应有一个大致的把握，过难或过易都不可取。例如，要测量学生的交流能力，交流主题是“关于克隆”，并提供相应资料。对于有些学生来说，“克隆”本身就是一个陌生的东西，理解相关的资料就很费时、费力，所以这个表现性任务在很大程度上测量到的可能是阅读能力，而不完全是交流能力了，我们把这里的“阅读能力”叫做“无关目标”。当然这是一个有点儿极端的例子，但在实际应用中，这并不是不可能的事。所以，要始终把注意力放在评价的目的上，尽量避免“无关目标”的干扰，保证所设计的任务与评价目的高度相关。

2. 表现性任务要尽量真实

关注那些需要实践技能并能反映多方面教学成果的任务。表现性评价是个复杂的过程，教师和学生都要投入大量的时间、精力。因此，本着高成效原则，设计表现性任务时，教师要考虑那些用纸笔测验不能很好地测量到的知识或技能。选择那些能够反映多方面教学成果的内容时，不要过于简单，要在任务的完成过程中尽量涉及问题提出、收集、组织、分析和处理信息等高级思维技能。

3. 要求表述清晰、简洁易懂

表现性任务一般是有挑战性的，学生完成任务要投入相当的精力，含糊的语言很容易导致不一致的行为表现，以至于不可能用统一、可靠的方式进行评价。为便于规范理解，可以指定相应的评价量规进行规范。

范例：

××技能应用的表现性测评

1. 以小组（10～14人）为单位自选一个专题进行课外调研，完成调研报告并进行汇报答辩（汇报时间20分钟，答辩5分钟）。计60分（小组互评满分20分+教师评分满分40分）。

2. 专题讨论表现及讨论报告质量，计30分。

3. 平时表现，计10分，根据活动参与情况评定（选题、查阅资料、调研、统计分析、制作PPT、汇报、答辩）。

附表见表7-3：

表7-3 小组汇报评分标准表

评分项目及权重	选题与分工 10%	PPT 制作质量 20%	内容陈述 40%	答辩表现 30%	总分

（三）问题与原理3：如何规划课程考核方案——课程考核的蓝图规划

《设施蔬菜栽培学》的课程目标包括知识、技能和态度三个维度，相应的，总的课程考核亦应涵盖上述笔试与实训两种考核模式。课程考核的目标与专业培养目标一致，是根据职业资格标准，制订科学性与可操作性项目实施的考核标准，由项目负责人根据课程目标和课程的知识、能力、态度要求制订考核内容，实行单项实训、平时考核、顶岗考核等考核方式，理论测试注重实用性，实际操作以技能培养为中心，实现过程评价和课程评价相结合的方式进行课程的考核。

课程考核是当课程的所有项目和任务都完成后，进行的课程评价与考核，是根据相应的课程考核标准进行知识与技能的综合考评。根据不同课程的内容特点，分别确定纸笔测试和表现性测试的不同权重，参考实行过程性、阶段性的量化考核采用形成性评价和终结性评价相结合的形式进行。

现行考核内容，偏重于知识记忆，课程考核内容局限于教材、课堂笔记、老师划定的范围和指定的重点，对学生综合素质和创新能力的考核普遍不足，以至于上课记笔记、课后抄笔记、考核背笔记、考后全忘记。课程考核方式改革，就是要树立适应创新人才培养的现代考核理念，按照应用型人才培养要求，把考核内容定位在对以往知识的理解和对学生独立思考能力的考查上，即增加应用、创新知识的考核；减少单个知识技能的考核，增加知识能力体系的考核。在具体考核内容的设计上，应推广表现性测评方法，增强教师设计并应用表现性任务开展教学的能力。

当前职业院校的课程考核闭卷形式多，开卷考核少；笔试形式多，口试、答辩形式少；理论考核多，技能操作实践能力考核少。为改变此现状，所有课程可根据课程本身特点、性质，充分应用表现性评价方法技术，灵活运用开卷、闭卷、开闭卷结合、答辩、实践技能操作、撰写专题报告、提交作品、学术论文以及多种方式结合等。考核形式要推行多个阶段（平时测试、作业测评、课外阅读、社会实践、期中考核、期末考核等）、多种类别（校内能力考核、社会等级考核等）的考核制度改革，强化学生课外学习。增加论文、作业、课堂表现及参考阅读等成绩考核中的比例，提高专业基本能力与综合素质。

在考核成绩的构成方面，要加大学习过程、到课率、平时作业、平时表现得分率，加大实验课成绩构成比例，适当体现阶段性考核成绩比例，降低期末成绩考核的占分比例，推行多种成绩评定方式（主考教师评定、考核组评定、学生参与评定）等。理论课程综合成绩评定，一般期末考核成绩占 60% 左右、平时成绩占 20% 左右、单元考核或期中考核成绩占 20% 左右；含实验（实训）环节的技能性课程的综合成绩评定，一般期末考核成绩占 50%，平时成绩、单元考核及期中考核成绩共占 50%。课程平时成绩包括课程教学过程中的测验、作业、读书报告、实验报告、调查报告、课堂讨论等成绩。课程平时成绩为零分者，不得参加课程成绩综合评定，课程成绩以零分计。对人才培养方案中为职业资格证书课程的，学生参加对应的职业资格认证考试，取得合格证书的，可将期末成绩直接认定为优。

范例：

《无土栽培学》课程考核方案（表 7-4）

1. 课程考核与评价坚持过程评价与结果评价相结合，考评过程中注重发展性评价和学生的自我评价，不仅关注学生对知识的理解、对技术的掌握和自身能力的提高，还要重视规范操作、节约能源、保护环境等职业素质的养成。

2. 本课程考评的重点在于营养液配制与管理、各种无土栽培设施的建造、采用各种无土栽培形式进行蔬菜栽培。可以通过试卷、课程论文、实验、实习、工作任务操作、随机考核等多种方式进行综合评价。应突出过程评价，多采用真实生产项目进行考核，注重操作的规范性，重点考核学生分析、解决实际问题的能力。同时，要注意结合活动小组自评、组间互评等方式，使考核与评价有利于激发学生的学习热情，促进学生发展。

表 7-4 《无土栽培学》课程考核方案

序号	考核内容	考核方式	权重 / %
1	理论考核	笔试	0.25
2	实训考核	课程项目实训	0.25
		综合实训	0.35
3	平时考核	出勤、作业、回答问题等	0.15
总计			1

三、训练与提升

1. 反思与修正

根据本节介绍的相关原理，针对模仿的试题、试卷及技能测试题、课程考核方案等作品进行反思。主要内容包括：笔试试题和技能测试题的编制是否合理？应用双向细目标分析试卷编制是否合理？课程考核方案是否合理？在反思的基础上，进一步理解相关原理理论，并适时开展主题拓展学习，根据相关原理修正模仿作品并对其他同学的作品进行评价。

2. 分解训练

1）某课程某内容的笔试试卷的编制。

2）某课程某内容的技能测试题目编制。

3）某课程的课程考核方案的编制。

3. 课后完整作业

根据已学知识与技能，选择设施农业科学与工程专业中一门课程中的一部分内容，编制一份考核方案（附相关试题），并将作业上交，记入平时成绩。或分小组，每组完成一门课程的考核方案的编制，包括笔试试卷、技能测试试题等。

四、阅读与拓展

相对于传统的教育评价，当代发展性评价的主要特点体现在：其一，强调评价问题的真实性与情境性，在技能测试中应用表现性评价方式，突出过程性；其二，改变评价主体的单一性，让学生参与到评价活动中，既重视学生在评价中的个性化反应方式，又倡导让学生在评价中学会合作，突出评价的发展性功能和激励性功能；其三，由绝对性评价发展到差异性评价，对于个人努力状况和进步程度的适当评价，评价不仅重视学生解决问题的结论，而且重视得出结论的过程。

1. 课程考核的价值取向

泰勒在“八年研究”期间提出了课程评价的概念。他认为，课程评价过程实质上是一个确定课程与教学计划实际达到教育目标的程度的过程。英国课程专家凯利认为，课程评价是评估任何一种特定的教育活动的价值和效果的过程。随着教育测评理论的发展，有三种不同的课程评价价值取向指引着教育实践中的课程评价与学业考核活动。

(1) 目标取向的课程评价　　这种观点的主要代表人物是被称为“现代评价理论之父”的泰勒及其学生布卢姆等人，他们认为，课程评价是将课程计划和预定课程目标相对照的过程。在这里，预定目标是评价的唯一标准，它追求评价的科学性与客观性，因而，这种取向的评价的基本方法论就是量化研究方法，并常常将预定目标以行为目标的方式来陈述。

(2) 过程取向的课程评价　　这种评价试图将教师和学生在课程开发、实施以及教学过程中的全部情况都纳入到评价的范围之内，强调评价者与具体情境的交互作用，主张不论是否与预定目标相符，与教育价值相关的结果，都应当受到评价。

(3) 主体取向的课程评价 这种观点认为，课程评价是评价者与被评价者、教师与学生共同建构意义的过程。

2．CIPP 评价模式

CIPP 是由背景评估（context evaluation）、输入评价（input evaluation）、过程评价（process evaluation）、成果评价（product evaluation）这四种评价名称的英文第一个字母组成的缩略词。斯塔弗尔比姆认为，评价不应局限在评定目标达到的程度上，而应该是为课程决策提供有用信息的过程，因而他强调，重要的是为课程决策提供评价材料。CIPP 模式包括收集材料的四个步骤。

1）背景评价，即要确定课程计划实施机构的背景，明确评价对象及其需要，明确满足需要的机会，诊断需要的基本问题，判断目标是否已反映了这些需要。

2）输入评价，主要是为了帮助决策者选择达到目标的最佳手段，而对各种可供选择的课程计划进行评价。

3）过程评价，主要是通过描述实际过程来确定或预测课程计划本身或实施过程中存在的问题，需要对计划实施情况不断加以检查。

4）成果评价，即要测量、解释和评判课程计划的成绩。它要收集与结果有关的各种描述与判断，把它们与目标以及背景、输入和过程方面的信息联系起来，并对它们的价值和优点作出解释。

CIPP 评价模式考虑到影响课程计划的种种因素，可以弥补其他评价模式的不足，相对来说比较全面。但由于它的操作过程比较复杂，难以被一般人所掌握。

【参考文献】

黄光扬. 2012. 教育测量与评价［M］. 2 版. 上海：华东师范大学出版社

Anderson LW. 2008. 学习、教学和评估的分类学［M］. 皮连生，主译. 上海：华东师范大学出版社

Borich GD, Tombari ML. 2004. 中小学教育评价［M］. 国家基础教育课程改革“促进教师发展与学生成长的评价研究”项目组，译. 北京：中国轻工业出版社

第八章 学 习 指 导

【内容简介】学习指导是职业院校教师的一项基本工作，主要包括对学生进行的学习动机指导、学习内容指导、学习策略指导。学习动机指导解决学生想学的问题；学习内容指导解决学生学对的问题；学习策略指导解决学生学会的问题。通过阅读、思考与讨论，掌握对职业院校学生进行学习指导的基本技术。

【学习目标】能在职业教育教学实际生活中发现学习动机问题；能结合学习动机理论分析问题和提出假设；能帮助职业院校学生走出厌学状态。

【关键词】学习动机指导；学习内容指导；学习策略指导。

一、学习动机指导

（一）范例与模仿

1. 范例

宋亚涛在大家眼里曾经是个“贪玩”“厌学”的孩子。如今，19岁的他代表天津市第一商业学校获得全国职业技能大赛的一等奖。究竟是什么原因让昔日的“丑小鸭”变成了今日的“白天鹅”呢？

这要追溯到2008年的天津市二维动画交流赛。宋亚涛在班主任和指导老师刘雪梅的鼓励下抱着“重在参与”的态度第一次参加大型比赛，没想到还得了个三等奖。这让宋亚涛找回了自信，开始认识到自己在影视动画制作方面的天赋，而且也坚信自己可以取得更好的成绩，更是确定了自己的理想——当一位影视动画制作大师。

怀揣这样一份梦想，宋亚涛每天刻苦训练长达15小时。“机房里最后一个走的总是宋亚涛，感冒发烧也不中断训练。”班主任和指导老师告诉记者，“谁能想到两年前他还是个对学习一点没有兴趣的孩子呢？”

“在训练最艰苦的时候，有一种信念一直在支持着我，那就是凡事要有始有终，要对得起自己，也要对得起一直关心我和培养我的学校和老师。”宋亚涛说。

然而，“改邪归正”了的宋亚涛却在2008年全国职业院校技能大赛选拔赛的最后一轮惨遭淘汰，上次获得三等奖所激发的信心又再次跌落谷底，甚至萌生放弃参加比赛的想法。在班主任和指导教师的鼓励下，宋亚涛下定决心从哪里跌倒就在哪里爬起来，也认识到这次失败的原因恰恰在于心浮气躁、骄傲自满。

“非志无以成学，非学无以广才。”宋亚涛经过日复一日的刻苦努力，先后获得爱丁杯全国录入比赛银奖、全国文明风采杯FLASH动画二等奖、两次天津市中等职业学校技能比赛一等奖和一次全国职业院校技能大赛中职组影视后期制作一等奖，如今已获得免试升入高职院校的机会。

2. 模仿

职业院校学生在求学与在职发展的过程中，可以从如下几个方面模仿案例中的学习动机：①抱有重在参与的态度；②坚信自己可以取得更好的成绩；③确定自己的理想；④怀揣一份梦想；⑤有一种信念一直支持自己；⑥下定决心从哪里跌倒就在哪里爬起来，也认识到失败的原因在于心浮气躁、骄傲自满。

（二）问题与原理

1. 问题

1）宋亚涛在大家眼里曾经是个“贪玩”“厌学”的孩子。他为什么会变得贪玩和厌学？

2）宋亚涛在班主任和指导老师刘雪梅的鼓励下抱着“重在参与”的态度第一次参加大型比赛。老师如何鼓励宋亚涛？

3）为什么赢得一个市级三等奖就可以让宋亚涛找回自信，开始认识到自己的天赋，坚信自己可以取得更好的成绩，确定自己的理想？

4）如何克服心浮气躁、骄傲自满？

5）计划与梦想有什么关系？

2. 原理

(1) *行为主义的强化理论*　该理论的主要代表人物是巴甫洛夫、华生、斯金纳。强化使反应发生概率增加。强化有正强化和负强化。正强化通过增加喜欢的刺激使反应发生概率增加。负强化通过减少讨厌的刺激使反应发生概率增加。奖励和表扬等是典型的强化。例如，受到表扬的同学会更加努力地学习，即受到强化的学习行为有了更强的动力。

(2) *需要层次理论*　美国人本主义心理学家马斯洛提出需要层次理论。人的动机是在需要的基础上被激发出来的。人有五种基本需要，即生理需要、安全需要、归属与爱的需要、尊重的需要、自我实现的需要。这些需要从低级到高级排列。低级的需要一定程度地得到满足后，高一级需要才会出现。前四种需要得到满足后，动力消失或减弱，被称为缺失性需要。第五种需要得到满足后，动力继续或更强，被称为成长性需要。后来的观点认为，人有七种基本需要，在原来五种需要的基础上，增加了认知需要和审美需要两种成长性需要。

(3) *成就动机理论*　成就动机是获取成就的动机。成就动机理论的代表人物是麦克莱兰和阿特金森。成就动机有两个成分，力求成功倾向和避免失败倾向。在某一段时间内力求成功的倾向多于或强于避免失败的倾向，则个体为追求成功者。如果在某一段时间内避免失败的倾向多于或强于追求成功的倾向，则个体为避免失败者。追求成功者乐于接受中等难度的挑战（即成功可能性为50%时），以便于求得成功。对于处在追求成功者状态的学生要能够给予恰当的挑战，使其有更多的成功经历。对于处在避免失败者状态的学生，要为其挑选恰当的任务，同时多提供一些合作的机会。

(4) *成败归因理论*　归因是对自己或他人的活动及其结果的原因做出的解释和评价。把成败归结为不同的原因，会产生相应的心理变化，进而影响后面的行为。美国心理学韦纳对行为结果的归因进行了研究，认为成败原因主要有六个，能力、努力、难度、运气、身心状况、外界环境。同时，韦纳将六个原因归为三个维度，外部和内部的因素来源、稳定和不稳定的稳定性、可控和不可控的可控制性。将三维度和六个原因结合起来，就有了归因模式。

学生在学习过程中，对自己的学习行为和学习结果进行归因时，要争取做到符合客观现实。正确地和准确地归因，能够产生强大的学习动力。如果归因错误则可能缺失或减弱学习动机。

(5) 自我效能感理论　自我效能感理论最早由班杜拉提出，指人们对自己能否成功地从事某一成就行为的主观判断。

该理论认为，人的行为受到行为结果因素与先行因素的影响。行为的结果因素就是强化。人认识了行为与强化间的依赖关系后，形成了对下一强化的期待。期待是动力。

期待包括结果期待和效能期待。结果期待是个体对自己的某种行为会导致某一结果的推测。如果个体预测到某一特定行为会导致某一特定结果，那么，这一行为就可能被激活和选择。例如，学生认识到只要上课认真听讲，就会获得所希望的好成绩，他很可能会认真听课。

效能期待指个体对自己能否实施某种成就行为的能力的判断，即对自己行为能力的推测。当个体确信自己有能力时，他就产生高度的自我效能感，并实施行为。例如，学生不仅认识到认真听课可以带来理想的成绩，而且还认为自己能听懂老师所讲的内容，这时，他会认真听课。在人们获得了相应的知识、技能后，自我效能感成为学习行为的决定因素。影响自我效能感的因素有四种，成败经验、对他人的观察、言语劝说、情绪和生理状态。班杜拉指出，影响自我效能感形成的最主要因素是个体自身行为的成败经验。

(三) 训练与提升

100个大棚、鱼塘、养殖场……在内蒙古呼和浩特市赛罕区黄合少镇，一个集蔬菜种植基地和生态旅游为一体的新型农业发展建设项目一期工程即将完工，这是28岁的卜玉玲创业梦想的又一个新起点。

4年前，卜玉玲毕业后执意回村当菜农时，没钱、没经验、不懂市场，有的只是在学校学来的蘑菇种植技术。如今，他不仅有30个大棚的瓜果蔬菜直接向呼和浩特市最大的连锁超市供应，还牵头成立了合作社，今年又筹资3000万元，希望通过新的创业项目带领更多人致富。

创业种子在校园中生根发芽

卜玉玲家住呼和浩特市赛罕区黄合少镇南地村，2007年他成为轻工职业技术学校生物工程专业的一名学生。“上微生物课，老师讲食用菌技术时，我就挺感兴趣。想起村里闲置的大棚，我就和老师说，学会育菌技术，毕业后回家种蘑菇不错。”没想到卜玉玲这样一个简单的想法，老师却记在了心里。

2009年，学校与多所学校开展师生交流活动，卜玉玲和一位老师被派往另一所农业职业技术学校学习食用菌栽培。学成归来，卜玉玲决定亲自实践一把，时任系主任翁鸿珍全力支持，专门腾出实验室、提供设备让他进行食用菌栽培实验。两个月后，十几朵毛茸茸的猴头菇“绽放”在卜玉玲眼前，成功了！卜玉玲回忆说：“我们抱着这十几朵蘑菇满教室和办公室窜，小心掰下，一朵一朵送给老师，剩下的几朵制作成了标本。”

“我们拉下‘饥荒’供你上学，就是不想让你当农民，你现在要回来种大棚！”父亲卜明旺至今记得当时自己愤怒的心情，卜玉玲的决定遭到家人的强烈反对。父母一边劝说一边私下里帮他投简历、托人在城里给他找工作。因为专业对口，卜玉玲很快接到内蒙古伊利集团品控岗位的录用通知，月薪3600元。

“那时的我一门心思就想自己干，录用通知被我扔在了一边。”卜玉玲的坚持，让整个家庭陷入冷战状态。

艰难创业路上温暖紧紧相随

四处借钱、租大棚、买肥料……卜玉玲最终在离家不远的西讨速号村租下3个大棚，开始了自己的创业之路。因为资金短缺、人手不够，每个大棚只种了半棚蘑菇，即使这样也根本忙不过来。怎么办？卜玉玲首先想到母校、想到老师，他跟老师说，希望学校把自己的大棚当作系里的学生实践基地，学校很快同意，随后系党总支书记张邦建带着3个班的学生分批参与到了卜玉玲的种植实践中。2009年12月，第一茬蘑菇全部售出，卜玉玲挣到人生第一桶金——3万元。“惊喜！绝对惊喜！真没有想到一下挣这么多。”卜玉玲回忆说，“尽管那时我爸妈依然不支持我，但我坚信自己走对了。”

这份惊喜为卜玉玲的创业增添了信心和动力，很快他又租下9个大棚，加种了其他蔬菜。然而，创业之路注定波折，原本以为翻倍的利润却成了高额的负债，蔬菜瓜果不是品相不好，就是产量不行，好不容易产量上去了，又没有了销路。

那时，卜玉玲每遇到困难就会给张邦建打电话，张邦建有时给他支支招儿、有时给他鼓鼓劲儿。然而，赔钱的日子依然继续，母亲最终把养了近6年的6头奶牛全部卖了，贴补卜玉玲的大棚。到2012年春节，卜玉玲累计负债20多万元，和他一起创业的两个合伙人相继退出，他独自坚持着。镇里对卜玉玲的创业很支持，帮他牵线搭桥引资、找销路，还请来农业技术专家帮他出谋划策。

致富带头人让梦想照进现实

“挣了26万元，终于翻身了！”2012年5月，卜玉玲12个大棚的瓜果蔬菜再次出棚，这一次全部顺利售出，他的大棚种植也逐渐走上正轨。2012年12月，在赛罕区团委的协调帮助下，卜玉玲牵头成立了呼和浩特市仙之恋果蔬种植农民专业合作社，吸引了当地80多户农户加入；2013年卜玉玲与超市合作实现农超对接，每天给超市供货5000斤以上。随着规模效益的扩大，越来越多的目光关注到卜玉玲的创业项目上，2014年赛罕区和呼和浩特市两级政府的相关部门帮助卜玉玲搞起了集蔬菜基地与生态旅游为一体的新型农业发展项目，以带动区域农业的转型发展。

请找出卜玉玲求学与创业路上的学习动机表现及产生机制？

（四）阅读与拓展

1. 学习动机的概念

1）定义：学习动机即激发和维持个体学习活动，并使学习活动指向一定学习目标的动力机制。

2）学习动机包括推力、拉力和压力三种因素。推力产生于需要唤醒带来的愿望，拉力产生于满足需要的目标带来的吸引，压力产生于外界环境变化带来的风险。

2. 学习动机的功能

1）激发功能，学习动机唤醒学生，使其关注学习，进入准备状态，激活相关背景知识。

2）指向功能，学习动机使学生指向一定的学习目标。

3）维持功能，学习动机使学生在学习过程中，集中注意力，克服困难，排除来自环境的干扰，努力达到学习目标。

3. 学习动机与学习效率的关系

1）要提高学习效率，学习动机应保持适当唤醒水平。

2）耶基斯 - 多德逊定律。作业绩效与唤醒水平之间呈曲线关系，即唤醒水平太低或太高时，作业绩效都不好，只在中等的唤醒水平时，出现最佳的作业绩效。此外，对于困难的任务来说，适宜的唤醒水平比任务容易时要低一些。

4. 学习动机的培养

(1) 学习动机的培养是学校思想品德教育的有机组成部分　进行爱国主义教育与学习目的教育，是培养学生学习动机的重要基础。

(2) 设置具体目标及达到目标的方法　使学生知道将在学习活动中学到什么，并提出具体目标建议，同时，教会学生如何达到目标。

(3) 设置榜样　以有强烈学习动机的社会上的模范人物和学校里的身边优秀同学为榜样，使其了解动机水平高的人的想法、谈话方式和行为方式。

(4) 培养学生的学习兴趣　学习兴趣是指向学习活动本身的内部动机，在从事学习活动或探求知识的过程中，伴随有愉快的情绪体验。在所学习的领域内多一些成功，坚持更长时间，探索更深入。

(5) 利用原有动机的迁移　教师要发现学生的闪光点，把该闪光点迁移到学习上。教师所发现的闪光点是准确的，对该学生提供的奖励，学生真正需要。

(6) 注意学生的归因倾向　中学生刚入学时，自我概念较强，当遇到挫折时，容易归因于坏运气或任务太难。重复多次失败后，易将失败的原因归为自身，产生无助感。教师要帮助学生了解自己的优缺点，制订可行的目标；制订出具体的行动计划以帮助他们达到目标；教会学生何时完成他们的计划，并对学生的每一个学习行为给予及时的反馈。

5. 学习动机的激发

(1) 创设问题情境，实施启发式教学　创设问题情境指提供使学生好奇、疑惑、探究的情境。创设问题情境要求，教师熟悉教材、掌握教材结构，了解新旧知识间的内在联系。同时，教师充分了解学生已有的认知结构状态，使新的学习内容与原有发展水平构成一个适当的跨度。创设问题情境的方式很多，既可以是教师设问，也可以是作业布置；既可以是新旧教材联系处提问，也可以是日常经验处提问。

(2) 根据作业难度，恰当控制动机水平　在学习较简单的任务内容时，尽量使学生集中注意力，尽量紧张一点；而在学习困难、复杂的任务内容时，则尽量创造轻松自由的课堂气氛；在学生遇到困难时，尽量心平气和地慢慢引导。

(3) 正确指导结果归因，促使学生继续努力　指导学生在学习实践中，做出正确的归因。恰当的归因使学生保持后面的学习努力程度。

(4) 充分利用反馈信息，妥善进行奖惩　反馈使学生及时了解自己的学习结果，包括运用所学知识解决问题的成效、作业的正误、考试成绩的优劣等。反馈会产生激励作用。

奖惩时要注意相应的时机和条件。奖励是一种强化，可以增加或延续一个行为。惩罚要去掉或减弱一个行为。

二、学习内容指导

（一）范例与模仿

1. 范例

从中考全校最后一名到获得“全国纺织服装专业学生技能标兵”，并被授予“服装设计定制工技师”职业资格证书，侯越越向社会证明，“丑小鸭”也能逆袭成为企业争抢的“金凤凰”。

“不熟悉的人还以为‘技师’是最低的职业资格证，但恰恰相反，在国内服装行业，‘技师’是目前最高的资格认证，等同于其他行业的高级职称。”史晓纬介绍说，一般人要拿到这个资格至少要9年时间，20岁的侯越越没出校门就评上了，真不简单！

侯越越出生在四川省古蔺县马嘶苗族乡一个贫困的农民家庭，兄弟姊妹3人，她排行老二。与所有的苗家姑娘一样，她从小热爱文艺、能歌善舞。上学期间，就经常代表学校、乡镇参加演出比赛。

但在学校老师眼里，整天唱唱跳跳无异于“不务正业”，学好文化知识，读高中、考大学才是正道。中考成绩下来，侯越越考了全校最后一名。领毕业证时，班主任鄙视地对她说：“我料定你一辈子没出息！”

泪水在眼眶里打转，倔强的小姑娘气得转身就走，毕业证都没要。那一刻，侯越越便暗下决心：“一定要混出个模样，给瞧不起自己的人看看。”

在当地，没考上普通高中的学生要么外出打工，要么去读职业高中。侯越越选择了后者，到泸州职业技术学校学习服装设计。

选择职业教育成了侯越越人生的重要转折点。

刚开学，班级竞选班委干部，侯越越主动站了起来。“我也不知道怎么想的，就觉得可以锻炼一下自己的能力。”从小学到初中，因为学习成绩不好，侯越越从未当过班干部。

成为班长后，侯越越瞬间觉得肩上责任重大。“你是班长，一言一行同学们可都看着呢！”无论上课学习还是生活习惯上，她都努力起好带头作用。

曾经不爱学习的她渐渐入了门，并找回了自信。因为从小学过绘画，她在服装设计上很有悟性，一点就通，深得老师的喜欢和赞赏。读中职期间，她第一次参加全国职业院校服装设计技能大赛就获得了三等奖。

拿着这样的成绩，中职毕业在泸州市找个工作并不难。但侯越越并不满足现状，她心中一直有一个读大学的梦，谋求更好的发展。2012年，通过四川省对口高职“单招”考试，侯越越如愿进入成都纺织高等专科学校学习。

置身现代化的大学校园，侯越越眼界一下开阔了。

设备更先进了。“以前，泸州职业技术学校只有一台电脑平缝机，现在的学校，自动开袋机、激光裁床等应有尽有。”

更重要的是，学校给学生提供了一个更高水平的平台。“学生从技术、设计到生产、管理、营销什么都要学，并给他们自主发挥空间，只要学生有兴趣、有专长，就安排优秀师资培训，并推到全省、全国比赛中展示、见世面。”成都纺织高等专科学校服装学院院长阳川介绍。

指导老师胡毅评价侯越越“悟性高、谦虚”，“中职上来的学生已具有一定的实践能力，很多学生可能就会松懈，但侯越越却不这样，每件衣服她都做得很仔细、很少返工，还有很多款式、版型的创新”。

因为平常的积累，当2014年第七届全国高职高专院校学生服装制版与工艺技能大赛上，侯越越斩获第一名时，老师和同学一点都不意外。她也因此被全国纺织服装教育学会授予“服装设计定制工技师”职业证书。

获得全国大奖后，侯越越一如既往地低调、谦虚。但全国服装行业已经注意到了这名新秀，纷纷向她抛出橄榄枝。一位大赛评委称赞她“功底深厚，有很大潜力，有国际范儿”；一家企业邀请她去担任核心技术岗位版师职务；一家企业提供了设计、制版与管理三种岗位任她选择；一位企业老总开出的年薪超过了6位数；还有一所参赛学校邀请她去当老师……

“父母希望我去当老师，工作稳定，但我是个不安分的人，想出去闯一闯。”经过实地考察、权衡，侯越越最终选择了浙江一家制衣企业，“我能从那里学到更多知识技能，为将来发展积累更多经验。”

2. 模仿

学习内容通常指知识，是人深入思考的平台，有着多样的表现形式，但是，最基本的表现形式是动作表现形式、形象表现形式和符号表现形式。动作表现形式的学习内容（简称动作知识）最早促进人思维发展。从三周岁以前的婴幼儿时期开始，人就能凭借动作开展动作思维。形象表现形式的学习内容（简称形象知识）比动作知识稍晚一些促进人思维发展。从三周岁至六周岁的学龄前儿童开始，人就能凭借形象开展形象思维。符号表现形式的学习内容（简称符号知识）在三者中最晚起促进作用。从六周岁的学龄期儿童开始，人能凭借文字符号和数字符号开展抽象思维。

任何一种表现形式的学习内容都可以为接受义务教育及其后续教育的学生提供思维和想象的平台，保障学生形成思想，美化人格。

侯越越在义务教育阶段，没有或不善于学好符号知识，中考失败，中考成绩位列全校最后一名。用班主任的话说：“我料定你一辈子没出息！”符号知识已经不能为其提供思考平台，促进其思想与人格发展。她要发展，只能选择动作知识与形象知识。

在动作知识与形象知识方面，侯越越有基础，有特长，容易成功，充分展现自己，得到认可与赞赏。“与所有的苗家姑娘一样，她从小热爱文艺、能歌善舞。上学期间，就经常代表学校、乡镇参加演出比赛。”“因为从小学过绘画，她在服装设计上很有悟性，一点就通，深得老师的喜欢和赞赏。读中职期间，她第一次参加全国职业院校服装设计技能大赛就获得了三等奖。”“指导老师胡毅评价侯越越‘悟性高、谦虚’。”

（二）问题与原理

1. 问题

1）侯越越中考成绩排在全校最后一名。中考要求侯越越学习的内容主要是什么？

2）在2014年第七届全国高职高专院校学生服装制版与工艺技能大赛上，侯越越荣获第一名。全国职业院校学生技能大赛要求侯越越学习的内容主要是什么？

3）侯越越最终选择进入了浙江一家制衣企业。她说，“我能从那里学到更多知识技能，为将来发展积累更多经验。”这里她说的知识技能主要是什么样的学习内容？

4）侯越越读中职时所学的知识与读高职时所学的知识有什么不同？

5）“在当地，没考上普通高中的学生要么外出打工，要么去读职业高中。侯越越选择了后者，到泸州职业技术学校学习服装设计。”读职业高中会学到知识，外出打工也会学到知识。两种情况下学到的知识有什么不同？

2. 原理

1）陈述性知识的学习分为三个阶段。一是新信息进入短时记忆，与长时记忆中被激活的相关知识建立联系，从而出现新的意义的建构。二是新建构的意义储存于长时记忆中，如果没有复习，这些意义会逐渐被遗忘。三是意义的提取和运用。

程序性知识学习也分为三个阶段。第一是与陈述性知识的学习相同。第二是通过应用规则的变式练习，使规则的陈述性形式向程序性形式转化。第三是程序性知识的发展的最高阶段，规则完全支配人的行为，技能达到相对自动化的程度。

2）动作技能是人类一种习得的能力，是人类有意识、有目的地利用身体动作去完成一项任务的能力。动作技能有连续动作技能与不连续的动作技能。技能形成后具有如下特征，一是立即反应代替了笨拙的尝试，二是利用微弱的线索，三是错误被排除在发生之前，四是局部动作综合成大的动作连锁，受内部程序控制，五是在不利条件下能维持正常水平。

3）动作技能形成的三个阶段。首先，认知阶段，理解学习任务，形成目标意象和目标期望；其次，联系形成阶段，使适当的刺激与反应形成联系，建立动作连锁；最后，自动化阶段，一长串的动作似乎是自动流出来的，无需特殊的注意和纠正，技能逐步由脑的低级中枢控制。

（三）训练与提升

11月4日，第六届全国数控技能大赛决赛开幕式在北京工业技师学院举行。在会场，一个看起来很沉稳的男孩代表参赛选手进行宣誓，他的一举一动时刻吸引着媒体记者们的眼球。他就是周浩。

周浩有足够让人惊讶的经历。3年前，他从北京大学退学，转学到北京工业技师学院，从众人艳羡的高材生到普通的技校学生，从北大生命科学研究院人才储备军到如今还未就业的技术工人。这样的身份转变，就足以让人不敢相信。周浩这样做了，并且谈起当年的决定，“毫不后悔，很庆幸”。

2008年8月，顶着如火的骄阳，周浩踏上了去往北京的火车。

在当年的高考中，周浩考出了660多的高分，他是青海省理科前5名。本来他想报考北京航空航天大学，但这个想法遭到了家人和老师的一致反对，父母觉得这样高的分数不报考清华北大简直就是浪费，高中班主任也一直希望他能报考更好的学校。“我从小就喜欢拆分机械，家里的电器都被我重装过。在航空航天大学，有很多实用性的课程，这比较对我的胃口。”但是，周浩最终还是妥协了，“当时还小啊，再有主见也还是听家长的。”没想到，当年的妥协竟困扰了他两年多。

到了北大，周浩以为可以有一个新的开始，会习惯这里的生活。事实证明，他错了。

大一上学期，周浩努力地适应一切，浓厚的学习氛围、似乎永远也上不完的自习、激烈的竞争环境……从小就喜欢操作和动手的周浩开始感受到了不适应。到了第二学期，理论课更多了，繁重的理论学习让周浩觉得压力很大。“生命科学是比较微观的一门学科，侧重于理论和分析，操作性不是很强。而我又喜欢捣鼓东西，喜欢操作。所以我们互相不来电。”

同学告诉他可以尝试去听工科院系的课程，从中找到自己的兴趣。他便去旁听北大工科院和清华工科院的课，却发现这些课基本上也是纯理论，而实践操作课只有工科院本院的学生才能去上。然后，他开始谋划转院。但是在北大，转院并不是一件容易的事。想转的院和所在的院系公共课要达到一定的学分才能转院。周浩想转的工科院和他所在的生科院基本上没有什么交集，周浩知道转院这条路终究是走不通了。接二连三地遭受打击之后，周浩开始陷入了绝望。

在旁听、转院、逃避都没有解决问题的情况下，周浩开始打起了转校的“算盘”。从大一开始，他就已经在网上对中国的一些技师学院进行了了解，并且还翻墙去看德国数控技术方面的网站，对比了中国与德国这方面的差距，初步对中国的数控市场进行了判断。“我觉得中国是比较缺知识技能复合型人才的，就像德国很多技术工人都是高学历，而中国的技术工人基本上都学历不高。”

了解了自己高学历的优势，周浩开始选择适合他的学校。“在网上搜到了北京工业技师学院，它的水平在行业内是领先的。既然想学点技术，尤其是数控技术，那这里就是最好的地方。”

从北京大学退学，要去一个听都没有听过的技术学校，这样的想法一定是疯了！当时，周浩身边的亲戚朋友同学都这样认为。父亲知道周浩的想法以后非常反对，打了很多电话劝他，让他再坚持坚持。父亲劝不动周浩，意识到儿子是认真的以后，父亲开始妥协。“他开始退让，同意让我转到父亲所在的深圳大学，就是不让去技校。”

周浩却坚定了去技校的决心，“北京大学这样在国内算是比较自由的学府都没有给予自己希望，那么去别的学校万一又出现同样的问题呢？难道到时候又转校吗？”周浩觉得要找一个可以真正学到技术的学校。

周浩从小和母亲关系很好，几乎无话不谈。于是，周浩决定先说通母亲支持自己。在知道周浩在北大的经历以后，母亲震惊了，她没想到儿子在人人向往的北大竟然过得这么痛苦和压抑。她决定帮助儿子摆脱烦恼。终于，在母亲的劝说下，父亲同意了周浩的决定。

2011 年冬天，周浩收起铺盖从海淀区到了朝阳区，从北大到了北京工业技师学院，开始了人生新的起点。

对于北京工业技师学院来说，这无疑是一个天大的喜讯。“你想想，为了增加生源，我们学校给农村户口的孩子减免学费，却还是没有起到多大的效果。这样一个北大学生的到来，当然是很惊天动地了”。学校党委副书记仪忠谈起自己的得意门生很自豪：“考虑到周浩之前有一定的操作基础，学校没有让他从基础课学起。为了让周浩接受更大的挑战，他直接进入了技师班，小班授课，并且给他配了最好的班主任。”这种小班式、面对面地和老师交流，让他找到了很强的归属感。

除了学院的培养，找到兴趣点后的周浩重新拾回了对学习的热情，这让他在这里得以大显身手。“大学的生活很散漫，而技师的生活就是‘朝八晚五’，一切都靠自律。”实验室十几台瑞士进口的数控机器，老师面对面的亲自指导，直接上手的机器操作，这一切都令周浩兴奋不已。由于之前没有接触过数控技术，而别的同学都已经学了两年，为了赶上大家的进度，他学得格外认真，“每天都把老师教过的技术重复练习，有不懂的就及时问。”很快，周浩便成了小班中项目完成速度最快、质量最好的学生。

请对周浩转学前后所学的内容进行比较？并给出其转学的原因？

（四）阅读与拓展

1. 学习内容的概念

1）学习内容就是知识，或者知识与技能。

2）知识是信息在人脑中的表征。

3）信息加工心理学将知识划分为陈述性知识与程序性知识。陈述性知识用于回答世界是什么的问题，如中国的首都是北京。程序性知识用于回答怎么办的问题，如2+3=5。哲学将知识分为显性知识与默会知识。显性知识是能用文字、数字等符号以及图表表达的知识，如教师的言传。默会知识是只能意会不能言传的知识，如教师的身教。

2. 加涅的技能理论

(1) 加涅的广义技能分类

1）智慧技能，运用规则对外办事的能力。

2）认知策略，内部组织起来的、用以支配自己心智加工过程的技能。

3）动作技能，运用规则支配自己身体肌肉协调的能力。

(2) 加涅的智慧技能层次论　加涅将智慧技能分成五个层次，从低到高分别是辨别、具体概念、定义性概念、规则和高级规则。高级智慧技能以低级智慧技能为基础。

(3) 三种基本智慧技能的习得过程与条件

1）辨别技能的形成。促进辨别学习的条件，一是刺激与反应接近，在教辨别技能时，教师提供刺激，要求学生立即对刺激作出反应。二是反馈，教师对学生的反应及时作出肯定或否定判断，即肯定正确的反应，否定不正确的反应。三是重复，包括刺激和反应的重复。

2）概念学习。概念是知识的细胞，可以作为命题知识的成分，是符号表征的、具有共同本质特征的一类事物。概念的成分有四个：概念的例子、概念的名称、概念的定义、概念的属性。具体概念的学习是从概念的例子中学习。定义性概念的学习是通过下定义揭示其正例的共同本质属性。变式练习是知识转化为技能的途径。变式是概念的正例的变化。

3）规则学习。规则学习的两种基本形式是上位学习和下位学习。从例子到规则的学习是上位学习的一种形式。从规则到例子的学习是下位学习的一种形式。

3. 动作技能保持特点

1）动作技能一经学会，不容易遗忘。

2）为什么动作技能不易遗忘？①动作技能经过大量的练习后获得；②许多动作技能以连续任务的形式出现；③动作技能不同于言语知识。其保持高度依赖于小脑和脑低级中枢，而这些中枢可能比脑的其他部位有更好的保持功能。

三、学习策略指导

（一）范例与模仿

1. 范例

华东师范大学博士生杨晓波近日被母校杭州中策职高的专车接回学校，为学弟学妹作了一场励志演讲。杨晓波，上初中时对英语产生了强烈兴趣，英语成绩在年级名列前茅，但终因数学、物理与化学成绩欠佳，总体成绩不好。1997年7月，杨晓波选择到杭州市中策职业学校就读。因英语底子不错，又没有物理、化学的拖累，他在这里找到了自己的“理想之国”。中职3年，杨晓波的成绩稳步上升，至今他还记得读书时每年被评为“中策好学生”的情景。

高中毕业那年，适逢自学考试红火。功夫不负苦心人，2003年他获得了自考外贸英语专科文凭，2004年又获得自考英语语言文学本科文凭。

中职3年、自考4年，杨晓波逐步养成了读书、爱书、藏书的习惯。毕业后，一次偶然的机会，他进了一所当地民办大学代课。大学任教后，他被校园环境吸引，为了永远不离开校园，杨晓波又选择了考研。两年后，他被浙江工商大学外语学院录取，专业为外国语言学及应用语言学。

从此，杨晓波放弃了工作，全身心投入学习，并在导师指导下渐入学术门径。由于他与导师对诗歌有共同的爱好，他们常相互讨论、切磋，也常一起听讲座、逛书店；每回登门拜访，他们必畅谈至深夜。这种不经意的闲谈对杨晓波是极大的启蒙，导师的人品与学养更深深影响了他。读研两年半，杨晓波在专业上取得了不俗的成绩，在校期间便在一级和核心期刊上独立发表多篇学术论文，这在浙江工商大学是史无前例的。毕业时被评为校级优秀研究生和省级优秀毕业生，毕业论文也被评定为优。

读研生涯让杨晓波逐渐明白了学术的意义，并下定决心今后要走治学的道路。于是，在取得硕士学位后他又直接选择了考博。今年9月，靠个人努力连续获得专科、本科和硕士文凭的杨晓波，最终以优异成绩被华东师范大学对外汉语学院录取为博士生。

2. 模仿

1）高中毕业那年，适逢自学考试红火。经过认真权衡，杨晓波选择了学费较低廉，且能获得本科文凭的自考，并进一步发现和拓展了求知的乐趣。

2）中职3年、自考4年，杨晓波逐步养成了读书、爱书、藏书的习惯。

3）从此，杨晓波放弃了工作，全身心投入学习。

4）由于他与导师对诗歌有共同的爱好，他们常相互讨论、切磋，也常一起听讲座、逛书店；每回登门拜访，他们必畅谈至深夜。这种不经意的闲谈对杨晓波是极大的启蒙，导师的人品与学养更深深影响了他。

5）读研两年半，杨晓波在专业上取得了不俗的成绩，在校期间便在一级和核心期刊上独立发表多篇学术论文。

6）在取得硕士学位后他又直接选择了考博。

（二）问题与原理

1. 问题

1）杨晓波上初中时对英语产生了强烈兴趣，英语成绩在年级名列前茅，但终因数学、物理与化学成绩欠佳，总体成绩不好。英语学习的学习策略和数学学习、物理学习、化学学习的学习策略有什么联系与区别？

2）高中毕业那年，杨晓波选择了学费较低廉，且能获得本科文凭的自考。2003年他获得了自考外贸英语专科文凭，2004年又获得自考英语语言文学本科文凭。成功通过自学考试要求的学习策略有哪些？

3）为了永远不离开校园，杨晓波又选择了考研。两年后，他被浙江工商大学外语学院录取，专业为外国语言学及应用语言学。考研用的学习策略与自学考试用的学习策略相比，有了哪些改进？

4）杨晓波读研期间使用的学习策略的特点是什么？

5）请猜想杨晓波读博期间将会使用哪些学习策略？

2. 原理

(1) 理解与保持知识的策略

1）复述策略。复述策略是为了保持信息而对信息进行多次重复的过程。复述时要将复述与结果检验相结合。复述策略包括边看书边讲述材料，在阅读时做摘录、划线或圈出重点等。

2）精细加工策略。精细加工是对记忆材料补充细节、举出例子、作出推论、形成联想，以实现长期保持。精细加工策略包括释义、写概要、创造类比、自问自答等。

3）组织策略。组织是发现事物部分之间的层级关系，形成事物整体结构。组织策略包括列课文结构提纲、画网络图等。

(2) 解决问题策略

1）表征问题的策略有两种，一是内隐表征策略，在头脑中形成整个问题结构；二是外显表征策略，画画和批注等外部行为。

2）解答问题的策略：双向推理，克服定势，善于评价不同的思路。

3）思路总结的策略：对解题进行反思。

(3) 元认知策略

1）计划策略。设置学习目标，安排时间，预测重点难点，产生待回答的问题，分析如何完成任务。

2）监控策略。领会监控，策略监控，注意监控。

3）调节策略。调整目标与计划，改变使用的策略，矫正学习行为，采取补救措施。

(4) 几种常见的具体学习策略　划线、做笔记、写提要、PQ4R法（预览、设问、阅读、反思）、提问策略、生成性学习。

（三）训练与提升

23岁的张艳春所在的山东青能动力股份有限公司，是一家生产汽轮机、泥浆泵、内燃机的能源设备制造厂家。在2010年公司表彰大会公布的一张获奖名单上，与张艳春名字并列的其他4人均是工作多年的高级技工、高级工程师，唯独张艳春刚入职不到半年。

这一奖项名为“技术创新奖”，该公司领导特意撰写了如下颁奖词：“勤于思考、善于思考，为公司带来了技术创新、带来了经济效益、促进了企业发展，他们勇于创新的激情为全体员工树立了榜样。”

为张艳春赢得赞誉的技术革新项目是由他独立开发研制的“新型自动套筒研磨机”，这使原来需要2～3人、4～5小时完成的工作，变为无人自动安全操作，并且缩短到1小时左右就能完成。同时，还消除了设备的安全隐患，避免了残次品的出现。大概每年可为公司节约几万元费用。

张艳春是淄博职业学院机械制造与自动化系2007级的毕业生。

在校期间，沉默寡言的张艳春给指导老师沈梅留下了极为深刻的印象。当时，沈梅教“数控加工工艺编制与实施”课，每次下课后，张艳春一改沉默，似乎总有问不完的问题。在这门讲求程序优化的课程中，沈梅会安排学生分组讨论编程，对于不同的编程方法张艳春常常发问：“为什么是这种而不是那种”，直至完全理解为止。

除了学好理论课，张艳春积极参加学院组织的各项实训和实践活动，将他的动手能力发挥得淋漓尽致，不仅多次在技能大赛中夺魁，还曾获得国家级奖学金。

“他善于钻研，韧性很强，有自己的目标，很少考虑别人的看法。”沈梅说，在她看来，这种钻研习惯的养成延展到工作中，成为张艳春自觉进行技术革新的基石。

刚入职时，张艳春被分配到装配车间调速班工作，负责汽轮机调速器的装配与试验。平日工作中，他发现作为汽轮机装配部件之一的套筒，采用的是手工研磨或车床夹持式研磨的方式进行加工，这种研磨方式不仅费时、费力、耗能、效率低，而且安全隐患大，同时因受力不均还会出现研磨后套筒变椭或变锥而报废的现象。

“为什么不尝试一下技术革新呢？”张艳春立即将想法告诉了车间主任阎文强，阎主任听后非常支持，并鼓励张艳春大胆革新。就这样，张艳春开始了他的技术革新之路。

时间不够，就靠每天上班早到下班迟归来挤，有时候索性在车间过夜；零部件没有现成的，就自己一个个加工。设计图几经修改后最终定稿，之后，张艳春便开始制作。为节省时间，他一边找零件，一边安装制作，一边调试，终于，由他独立设计制作的“新型自动套筒研磨机”问世了。

从提出想法到产品成型，前后总共用了半年的时间。公司专门组织专家就这项革新进行了鉴定，鉴定显示，“新型自动套筒研磨机”性能良好，适合投入生产。目前该公司只用这一台机器，就完全能够满足套筒的生产需要。鉴于这台机器的实际价值，公司特地为其申请了国家专利。

如同上瘾一般，又一项技术革新的项目已在张艳春头脑中酝酿多时。这一次的项目是对汽轮机上盖进行铣磨钻工装，鉴于之前对支撑汽轮机上盖的辅助支架进行重复焊接和切割所带来的不便，张艳春尝试制作可循环使用的支架。他已用两三个月时间画完了图纸，目前正在等待公司研发中心对支架强度的最终审核。

而对于怀揣梦想、和他一样刚踏入职场的同龄人，张艳春的一点建议是：“一定要踏实，静下心来通过工作实践不断提高自己的学习力。”

张艳春的成功与他的学习策略密不可分，案例故事中提到的学习策略主要有尝试探索、统筹安排时间、提问与互动交流、静心实践、坚持追求目标、理论结合实践。请在案例故事中找出相应的学习策略行为表现。

（四）阅读与拓展

1. 学习策略的概念

学习策略是个人调控自己的认知活动以提高认知操作水平的能力，包括学习方法与学习调控。是为了提高效率，有目的、有计划地制订的学习过程的复杂方案。

2. 过程性知识

过程性知识告诉我们如何做某事。其形式是如果某个条件适合，那么就要采取某个行动。过程性知识用于信息的转换。过程性知识有模式再认知识和动作系列知识。

3. 模式再认知识

模式再认知识涉及对刺激的模式进行再认和分类的能力。模式再认知识的一个重要的例子是识别某个概念的一个新事例。和概念一样，模式再认过程是通过概括和分化的过程来学习的。

4. 动作系列学习

学习某个一系列步子构成的动作过程时，学习者必须有意识地执行每一步，一次执行一步，直至过程完成。开始时，每一步都要有意识地想着去做，这样做效率很低。随着练习增加，这一过程就会几乎变成自动化，学习者将会不假思索地完成这一过程。自动化地执行某个动作系列，会腾出工作记忆完成其他任务。

5. 过程性知识的学习障碍

在学习某个过程时，有两个障碍。一个是工作记忆存贮量的限制。如果一个过程的步子超过9步，就要使用一些记忆辅助手段，把这些步子写下来给学生。另一个是学生缺少必备的知识，在学习某一过程时，要确保学生已经具备所必需的知识和技能。

6. 练习与反馈

在练习的过程中，必须要根据反馈不断及时纠正错误，执行正确的做法。否则动作习惯化后，不易得到改进。

【参考文献】

郝文婷. 2014-11-17. 卜玉玲：小蘑菇种出大事业［N］. 中国教育报，7

刘磊. 2015-1-22. 侯越越：从“倒数第一”到全国技能标兵［N］. 中国教育报，1

彭燕等. 2014-11-17. 周浩：弃北大读技校自定别样人生［N］. 中国青年报，11

王宗凯. 2010-8-24. 职校技能大赛选手宋亚涛：装上梦想心就能飞翔［N］. 中国教育报，2

邢婷等. 2011-06-20. 张艳春：高职生毕业半年摘得公司技术创新大奖［N］. 中国青年报，11

朱振岳. 2010-12-4. 杨晓波：从职高生到博士生［N］. 中国教育报，2

第九章 培养方案研制

【内容简介】作为专业人才培养的基础性文本，渗透“校本”特征的培养方案不是照搬的结果，而是开发或研制的结果。其中，课程设置、学时安排、次序编排等为核心内容。通过培养方案研制，能够掌握课程开发的基本原理，了解 DACUNM 和 BAG 常用课程开发技术，并配合课程专家完成课程开发任务。根据培养目标要求，通过解析各门课程权重、复杂程度，从而科学地安排学时与授课次序。

【学习目标】能够阐述培养方案编撰原理。能够编撰完整培养方案文本。能够评价比较培养方案优劣。

【关键词】培养方案；课程体系；教学安排。

一、培养方案范本与模仿

（一）范本

培养方案范本见材料 1。

材料 1　设施农业科学与工程专业培养方案

一、培养目标

培养热爱祖国，拥护中国共产党的领导，具有一定的马列主义、毛泽东思想、邓小平理论，具备生物学和设施园艺植物栽培学、园艺设施学的基本理论及基本知识和基本技能，能从事相关领域的教学与科研以及生产与开发、示范与推广、经营与管理等工作的高级应用型人才。

二、培养要求

（一）知识、能力、素质要求

1. 基本要求

（1）综合文化素质通过校内考试，并达到合格标准；

（2）通过国家英语四级考试或达到学校合格标准，其他语种达到学校合格标准；

（3）计算机通过省级或国家级一级考试；

（4）通过国家大学生体育达标要求；

（5）普通话应用能力达到二级乙等及以上。

2. 专业要求

（1）具备扎实的数学、物理、化学等基本理论知识。

（2）掌握生物学和设施农业科学与工程学的基本理论、基本技能。

（3）通过设施农业科学与工程学教学、科研、生产方面的基本训练，具有较强的设施农业科学与工程专业技能，能在教育、设施农业等领域和部门从事与设施农业科学与工程有关的教学与科研、技术与设计、推广与开发等工作。

（4）掌握园艺设施的设计与建造、设施农业园区规划与设计、设施园艺植物栽培及品种选育和良种繁育、病虫害防治、设施园艺产品商品化处理等方面技能。

（5）具备设施农业可持续发展的意识和基本知识，熟悉设施农业生产、农村工作和与设施农业生产有关的方针、政策和法规，了解设施农业科学技术前沿和发展趋势。

（6）掌握科技文献检索、资料查询基本方法，具有独立获取知识、信息处理、科学研究能力。

（7）具有创新、创业、就业基本能力。

（8）通过国家职业技能水平资格鉴定，取得相应工种中级及以上职业资格证书。

3. 从师技能

师范教育类学生必须修完师范模块的全部课程，成绩合格后可申请教师资格证。具体要求如下：

（1）掌握教育学和教育心理学的基本理论和基本知识，具有良好的教师素质和从事专业教学的基本能力。

（2）普通话达到二级乙等及以上。

（3）有较强的调查研究、组织管理、口头表达与文字写作能力，具有独立获取知识、信息处理和创新的基本能力。

专业带头人（签字）： 审核小组组长（签字）：

（二）学分要求

毕业生必须修满培养方案规定的195.5学分方可毕业，其中理论教学（讲课、实验）128.5学分，实践教学（各种实习）67学分。

三、学制与学位

按学分制管理，实行4～6年弹性学制。按培养计划完成毕业学分，授予农学学士学位。

四、主干学科

设施园艺学与园艺设施学。

五、主要课程

植物学、数学；植物生理生化、遗传学、植物营养与肥料学、园艺植物试验设计与分析；设施建筑力学基础、设施工程制图、设施园艺植物栽培学、园艺设施学、设施园艺植物良种繁育学、设施园艺植物病虫害防治学等。

六、主要实践教学环节

实践教学共67学分，主要实践教学环节：植物学、设施园艺植物栽培学、设施园艺植物繁殖学、设施园艺植物病虫害防治学等课程的教学实习，教育实习、技能训练、综合参观、社会实践、生产实习、公益劳动、毕业论文等。实践教学时间安排：根据实践环节的特点和本专业的实际情况，采取分散与集中相结合的方法进行安排。

七、主要专业实验

园艺植物分类与识别、设施园区规划设计、设施园艺植物繁殖、设施园艺植物整形修剪等。

八、课程简介

BL16094 植物学（botany）

植物学是设施农业科学与工程专业的一门专业基础课，开设目的是为植物生理生化、设施园艺植物栽培学、设施果树栽培、设施蔬菜栽培、设施花卉栽培等课程打下基础。主要学习植物的细胞，被子植物的形态、结构和功能，植物的基本类群，被子植物分类和植物生态等方面的基本理论和基本知识，并进行基本训练。通过教学实习，加强对野外植物的识别练习、检索表的使用、腊叶标本的制作，以及简单的切片制作等方面的训练。

参考教材：

《植物学》，方炎明主编，中国林业出版社。

《植物学》，徐汉卿主编，中国农业出版社。

本课程以闭卷考试考核。

BL16091 植物生理生化（plant physiology and biochemistry）

植物生理生化是设施农业科学与工程专业一门专业基础课。该课程的先行课程为化学、植物学。开设的目的是为系统学习设施园艺植物栽培学、设施果树栽培、设施蔬菜栽培、设施花卉栽培、设施园艺植物良种繁育学等课程打下基础。主要学习植物细胞的化学组成，植物细胞的结构与功能，酶，植物的水分代谢，矿质营养，光合作用，呼吸作用，有机物质的转化，有机物质的运输与分配，植物的生长物质，植物的营养生长与生殖生长，植物的成熟、衰老、脱落与休眠，植物的逆境生理等方面的内容。

参考教材：《植物生理生化（上、下）》，白宝璋主编，中国农业科技出版社，2003，第二版。

《植物生理生化实验》，刘永军主编，中国农业科技出版社，2002。

《基础生物化学》，阎隆飞、李明启主编，农业出版社，1985。

《植物生理与分子生物学》，余叔文主编，科学出版社，1992。

《植物生理学》，潘瑞炽等主编，高等教育出版社，2001，第四版。

本课程以闭卷考试考核。

BL16092 植物生理生化实验（experiments of plant physiology and biochemistry）

植物生理生化实验是设施农业科学与工程专业一门专业基础课。该课程的先行课程为化学、植物学、植物生理生化等。开设目的是为了系统学习设施园艺植物栽培学、设施果树栽培、设施蔬菜栽培、设施花卉栽培、设施园艺植物良种繁育学等课程打下基础。主要学习植物生理生化各个实验的基本原理、基本方法和基本技能，包括玻璃器皿的洗刷、常规器具（试管、烧杯、三角瓶、量杯、容量瓶、移液管、酒精灯、粗天平）的使用、一般生化仪器（分光光度计、电泳仪、电导仪、测氧仪、层析仪、真空抽气泵等）的使用等内容。

参考教材：

《基础生物化学实验指导》，西北农业大学，陕西科学技术出版社，1986。

《植物生理学测试技术》，白宝璋等，中国科学技术出版社，1993。

《植物生理学实验指导》，中国农业大学植物生理教研室编。

《生物化学实验指导》，中国农业大学生物化学教研室编。

《植物生理学实验指导》，华东师范大学生物系植物生理教研组编，人民教育出版社，1980。

本课程结合实验操作以考查的形式考核。

BL16093 遗传学（genetics）

遗传学是设施农业科学与工程专业一门专业基础课。该课程的先行课程为植物生理生化、化学、植物学等课程。开设目的是为系统学习设施园艺植物良种繁育学、设施果树良繁技术、设施蔬菜良繁技术等课程打下基础。主要学习遗传的三个基本规律、数量性状遗传、杂种优势、基因突变、染色体突变、细胞质遗传及分子遗传学等内容。

参考教材:《遗传学》，季道藩主编，农业出版社，1996，第二版。

本课程以闭卷形式考核。

BL01120 农业微生物（microbiology of agriculture）

农业微生物是设施农业科学与工程专业一门专业基础课。该课程的先行课程为植物学、植物生理生化、遗传学等。开设目的是为系统学习设施园艺植物栽培学、设施果树栽培、设施蔬菜栽培、设施花卉栽培等课程打下基础。主要学习微生物的形态、生理、生态以及微生物在自然界物质转化中的作用，了解微生物在农业生产中的应用，掌握微生物分离、培养及微生物染色和测量的基本技能与技巧等内容。

参考教材：

《微生物学教程》，周德庆著，高等教育出版社，1993，第一版。

《农业微生物学》，梁如玉主编，农业科技出版社，2000，第二版。

本课程以考查的形式考核。

BL02014 普通测量学（surveying）

普通测量学是设施农业科学与工程专业的专业基础课程。该课程的先行课是高等数学。开设目的是为系统学习设施工程制图、园艺设施学等课程打下基础。主要学习普通测量学基本理论、测量基本技能及常规测量仪器的使用，地形图阅读，地形图应用及测设基本方法的学习等内容。

参考教材：

《测量学原理》，冯仲科主编，中国林业出版社，2002。

《现代普通测量学》，清华大学出版社，2001。

本课程以考查的形式进行考核。

BL01126 植物营养与肥料学（science of plant nutrition and fertilizer）

植物营养与肥料学是设施农业科学与工程专业一门专业基础课。该课程的先行课程为植物生理生化、化学、植物学等。开设目的是为了系统学习设施园艺植物栽培学、设施果树栽培、设施蔬菜栽培、设施花卉栽培、设施园艺植物良种繁育学等课程打下基础。主要学习土壤和植物营养的基本原理，植物生长所需营养成分及肥料的性质及在土壤中的转化，有效的配方施肥技术，掌握有关土壤肥力测定及植物、肥料养分的分析技术等内容。

参考教材：

《植物营养与肥料》，浙江农业大学主编，中国农业出版社，1991。

《农田施肥原理与实践》，陈伦寿、李仁岗主编，农业出版社，1984。

本课程以闭卷形式考核。

BL02022 设施环境学（environment of protected culture）

设施环境学是设施农业科学与工程专业一门专业基础课。该课程的先行课程为信息技术基础、大学物理、高等数学等。开设目的是为了系统学习园艺设施学、设施园艺植物栽培学、设施果树栽培、设施蔬菜栽培、设施花卉栽培等课程打下基础。主要学习设施内温、光、气、热、湿及土壤环境因素的变化规律及其调控技术等内容。

参考教材：

《农业气象学》，段若溪、姜会飞，气象出版社，2003。

《农业气象学》，肖金香，江西高校出版社，2000。

《农业气候实习指导》，曲曼丽，北京农业大学出版社，1991。

《农业气象学》，梁郢光、杨秀芹，农业科技出版社，2000。

本课程以考查的形式考核。

BL02041 园艺植物试验设计与分析（design and analysis of horticulture experimentation）

园艺植物试验设计与分析是设施农业科学与工程专业的一门专业基础课。该课程的先行课是信息技术基础、高等数学等课程。开设目的是为科研技能训练、毕业论文等课程打下基础。主要学习园艺植物的试验设计、抽样调查、试验结果统计分析与科技论文的编写及有关科学研究方法与手段等内容。

参考教材：

《园艺植物试验设计与分析》，刘魁英主编，中国科学技术出版社，1999，第二版。

本课程以闭卷考试的形式进行考核。

BL02023 设施建筑力学基础（basic mechanics in greenhouse construct）

设施建筑力学基础是设施农业科学与工程专业的一门专业基础课程。该课程的先行课是大学物理、高等数学等。开设目的是为系统学习园艺设施学等课程打下基础。主要学习建筑材料、材料力学与结构力学基础等一系列相关内容。

参考教材：

《建筑力学与建筑结构》，薛光瑾、王爱民，中南工业大学出版社，2000。

《建筑力学》，周国谨，同济大学出版社，2000，第二版。

《建筑力学》，张良诚，中国水利电力出版社，2000。

本课程以闭卷考试的形式进行考核。

BL02015 设施工程制图（draft of protected engineering）

设施工程制图是设施农业科学与工程专业的一门专业基础课程。该课程的先行课是高等数学、信息技术基础等。开设目的是为系统学习园艺设施学等课程打下基础。主要学习制图基本知识和技能、画法几何、图样画法、建筑施工图阅读与绘制、透视原理及透视图画法等内容。

参考教材：

《建筑制图》，何铭新等主编，高等教育出版社，1994，第一版。

《建筑制图》，朱福熙等主编，高等教育出版社，1992，第三版。

《园林制图》，马晓燕主编，气象出版社，1999，第一版。

本课程以闭卷考试的形式进行考核。

BL02031 设施园艺植物栽培学（protected horticultural plant culture）

设施园艺植物栽培学是设施农业科学与工程专业的专业主要课程。该课程先行课是植物学、植物生理生化、植物营养与肥料学、农业气象学等。开设目的是为系统学习设施蔬菜栽培、设施果树栽培、设施花卉栽培等课程打下基础。主要学习园艺植物的种类和分类方法；生长发育规律；园圃建立，土、肥、水管理，整形修剪，花果管理，生长调节剂应用，自然灾害预防内容。进行果树树种识别及枝芽特性观察、花卉种类识别、蔬菜种类识别、果实结构观察、花芽分化观察、生长调节剂种类识别与配制等实验活动。参加果树冬季修剪、园林树木整形修剪、蔬菜栽植与管理、盆栽营养土配制与盆栽、果实采收及采后处理等教学实习和果树、花卉、蔬菜、园林树木的参观活动。

参考教材：

《园艺植物栽培学》，李光晨主编，中国农业大学出版社，2002。

《园艺学总论》，章镇主编，中国农业出版社，2003。

本课程闭卷考试的形式进行考核。

BL02039 园艺设施学（constructs of protected horticulture）

“园艺设施学”是设施农业科学与工程本科专业的专业主要课程。该课程先行课是设施环境学、设施工程制图、设施建筑力学基础等。开设目的是为系统学习设施园艺植物栽培学、设施园艺植物良种繁育学、设施蔬菜栽培、设施果树栽培、设施花卉栽培等课程打下基础。主要讲授内环境设计、构型设计、结构和构造设计、配套设施设计的原理和方法，要求做到施工图阶段；掌握园艺设施的基本施工技法等内容。

参考教材：

《农业设施学》，陈青云主编，中国农业大学出版社，2001。

本课程以闭卷考试的形式进行考核。

BL02029 设施园艺植物病虫害防治学（control of disease and inset of protected horticultural plant）

设施园艺植物病虫害防治学是设施农业科学与工程专业的专业主要课程。该课程的先行课是有机化学、植物学、植物生理生化、微生物学、园艺植物栽培学。开设目的是为系统学习设施果树病虫害防治、设施蔬菜病虫害防治等课程打下基础。主要学习病虫害基础知识，包括病虫害危害，病原物、害虫的形态及分类，病虫害的发生规律，诊断及预防原理等内容。

参考教材：

《昆虫学通论》，农业出版社。

《普通植物病理学》，中国农业出版社。

本课程以闭卷考试的形式进行考核。

BL02030 设施园艺植物良种繁育学（choiceness variety propagation in protected horticulture plant）

设施园艺植物良种繁育学是设施农业科学与工程本科专业的专业主要课程。该课程的先行课是植物学、遗传学。开设目的是为系统学习设施蔬菜良繁技术、设施果树良繁技术等课程打下基础。主要学习设施园艺植物的育种目标、育种原理、育种途径及其育种方法，包括引种驯化、实生选种、芽变选种、杂交育种、诱变育种及育种程序等内容。

参考教材：

《园艺植物育种学》，景士西主编，中国农业出版社，2000。

本课程以闭卷考试的形式进行考核。

BL02018 设施果树栽培（protected culture of fruit tree）

设施果树栽培是设施农业科学与工程专业的专业模块选修课。该课程的先行课是植物学、植物营养与肥料学、植物生理生化、设施园艺植物栽培学等。主要学习设施果树栽培原理及多种果树的设施栽培技术等内容。

参考教材：

《设施园艺学》，张福墁主编，中国农业出版社，2003。

本课程以闭卷考试的形式进行考核。

BL02016 设施果树病虫害防治（control of disease and insect of protected fruit tree）

设施果树病虫害防治是设施农业科学与工程专业的专业模块选修课。该课程的先行课是微生物学、园艺植物病虫害防治学。主要学习北方设施果树的主要病虫害识别、发生规律、预测预报方法及防治技术。

参考教材：

《果树昆虫学》下册，农业出版社，1991，第二版。

《果树病理学》，农业出版社，第三版。

本课程以考查的形式进行考核。

BL02017 设施果树良繁技术（nurse technology of protected fruit tree）

设施果树良繁技术是设施农业科学与工程专业的专业模块选修课。该课程的先行课是遗传学、植物营养与肥料学、植物学、设施园艺植物良种繁育学。主要学习设施果树优良品种的分类、繁育原理、繁殖途径及繁殖方法，包括有性繁殖、无性繁殖、种性退化、种苗检验等内容。

参考教材：

《园艺植物繁育学》，林伯年等编著，上海科学技术出版社，1994。

本课程以考查的形式进行考核。

BL02027 设施蔬菜栽培（protected culture of vegetable）

设施蔬菜栽培是设施农业科学与工程专业的专业模块选修课。该课程的先行课是遗传学、植物营养与肥料学、植物生理生化、设施园艺植物栽培学。主要学习设施蔬菜栽培原理及多种蔬菜的设施栽培技术等内容。

参考教材：

《设施栽培技术》，许贵民、宋士清主编，中国农业科技出版社，1998。

本课程以闭卷考试的形式进行考核。

BL02025 设施蔬菜病虫害防治（control of protected vegetable disease and insect）

设施蔬菜病虫害防治是设施农业科学与工程专业的专业模块选修课。该课程的先行课是微生物学、园艺植物病虫害防治学（总论）。主要学习蔬菜的主要病虫害识别、发生规律、防治技术。

参考教材：

《蔬菜病理学》，华中农业大学主编，农业出版社，第二版。

《蔬菜病虫实用图谱》，梁金兰主编，河南技术出版社，1996。

本课程以考查的形式进行考核。

BL02026 设施蔬菜良繁技术（nurse technology of protected vegetable）

设施蔬菜良繁技术是设施农业科学与工程专业的专业模块选修课。该课程的先行课是先遗传学、设施园艺植物良种繁育学。主要学习设施蔬菜优良品种的分类、繁殖途径及繁殖方法，包括有性繁殖、无性繁殖、种性退化、种苗检验等内容。

参考教材：

《园艺植物繁殖学》，万蜀渊主编，中国农业出版社，1996。

本课程以考查的形式进行考核。

BL02021 设施花卉栽培（protected flowers and plants culture）

设施花卉栽培是设施农业科学与工程专业的专业模块选修课。该课程的先行课是植物学、植物营养与肥料学、设施园艺植物栽培学。主要学习设施一年生花卉、宿根花卉、球根花卉、水生花卉及温室花卉的栽培管理方法，了解各类花卉中的代表性花卉的原产地、分布、植物学特性、生态习性、繁殖特点、栽培技术及园林应用。

参考教材：

《园林花卉学》，刘燕主编，中国林业出版社，2003。

《花卉学》，王莲英等主编，中国林业出版社，1990。

本课程以闭卷考试的形式进行考核。

BL02019 设施花卉病虫害防治

设施花卉病虫害防治是设施农业科学与工程专业的专业模块选修课。先行课程为设施园艺植物病虫害防治学。开设目的是为从事设施花卉病虫害防治工作打下基础。学习主要观赏植物的主要病虫害识别、发生规律、防治技术。

参考教材：

《园林植物病虫害防治》，徐明慧主编，中国林业出版社，1993。

《园林植物病虫害防治手册》，赵怀谦等编，农业出版社，1994。

《观赏植物病虫害防治》，江苏省苏州农业学校编，农业出版社，1991。

《中国园林植物保护》，夏宝池等编，江苏科学技术出版社，1992。

本课程以考查的形式进行考核。

BL02020 设施花卉良繁技术

设施花卉良繁技术是设施农业科学与工程专业的专业模块选修课。该课程的先行课是遗传学、设施园艺植物良种繁育学。主要学习设施花卉优良品种的分类、繁殖途径及繁殖方法，包括有性繁殖、无性繁殖、种性退化、种苗检验等内容。

参考教材：

《园艺植物繁殖学》，万蜀渊主编，中国农业出版社，1996。

本课程以考查的形式进行考核。

BL02037 无土栽培（soilless culture）

无土栽培是设施农业科学与工程专业的专业任选课程。该课程的先行课是设施园艺植物栽培学、植物营养与肥料学。主要学习无土栽培的原理、所需的设备，以及无土栽培技术的具体实施，介绍此技术在蔬菜、花卉等植物上的应用等内容。

参考教材：

《现代蔬菜无土栽培》，王久兴、王子华编著，科学技术文献出版社，2004。

本课程以考查的形式进行考核。

BL02033 食用菌（cultivation technology of mushrooms）

食用菌是设施农业科学与工程专业的专业任选课程。该课程的先行课是农业微生物。主要学习食用菌的基础知识——形态结构、营养要求；基本理论——食用菌与环境条件的关系；基本技能——食用菌菌种制作技能以及重要种类食用菌的栽培技能，如培养基制备技术、灭菌消毒技术、分离培养技术以及几种重要种类食用菌——平菇、香菇、草菇、双孢蘑菇、金针菇等栽培管理技术等内容。

参考教材：

《食用菌栽培学》，常明昌主编，中国农业出版社，2002。

本课程以考查的形式进行考核。

BL02002 工厂化育苗（raise seedling in plant）

工厂化育苗是设施农业科学与工程专业的专业任选课程。该课程的先行课是设施园艺植物栽培学、园艺设施学等。主要学习工厂化育苗原理、育苗途径及育苗方法及秧苗产后包装、储运和销售等方面的知识。

参考教材：

《工厂化蔬菜生产》，梅家训主编，中国农业出版社，2002。

本课程以考查的形式进行考核。

BL02012 农业园区规划设计（planing and design of agricultural territory）

农业园区规划设计是设施农业科学与工程专业的专业任选课程。该课程的先行课是设施园艺植物栽培学、园艺设施学、设施工程与制图等。主要学习设施农业园区规划设计原理、途径与方法。

参考教材：

《城市规划设计手册》，郑毅，中国建筑工业出版社，2000。

《城市基础设施规划手册》，戴慎志，中国建筑工业出版社，2000。

本课程以考查的形式进行考核。

BL02024 设施农业工程概预算（budget of protected agricultural engineering）

设施农业工程概预算是设施农业科学与工程专业的专业任选课程。该课程的先行课是设施园艺植物栽培学、园艺设施学、设施工程与制图、温室建筑力学基础等。主要学习设施农业工程概预算原理、途径与方法等内容。

参考教材：

《工程量清单计价规范》，建设部主编，中国计划出版社，2003。

本课程以考查的形式进行考核。

BL02046 专业英语（special english）

专业英语是设施农业科学与工程专业的专业任选课程。该课程的先行课是大学英语。主要学习设施园艺植物的主要英文期刊的概况；通过了解设施园艺植物英文文献，掌握外文文献的翻译技巧，初步掌握科技论文英文摘要的书写方法。

参考教材：

《园艺专业英语》，李亚灵主编，中国农业出版社，2003

本课程以考查的形式进行考核。

BL02001 插花与盆景（arrangement of flowers and potted landscape）

插花与盆景是设施农业科学与工程专业的专业任选课程，先行课程为植物学、设施园艺植物栽培学。开设目的是为从事花卉工作打下基础。插花部分讲授插花简史、东西方插花艺术的特点、插花的基本类型、插花的基本方法及切花保鲜。盆景部分讲授盆景发展史、盆景的分类、盆景的造型技艺、盆景造型的艺术法则等内容。

本课程以考查的形式进行考核。

BL02005 果树栽培（pomiculture）

果树栽培是设施农业科学与工程专业的专业任选课程。该课程的先行课是设施园艺植物栽培学、设施果树栽培等。主要学习露地苹果、梨、板栗、核桃、枣等树种的生物学特性及栽培管理技术等。

参考教材：

《果树栽培各论》（北方本），张玉星等主编，中国农业出版社，2005，第三版。

本课程以考查的形式进行考核。

BL02003 观赏树木（ornamental trees culture）

观赏树木是设施农业科学与工程专业的专业任选课程，先行课程为植物学、园艺植物栽培学。开设目的是为从事园林工作打下基础。主要讲授观赏树木的分类、形态特征、分布、生态习性、生物学特性、繁殖、栽培、应用等方面的内容。

本课程以考查的形式进行考核。

BL06103 园艺产品贮藏加工及营销学（storage and processing and sale of horticultural product）

园艺产品贮藏加工及营销学是设施农业科学与工程专业的一门专业选修课。该课程的先行课是植物学、植物生理生化。主要学习园艺产品（果树、蔬菜、花卉）的采后生理、采收、分级、包装、运输等采后处理，简易贮藏，冷藏，气调贮藏技术和方法，贮藏期病害及防治技术；了解果蔬的干制、罐藏、糖制、腌制、酿酒及综合利用等加工技术；园艺产品的市场营销知识、信息流通等内容。

参考教材：

《果蔬贮藏加工学》，高海生等主编，中国农业科技出版社，2000。

本课程以考查的形式进行考核。

BL02009 农业技术推广（popularization of agriculture technology）

农业技术推广是园艺专业的专业任选课程，先行课程为心理学、教育学、园艺专业的专业基础课和专业课。开设目的是为从事园艺技术推广工作打下基础。主要学习农业技术推广的目的意义、历史和发展、农业技术推广理论基础和基本原理、农业技术推广工作的基本技能和方法。包括农业调查、信息档案、计划制订、试验示范、技术指导、咨询服务、培训教育等，训练学生实际工作能力。

本课程以考查的形式进行考核。

九、课程设置及教学进程表（表 9-1～表 9-4）

表 9-1　设施农业科学与工程专业课程设置及教学进程表

课程类别		课程代码	课程名称	学分	学时数			学期分配							
					共计	理论	实验	1	2	3	4	5	6	7	8
必修课	公共通修课程	BL15001	中国近现代史纲要	1	18	18		***18***							
		BL15002	马克思主义基本原理	1.5	28	28			***28***						
		BL15003	思想道德修养与法律基础	1.5	28	28			***28***						

续表

课程类别		课程代码	课程名称	学分	学时数			学期分配							
					共计	理论	实验	1	2	3	4	5	6	7	8
必修课	公共通修课程	BL15112	毛泽东思想和中国特色社会主义理论体系概论	2.5	46	46				***46***					
		BL09001	信息技术基础	3	54	28	26	54							
		BL13001	英语	14	256	256		***64***	64	***64***	64				
		BT14001	体育	7.5	138	138		30	36	36	36				
		BL99002	职业生涯准备与规划	1.5	28	28		28							
	科类基础课程	BL10001	化学	6.5	118	118		***54***	***64***						
		BL10002	化学实验	4.5	82		82	46	36						
		BL11007	高等数学2	4.5	82	82		***82***							
		BL11015	大学物理Ⅳ	3.5	68	48	20		68						
		BL16094	植物学	3	54	36	18		***54***						
		BL16091	植物生理生化	5	90	90				***44***	***46***				
		BL16092	植物生理生化实验	4	72		72			36	36				
		BL16093	遗传学	3	54	38	16					***54***			
		BL01120	农业微生物	1.5	28	16	12				28				

续表

课程类别		课程代码	课程名称	学分	学时数			学期分配							
					共计	理论	实验	1	2	3	4	5	6	7	8
必修课	科类基础课程	BL02014	普通测量学	3	54	34	20			54					
		BL19001	心理学	2	36	36				36					
		BL19002	教育学	2.5	46	46					46				
		BL19003	教育技术	2	36	24	12					36			
	专业主要课	BL01126	植物营养与肥料学	2	36	28	8			***36***					
		BL02022	设施环境学	2	36	28	8						36		
		BL02041	园艺植物试验设计与分析	4	72	48	24					***72***			
		BL02023	设施建筑力学基础	3	54	44	10				***54***				
		BL02015	设施工程制图	3	54	32	22				***54***				
		BL02031	设施园艺植物栽培学	4	72	62	10					***72***			
		BL02039	园艺设施学	3.5	64	54	10					***64***			
		BL02029	设施园艺植物病虫害防治学	3.5	64	40	24						***64***		
		BL02030	设施园艺植物良种繁育学	3	54	42	12						***54***		

续表

课程类别	课程代码	课程名称	学分	学时数			学期分配							
				共计	理论	实验	1	2	3	4	5	6	7	8
专业选修课程		专业限选课程	6.5	118	102	16						54	64	
		专业任选课程	7.5	136	136							82	54	
公共选修课程		人文社科类	4.5	82	82				44	38				
		自然科学类	4.5	82	82							56	26	
实践教学周数			67	66			2	1		1	4.5	3.5	10	18
合计（学分数、学时数）			195.5	2343.5	1918	422	376	378	396	402	334	310	144	
理论教学周数				106			14	18	18	18	14	16	8	
理论教学周学时数				21.9			26.9	21.0	22.0	22.3	21.3	21.6	18	

注：学期分配表中学时数字标注为斜体加粗代表该课程本学期为卷试。实践教学周数中不包括选修课实习、两课类实践教学及技能训练

表 9-2　设施农业科学与工程专业选修课设置表

类别	专业方向	课程编号	课程名称	开课学期	学分	学时		
						总计	理论	实验
限定选修课	设施果树	BL02018	设施果树栽培	6	3.0	54	46	8
		BL02016	设施果树病虫害防治	7	1.5	28	28	
		BL02017	设施果树良繁技术	7	2.0	36	28	8
	设施蔬菜	BL02027	设施蔬菜栽培	6	3.0	54	46	8
		BL02025	设施蔬菜病虫害防治	7	1.5	28	28	
		BL02026	设施蔬菜良繁技术	7	2.0	36	28	8
	设施花卉	BL02021	设施花卉栽培	6	3.0	54	46	8
		BL02019	设施花卉病虫害防治	7	1.5	28	28	
		BL02020	设施花卉良繁技术	7	2.0	36	28	8
专业任选课程	不分方向	BL02037	无土栽培	7	3.0	54	46	8
		BL02033	食用菌	7	1.5	28	20	8
		BL02002	工厂化育苗	6	1.5	28	28	
		BL02012	农业园区规划设计	7	1.5	28	28	

续表

类别	专业方向	课程编号	课程名称	开课学期	学分	学时		
						总计	理论	实验
专业任选课程	不分方向	BL02024	设施农业工程概预算	6	1.5	28	20	8
		BL02046	专业英语	6	2.5	44	44	
		BL02001	插花与盆景	6	2.0	36	20	16
		BL02005	果树栽培	7	1.5	28	28	
		BL02003	观赏树木	7	2.0	36	36	
		BL06103	园艺产品贮藏加工及营销学	6	3.5	64	46	18
		BL02009	农业技术推广	7	1.5	28	28	

注：每个学生至少应选修一个完整的方向模块；每个方向模块中的各课程均可作为其他方向模块的任选课程；选任选课时每学期学时数可以不按学期规定选修学时、学分，毕业时选课总学时、学分符合培养方案要求即可

表 9-3　设施农业与科学专业实践教学进程表

学期	实践教学环节	课程编号	学分	周数	说明
一	入学教育	BS99001			新生入学后前 2 周整周进行
	革命传统教育	BS15001	1	1	双休日、假期分散进行
	国防教育	BS99002	4	2	新生入学后前 2 周整周进行，包括军事训练、军事理论
二	马克思主义世界观教育	BS15002	1.5	1.5	双休日、假期分散进行
	普通话Ⅰ	BS12001	1	1	分散进行（理论教学）
	植物学教学实习	BS16019	1	1	第 16 周
三	国情教育	BS15034	3.5	3.5	1～18 周分散进行
	社会主义荣辱观教育	BS15003	1.5	1.5	双休日、假期分散进行
	普通话Ⅱ	BS12002	1	1	分散进行（理论教学）
四	政治理论课社会实践	BS15004	3.5	3.5	双休日、假期分散进行
	三笔字训练	BS12003	1	1	分散进行（理论教学）
	教育学教学实习	BS19001	1	1	教育学理论课之后
五	设施园艺植物栽培学教学实习	BS02010	3.5	3.5	第 15～17 周整周，0.5 周分散进行
	园艺设施学教学实习	BS02012	1	1	第 8 周
六	设施果树栽培教学实习*	BS02044	1	1	分散进行
	设施蔬菜栽培教学实习*	BS02046			分散进行
	设施花卉栽培教学实习*	BS02045			分散进行
	设施园艺植物良种与繁育学教学实习	BS02009	1.5	1.5	第 3 周半周，第 5 周整周
	设施园艺植物病虫害防治学教学实习	BS01055-1	1	1	第 12 周
	综合参观	BS02015	1	1	第 8 周

续表

学期	实践教学环节	课程编号	学分	周数	说明
七	创业与就业指导	BS99003	1	1	分散进行（理论教学 18 学时）
	设施园艺植物病虫害防治学教学实习	BS01055-2	1	1	第 6 周
	设施果树栽培教学实习*	BS02006	2	2	第 10～11 周
	设施蔬菜栽培教学实习*	BS02008			第 10～11 周
	设施花卉栽培教学实习*	BS02007			第 10～11 周
	教育实习	BS02021	4	4	第 13～16 周
	生产实习	BS02011	2	2	第 17～18 周
八	生产实习	BS02011	3	3	第 1～3 周
	毕业论文	BS02017	14	14	第 4～17 周
	毕业教育	BS02001		1	第 18 周
二～七	专业技能训练	BS02033	6	6	每学期各一周
五～七	科研技能训练	BS02022	3	3	每学期各一周
一～六	形势与政策教育	BS15005	2	2	第 1～6 学期分专题讲课，每学期 6 学时
	合计		67	66	

注：实践实习环节每周为 1 学分。*表示并行

表 9-4 课程体系结构及学分比例

课程类别	课程数量	学分	学分比例
公共通修课程	8	32.5	16.8
科类基础课程	13	45	23.3
专业课程（专业主要课程、选修课程）		42	21.8
公共选修课程		9	4.7
实践教学环节	24	63.5	33.4
合计		192	100

（二）模仿

1. “识读”培养方案

首先将班级分成小组，每组 3～5 人。将《设施农业科学与工程专业培养方案》印发给每一个同学，在没有理论知识基础情况下，占用 1 学时进行观察，由于个体知识储备不同，所以对于培养方案“识读”结果不同。1 学时后，进行小组讨论，讨论后，不是形成小组结果，而是形成个体结果，小组推选代表将“识读”结果完善后，在全班发言。

在“识读”环节，学生需记住培养方案包括几个主体部分，每个主体部分主要内容

与写法是什么？以备模仿之用。

2. “模仿”具体要求

学生在“模仿”前提出具体要求：

第一，模仿内容要求。在培养方案“十个”部分中，除第八“课程简介”部分之外，其余部分都在模仿之列。

第二，模仿步骤要求。模仿分两个部分进行，其中第一至第九为“文字描述”部分，第十为“图表”部分。

第三，模仿纪律要求。模仿开始时，不许再翻阅“培养方案范例”，不许与同学商量，完全独立地凭借大脑记忆去模仿。

3. “模仿”准备

给学生1～2天时间准备，在课上“识读”培养方案基础之上，进一步“识记”培养方案。关键点：课程设置图与课程编排表。

4. “模仿”作品提交

按照惯常考试的方式，将学生集中于同一教室中，隔位就坐。用8学时凭借记忆模仿“培养方案范例”，上午进行第一部分，下午进行第二部分，模仿完毕，个人将第一、第二部分合并为完整“模仿”作品上交。

经过“识读”“识记”“模仿”三个环节之后，学生对于“培养方案”已经有了深刻的感性认识，尤其对于“培养方案”的体例、框架、结构、内容、语言等有了完整的把握。自然，学生对于“培养方案”会有许多“问题”，结合模仿作品将“培养方案”研制的原理部分与学生交流。

事实上，培养方案研制的原理即课程开发的原理，培养方案研制的过程即课程开发的过程。

二、问题与原理

（一）问题与原理1：课程如何产生——DACUM法与典型工作任务分析

学生提交模仿作品中，绝大多数学生都不能“识记”全部课程，有的丢失整个“模块”，有的丢失单门课程，并且对于丢失的部分不“敏感”，没有课程设置“自觉意识”，仅凭记忆而已。通过交流，知道学生无法“识记”全部课程原因颇多，其中最为重要的原因是对于“课程是如何产生的”知之甚少，不了解课程开发原理，仅凭记忆模仿定是这样的结果。

在应用型大学领域，利用DACUM法进行典型工作任务与职业能力分析是常用策略。具体而言，包括三个步骤，即市场调研、实践专家研讨会、集体审议。

1. 市场调研

市场调研即专业市场调研。一般由专业负责人（或带头人）组织专业教师，通过观察、访谈和问卷等方式获取资料，经过统计分析后获取如下信息：①该专业毕业生与所从事的岗位层级是否对应；②该专业毕业生是否胜任对应岗位的典型工作任务；③该专业毕业生是否具备对应岗位所要求的综合职业能力；④该专业所对应的岗位实践专家情况；⑤用人单位、毕业生对于该专业课程、教学、实训条件等方面的反馈意见；⑥该专业学习环境与对应岗位实际环境之间的差距；⑦该专业所对应岗位发展变化趋势；⑧该专业所对应岗位的管理方式；⑨该专业所对应岗位的企业文化背景；⑩该专业的发展前景。

专业市场调研是课程开发的基础。其一，调研结果决定专业存在的合理性。如果该专业培养的学生岗位并不需要，或者说，没有适切的岗位，该专业即应进入停办或改造的行列。其二，调研结果决定专业改革的方向。该专业培养的学生与岗位需求之间的差距即为改革的方向。其三，通过市场调研，为下一步该专业课程开发奠定了基础，例如，“实践专家来自何处”等。

概言之，专业市场调研报告是典型工作任务与能力标准分析甚至整个专业改革的基础性参考文献。

2. 实践专家研讨会

由于学校教师脱离生产实践，因此，课程开发或培养方案形成的过程需要企业行业实践专家参与。经过市场调研，在大、中、小不同规模，以及低、中、高不同规格的企业（或其他用人单位）中聘请 8～12 名实践专家，召开实践专家研讨会。这些专家一般要求身处生产一线，具有 10 年以上本行业工作经历，具有大学学习经历，在业内具有较高声誉，技术技能具有行业代表性，善于与人合作、商讨问题等条件。

实践专家研讨会综合北美 DACUM 和德国 BAG 课程开发技术，依次分析岗位群、典型工作任务与职业能力要求，最终形成典型工作任务与职业能力分析表，见表 9-5。

表 9-5　设施农业科学与工程专业工作任务与职业能力分析表

典型工作任务	工作任务	职业能力	
1. 农业园区规划与设计	1.1. 生产型园区规划与设计	1.1.1 调研与策划	1. 能使用测量设备和制图软件，测绘大比例尺地形图； 2…… ……
		1.1.2 总体规划	……
		1.1.3 详细规划	……
		1.1.4 专项设计	……
	1.2. 观光型园区规划与设计	……	……
2. 设施设计与建造	……	……	……
3. 设施蔬菜栽培	……	……	……
4. 设施果树栽培	……	……	……
5. 设施花卉栽培	……	……	……
7. 设施食药菌栽培	……	……	……
8. 设施养殖	……	……	……
9. 无土栽培	……	……	……
10. 工厂化育苗	……	……	……
11. 设施减灾栽培	……	……	……
12. 设施产品采后处理	……	……	……
13. 农产品与农资营销	……	……	……
14. 设施农业病虫害监测与预警	……	……	……

由表 9-5 可知，该专业所对应的岗位群包括 14 项典型工作任务，这 14 项典型工作任务是专业课程形成的基础。其中，典型工作任务对应的职业能力是为后续课程标准与教材开发所用，不是本章探讨的内容。

3. 集体审议

典型工作任务是专业课程形成的基础，但是距离整个课程设置还有一段距离。与实践专家研讨会不同之处在于，实践专家研讨会以实践专家为主导，集体审议则转向以课程专家和专业教师为主导，集体审议即由课程专家、专业教师与实践专家代表组成的小组，通过讨论进行课程设置的过程。通过集体审议，一般需解决以下两个主要问题。

其一，专业课程设置。一般而言，一个典型工作任务即可是一门专业课程，如典型工作任务“农业园区规划与设计”即专业课《农业园区规划与设计》，“设施设计与建造”即专业课《设施设计与建造》。并且，可以根据内容多寡进行典型工作任务合并与拆分，即一个典型工作任务可以拆分成两门专业课程，两个或多个典型工作任务合并为一门专业课程，如设施果树、设施花卉、设施蔬菜可以合并为《设施栽培》课程。

其二，专业方向课程。专业课程产生之后，由于“设施农业科学与工程专业”包含的内容很宽泛。例如，就一个职业人而言，将“设施工程部分”与“设施栽培部分”全部掌握难度较大，即使是“设施栽培部分”中果树、蔬菜、花卉各部分的区别也非常大，尤其还包括设施养殖等更是迥然不同。因此，有必要设置专业方向课程，如将该专业划分为“农业园区规划、设施工程、设施管理”三个方向，并根据方向进行课程调整。

其三，通识课程设置。典型工作任务与职业能力分析，只是开发出“专业课程群”，基于全面发展的教育要求，还有其他课程来源。例如，教育部规定的“两课”，以及围绕人文素养、创新精神等教育目标所设置的文化类课程群（或通识课程群）。在教育部规范之内，可以增加与该专业相关的通识课程，如“设施农业科学与工程史”等科目。

集体审议之后，整个课程设置已经结束，但是课程如何编排在四年学习之中是需要解决的第二个问题。

（二）问题与原理 2：专业核心课程如何确定——典型工作任务重要性排序

根据典型工作任务重要性排序，选定 3～5 门专业核心课程。见表 9-6。

表 9-6　设施农业科学与工程专业典型工作任务重要性排序

典型工作任务	重要性				
	1	2	3	4	5
1．农业园区规划与设计			3		
2．设施设计与建造	1				
3．设施蔬菜栽培	1				
4．设施果树栽培	1				
5．设施花卉栽培			3		
7．设施食药菌栽培				4	
8．设施养殖				4	
9．无土栽培					5

续表

典型工作任务	重要性				
	1	2	3	4	5
10. 工厂化育苗				4	
11. 设施减灾栽培	1				
12. 设施产品采后处理		2			
13. 农产品与农资营销			3		
14. 设施农业病虫害监测与预警			3		

注：1 表示最重要；5 表示最不重要

需要注意的是，典型工作任务重要性排序不是由教师来完成，而是由实践专家来完成，如根据表 9-6 结果，专业核心课程为“设施设计与建造”“设施栽培”“设施减灾栽培”，其他为专业一般课程。

一般情况下，除国家规定的修课形式之外，专业核心课程必须设置为必修课程，典型工作任务重要性较高的应列为必修课程，典型工作任务重要性较低的可列为选修课程；另外，修课形式还应考虑专业发展方向等因素。

专业核心课程产生之后，就有了学时分配的基础。根据教育部规定，一般本科专业总学时数为 2200～2500 学时，其中，通识教育课程学时数教育部有严格规定，一般为 600～700。其余学时由专业课程进行分配。方法是将专业课程划分为三类：专业核心课程（必修课程）、专业一般课程（部分选修）、专业方向课程，根据突出主干课程原则，将学时分置各门课程，通常专业核心课程不低于 54 学时（3 个学分），专业一般课程不低于 18 学时（1 个学分）。学时分配除与重要性相关，还与课程内容相关，如同是专业一般课程，由于内容多寡不同，“设施农业病虫害监测与预警”18 学时，“农业园区规划与设计”则 36 学时。

需要研究的是，在学时分配时，往往还有理论学时与实践学时划分，一般而言，基于应用型大学要求，实践学时不低于三分之一。实践学时既包括单门课程的实践部分，也包括毕业实习、生产实习等综合性专业实践。

（三）问题与原理 3：课程如何排序——德莱弗斯模型

修课顺序依据职业能力形成规律而定，一般按照典型工作任务工作程序安排课程顺序，例如，“设施栽培”在先，“设施产品采后处理”在后，同时考虑典型工作任务难易程度。根据德莱弗斯模型，即“从新手到专家”的成长规律，比较而言，基础课属于专家课程，专业课属于新手课程；理论课属于专家课程，实践课属于新手课程。因此，传统课程顺序是“从专家到新手”的课程，应改变专业基础课、专业课顺序传统，将专业课提到优先位置；改变理论课、实践课传统顺序，将实践课提至优先位置。如不能完全做到，至少四年需贯穿一个有次序的“专业实践导向课程”，或综合实训课程；改变专业通识课、专业方向课次序，将专业方向课提前；改变文化课集中于一二年级的授课传统，将公共文化课程贯穿全学程。

依照德莱弗斯模型即“从新手到专家”成长规律是属人视阈，迁移至客体领域即是科学与技术的关系问题。技术史研究表明，技术具有相对的独立性，远在科学原理产生以前，人类就已经开始运用技术了。但培根之后，近代科技史彰显出“技术是科学的运用”一般原理。当前，职业教育课程设置的“学科化”倾向即“技术是科学的应用”命题逻辑展开。20世纪技术哲学的发生与发展，技术独立性问题越来越多地得到验证与诠释。鉴于科学与技术的区别，试图以传授科学而替代传授技术，职业教育是不能完成的。因此，如何组织技术知识成为职业教育学科的重要问题。在《实践导向职业教育课程研究：技术学范式》一书中，基于技术哲学原理，与传统文化课—专业基础课—专业课“正三角”应用课程模式不同，徐国庆提出实践课程与专业课程优先的“倒三角”建构课程编排。另外，官能心理学与领域一般性理论对于传统课程秩序也有潜在的影响，而习惯心理学与领域特殊性理论值得研究。

概言之，课程设置遵从泰勒《课程与教学的基本原理》中所阐述的目标模式，即以课程目标为起点，根据课程目标，推导出课程内容、课程组织与课程评价。以泰勒课程原理与目标模式为基础，“美国职业教育之父”普洛瑟在《职业教育16条原则》第11条指出：某一职业的特定的内容唯一的可靠来源是该职业专家的经验。这即是进行专业市场调研与召开实践专家研讨会的重要原因。

需注意的是，普洛瑟原则只是针对职业能力培养而言的，而职业能力培养仅仅是应用型人才培养的关键与主体部分而已，并非是全部内容，否则与职业培训无异。除职业能力之外，做人品格、生活态度、处事境界、人生智慧等都是课程设置时所不可或缺的。

三、训练与提升

1．反思与修正

根据课程开发相关原理，针对模仿作品进行反思。主要内容包括：课程设置是否合理？核心课程是否合理？学时分配是否合理？必修选修等课程形式是否合理？课程时序安排是否合理？

根据反思结果，每个同学根据课程开发原理修正模仿作品，并根据教育部关于本科专业培养方案制订要求，完善整个培养方案。

按照之前小组，成员之间对于修正后作品相互评价，经“集体审议”后形成一个比较完善的培养方案范本。

2．分解训练

1）专业市场调研训练。

2）实践专家研讨会模拟训练。

3）课程设置与课程拓扑图设计训练。

4）课程性质确认、学时划分、排序、考核等训练。

3. 课后完整作业

根据已学知识与技能，选择与“设施农业科学与工程专业”相关农科类专业，进行培养方案编制训练，并将作业上交，记入平时成绩。

四、阅读与拓展

（一）培养方案的概念

培养方案是依培养目标、培养规格和学生实际情况设计的使学生掌握系统的科学文化知识和技能，形成思想品德，健全体魄的具体计划。高等学校本科培养方案，又称高等学校本科教学计划，系指高等学校各系科、专业培养本科生的方案。它是高等学校培养人才、组织教学过程和学习计划、安排个人学习的主要依据，制订高等学校本科培养方案是高等学校进行教学管理的重要环节，它对于加强教学管理、稳定教学秩序、提高教学质量具有十分重要的作用。

培养方案是学校实现人才目标和基本规格要求的总体设计和实施方案，是学校组织教学过程的主要依据，也是学校教学工作质量进行管理、监控的基础性文件。所谓人才培养方案，在不同的字典中有不同的解释。在《高等教育词典》中，培养方案又称专业培养计划、专业培养方案，是高等学校根据各层次各专业的培养目标与培养对象特点制订的实施培养获得的具体计划和方案，是学校指导、组织与管理教学工作的基本文件，包括课程结构、教学形式结构、学时分配、学历等。在《教育词典》中，培养方案解释为：根据教育的不同目的和不同类型学校的性质任务而制订教学内容的范围及其实施方案。它包括学校应设置的学科、各门学科开设的先后顺序、教学时数、学年编制等内容。它体现了国家的要求，是学校教学工作的重要依据。

一般本科院校的人才培养方案主要由以下几部分组成：①修业年限；②业务培养目标；③业务培养要求；④毕业生应获得的知识和能力；⑤主干学科；⑥主要课程；⑦主要实践环节；⑧毕业与授予学位；⑨教学计划。

培养方案是人才培养目标定位和专业特色最为直接的体现，是所培养人才“知识、素质、能力”目标的综合反映。

人才培养方案是教学工作的纲领性文件，是人才培养目标与培养规格的具体化、实践化形式，是实现专业培养目标和培养规格的中间环节，是组织开展教学活动的龙头，是人才培养的实施蓝图，是抓教学质量的关键。人才培养方案的调整与构建必然导致培养目标、课程体系、教学内容等的重大变化，并直接影响人才培养质量，也是教育教学改革重点。

（二）拓展阅读

与培养方案相关的经典专著、教材或论文。

1）《关于普通高等学校修订本科专业人才培养方案的原则意见》（教高［1998］2号）。

2）《教育部、财政部关于实施高等学校本科教学质量与教学改革工程的意见》（教高〔2007〕1号）。

3）《教育部关于进一步深化本科教学改革全面提高教学质量的若干意见》（教高〔2007〕2号）。

【参考文献】

郭光志．2004．生物技术专业本科培养方案的调查与对策［D］．武汉：华中师范大学硕士学位论文

李诚忠．1989．教育词典［M］．哈尔滨：科学技术出版社

杨婷．2013．技术本科院校商务英语专业人才培养方案的应然研究［J］．现代企业教育，2013（24）：240-241

朱九思，姚启和．1993．高等教育词典［M］．武汉：湖北教育出版社

第十章 课程标准研制

【内容简介】课程标准作为课程改革与管理的纲领性文件，在课程建设中具有不可替代的重要作用，但目前我国高等教育阶段还没有国家统一的课程标准，现有课程标准基本上都是各高校自行组织编写。课程标准的研制工作是一项复杂的工程，课程目标的确定、课程内容与要求的编撰是其中尤为重要的两部分内容，本章通过对课程标准研制的主要环节进行针对性分析，了解个中所包含的基本原理，进而掌握课程标准研制的有关知识与技能。

【学习目标】能够阐述课程标准的主要编撰原理；能够运用相关知识与技能编撰课程标准；能够评价比较课程标准。

【关键词】课程标准；课程目标；课程内容。

一、课程标准范本与模仿

（一）范本

课程标准范本见材料 1。

材料 1　园艺设施环境调控课程标准

一、课程性质

“园艺设施环境调控”是设施农业科学与工程专业的专业核心课程，其功能是在学习“园艺植物生理学”“农业气象学”“园艺设施设计与建造”等课程基础上，培养学生掌握各类设施的光照、温度、水分、气体、土壤环境的主要特征及调控技术，具备分析和解决生产中环境调控问题的能力，满足育苗工、蔬菜工、果树工及花卉工等岗位对知识和技能的要求，并为后续“工厂化育苗”“设施蔬菜栽培”“设施果树栽培”“设施花卉栽培”等课程的学习做好准备。

二、设计思路

本课程的总体设计思路是以园艺设施不同环境条件调控的实践为主线，以项目为载体，以职业能力分析为依据，确定课程目标，设计课程内容，将环境调控中的新知识、新设备、新技术作为重点，贯穿于课程教学全过程，注重培养学生职业能力。

园艺设施环境控制是设施农业生产的关键环节，通过设施内环境因子的调控为作物生育提供适宜的条件，防控病害发生，促进作物优质高产。本课程在设施农业科学与工程专业课程中起到承上启下的作用，为以后学习专业方向课程打下基础。

本课程依据当前设施环境调控设备及技术发展需求，针对现有课程在实践环节中的不足，基于设施环境“光、热、水、气、土”五大环境因子在设施生产中的重要性确定和编排课程内容，形成七个课程单元。从工作项目（即课程单元）、知识要求与技能要求三个维度对课程内容进行规划与设计。教学过程可在园艺设施内真实情境中进行，将环境调控的基本知识与原理融入到实践操作中去，实行理论与实践一体化教学。

本课程建议学时数为 48 学时。

三、学习目标

1. 能利用环境监测设备对设施内光照、温度、水分、气体、土壤环境条件进行观测，分析总结出各环境因子的基本特征与变化规律。

2. 能根据设施类型及作物栽培要求，利用设备、材料等进行设施内光照、温度、水分、气体环境调控，为作物生育提供适宜环境条件。

3. 能采用物理、化学、生物等方法对设施连作土壤进行消毒，降低连作障碍对作物的危害，提高产量。

4. 能利用大型现代化温室的计算机控制系统对设施内环境进行自动化综合调控。

四、课程基本内容与学时分配

课程单元	课程内容与要求	建议学时
1 园艺设施环境认知	知识要求： • 描述园艺设施的主要类型 • 说明园艺设施环境因子的构成及重要性 • 描述本课程对应的职业岗位及学习目标	2
2 园艺设施光环境调控	知识要求： • 识记园艺设施内光环境（光照强度、光照时数、光质、光分布）特点及变化规律 • 陈述影响园艺设施光环境的主要因素 • 识记园艺设施透明覆盖材料的种类、性能及特点 • 陈述蔬菜、果树、花卉等园艺作物对光环境的要求 技能要求： • 能使用光照记录仪等仪器对园艺设施内光照进行监测 • 能利用设备或材料对园艺设施内进行增光和遮光调控 • 能选择和利用人工光源对园艺设施内进行补光 • 能根据设施类型及栽培需要进行光环境综合调控	10
3 园艺设施热环境调控	知识要求： • 识记园艺设施内温度的特点及变化规律 • 说明园艺设施内热量收支途径 • 陈述蔬菜、果树、花卉等园艺作物对温度的要求 技能要求： • 能使用温度记录仪等仪器对园艺设施内温度进行监测 • 能利用设备或材料对园艺设施内进行保温和降温调控 • 能选择和利用加温设备对园艺设施内进行加温 • 能根据设施类型及栽培需要进行热环境综合调控	10
4 园艺设施水环境调控	知识要求： • 识记园艺设施内水环境特点及变化规律 • 说明园艺设施内水分收支途径 • 陈述园艺设施内蔬菜、果树、花卉等园艺作物的需水规律 技能要求： • 能使用空气湿度记录仪等仪器对园艺设施内空气湿度进行监测 • 能利用设备或材料对园艺设施内空气湿度进行加湿和除湿调控 • 能安装和使用滴管、渗灌等灌溉设备对园艺作物进行科学灌溉	8

续表

课程单元	课程内容与要求	建议学时
5 园艺设施气体环境调控	知识要求： • 识记园艺设施内主要有毒有害气体的种类及对园艺作物危害的症状 • 说明园艺设施内主要有毒有害气体产生的原因及途径 • 识记园艺设施内二氧化碳浓度变化规律 技能要求： • 能根据园艺作物受害症状准确识别有毒有害气体危害，并采取有效措施防控 • 能使用二氧化碳记录仪对园艺设施内二氧化碳浓度进行监测 • 能根据作物生长周期及环境条件，使用设备或气肥在园艺设施内增施二氧化碳	6
6 园艺设施土壤环境调控	知识要求： • 识记园艺设施内土壤有机质及氮磷钾等养分含量特征 • 说明园艺设施内土壤连作障碍产生的原因及危害 • 陈述蔬菜、果树、花卉作物对土壤养分条件、酸碱环境的要求 技能要求： • 能使用 pH 计测定土壤酸碱度，使用电导率仪测定土壤盐分含量，分析土壤健康状况 • 能根据园艺设施具体条件，采用物理、化学、生物等措施对连作土壤进行消毒 • 能根据园艺设施内土壤状况，采用增施有机物料、生物炭，合理轮作套作，嫁接换根等措施，防止或延缓土壤连作障碍的发生	8
7 园艺设施环境自动调控系统使用	知识要求： • 识记自动控制的一般概念、基本原理和方式 • 描述园艺设施环境常用控制器的使用方法 技能要求： • 能通过计算机控制系统对园艺设施环境进行综合调控	4

五、教学实施

（一）教材与参考书

1. 教材编写与选用

（1）必须依据本课程大纲编写和选用教材。

（2）教材应符合设施农业科学与工程专业本科学生不同生源的认知特点，提高学生学习兴趣，注重学生知识、能力和素质的培养。

（3）教材应充分体现现代职业教育特点，体现任务引领、实践导向的课程设计思想，以工作任务为主线设计教材结构。

（4）教材在内容上简洁实用，文字表述要简明扼要，内容展现应图文并茂，应将园艺设施环境调控领域的发展趋势及实际业务操作中的新知识、新技术和新方法融入教材，顺应岗位需要。

2. 参考书目

《设施农业环境工程学》，邹志荣主编，中国农业出版社，2008。

《设施园艺学》，张福墁主编，中国农业大学出版社，2010，第二版。

《设施园艺学》，李式军、邹志荣主编，中国农业出版社，2011，第二版。

3. 数字资源

《设施蔬菜栽培学》国家精品课网站，网址：http://w3.hevttc.edu.cn/ssq/index.asp?lmID=1

中国温室网，网址 :http://www.chinagreenhouse.com/

现代农业设施网，网址 :http://www.xdnyss.com/

中国设施园艺网，网址 :http://www.greenovo.cn/

（二）教学要求与教学设计

1. 本课程的重点是园艺设施内光、热、水、气、土五大环境因子的特征及调控，难点是园艺设施环境常用控制器的使用及综合调控策略的形成。

2. 在教学过程中注重“教”与“学”的互动。通过选用典型活动项目，组织学生进行分组活动，让学生在不断的练习中逐步掌握园艺设施环境调控设备的使用方法及有效调控措施。

3. 在教学过程中，应积极开展理论和实践相结合的教学模式，立足于坚持学生实际操作能力的培养，并将学生职业道德和职业意识的培养融入其中。在教学过程中可采用案例分析法、实物直观法、演示法、情景教学法、项目教学法、翻转课堂等教学方式进行授课，提高学生学习兴趣。

4. 在教学过程中要关注本专业领域的发展趋势，更贴近园艺设施环境调控发展趋势要求。

（三）教学资源

1. 利用现代信息技术开发慕课、微课、多媒体课件，收集整理与本课程相关的案例，建立专门的数字化资源库，包括园艺设施类型、园艺设施环境调控的设备、各设备具体操作照片或场景影像。

2. 建立环境调控实验室，配备温湿度自动检测仪、光照度仪、二氧化碳浓度测定仪、土壤水分测定仪等各类环境监测仪器及设备；校内建有高标准日光温室和塑料大棚，具备实验实训、现场教学、教学与实训合一的功能。

3. 建立校外设施生产实习基地，基地必须建有大型现代化温室、日光温室及塑料大棚，能满足学生参观、实训和毕业实习需要。

（四）课程考核与评价

1. 课程考核与评价坚持过程评价与结果评价相结合，考评过程中注重发展性评价和学生的自我评价，不仅关注学生对知识的理解、技能的掌握和能力的提高，还要重视规范操作、节约能源、保护环境等职业素质的养成。

2. 本课程考评的重点在于园艺设施内光、热、水、气、土的调控，应突出过程评价与阶段，多采用真实性生产项目进行考核，注重学生分析问题、解决实际问题内容能力，结合活动小组自评、组间互评等方式，使考核与评价有利于激发学生的学习热情，促进学生的发展。

六、说明

1. 本大纲是学校进行《园艺设施环境调控》课程建设的基本规范，是教材编写和选用的基本准则，是对教师组织专业教学活动的基本要求，是对学生学习效果进行考核与评价的重要依据。

2. 本大纲亦可供职教师资园艺、农学、植物科学与技术等专业参考使用，各学校及相关专业在应用本大纲时，应因地制宜，突出地方特色。

（二）模仿

1. “识读”课程标准

识读是课程标准模仿之前的重要环节，通过识读可以使学生对课程标准形成一个初步的感性认知。该环节主要包括三个活动，首先是限时个体阅读，即让学生在半个小时的有限时间内，对《园艺设施环境调控课程标准》的文本材料进行阅读分析，尝试自主构建关于课程标准的知识；然后是分组讨论，全班分成若干小组，学生围绕各自在个体阅读过程中的收获、存在的疑惑及发现的问题展开探讨，互帮互助进一步完善个体学习成果；最后是全班交流，以各组推选代表发言的形式，在更大范围内交换学习成果，扩展对课程标准的认识。

在标准识读环节，无论是个体阅读、分组讨论还是全班交流，各个活动都以发散思维为主，即不预先设定所谓的待解决问题来引导活动进行，以避免仅仅针对或局限于某些问题的探讨而限制了学生的思考。但在所有活动结束前，应围绕一些主要问题进行总结，如课程标准的框架、各构成部分的主要内容、标准编制的注意事项等，以巩固识读的效果。

2. “模仿”的具体要求

模仿的具体要求，主要涉及以下几方面。

其一，模仿主体为学生个体。模仿时不再是小组活动，学生也不可自行成组或相互协作，所有模仿者必须以个体为单位独立完成整个过程。模仿进行过程中学生不允许参阅相关材料，也不可再向老师或其他人咨询与模仿内容有关的任何问题。

其二，模仿内容要全面覆盖。《园艺设施环境调控课程标准》共包括六部分，即课程性质、设计思路、学习目标、课程内容、学时分配、教学实施及说明，模仿时从文本体例、整体框架与结构到各部分要点等均包含在内。对于“课程内容与学时分配”，列出框架即可，该部分详细内容不做要求。

其三，模仿时间与场所必须符合相关规定。模仿必须在限定的时间和场所内完成，模仿之前教师根据教学安排明确时间与场所。通常情况下，模仿在初次授课时进行，一般为不间断的 2 学时，场所为平时授课教室，在非限定时间和场所进行的模仿视为无效行为。

其四，模仿结果以文本形式呈现。与识读环节的口头表述不同，课程标准的模仿结果，原内容无论是文字还是图表，都需要以书面语言和文本形式呈现出来，不得辅以其他表达方式。

3. “模仿”作品提交与评判

学生遵照上述各种要求完成《园艺设施环境调控课程标准》的模仿后，当场提交自己的署名作品。对于学生作品的评判，以与《园艺设施环境调控课程标准》原文本的相似度为标准，从完整性、正确性、准确性等几个维度进行评判。其中完整性指原文本的框架结构和各部分主要内容在模仿作品中都没有缺失，保持了原貌；正确性指作品中的各项数据、参数、公式、图表、指标体系、计量单位等都与原文本一致，没出现差错；准确性指模仿作品措辞适当、语义清晰，不存在与原文本相矛盾的表述。

二、问题与原理

课程标准模仿中两个最为核心和容易出错的部分是课程目标和课程内容与要求，如何深化对这两部分内容的理解，并达到能够正确识记和表述，需要首先了解其中的原理。

（一）问题与原理1：课程目标是如何确定的——泰勒原理

在课程标准中，“课程目标”是指通过该课程的学习学生应达到的结果，是专业人才培养目标在本课程的具体体现，主要从知识与技能、过程与方法、情感态度与价值观等三个维度进行表述。课程目标确定依据的是泰勒原理中关于目标来源的论述。在《课程与教学的基本原理》中，泰勒提出了目标拟定的三个主要来源，即学生需要、社会需要和学科需要，这一论断已为人们所认同。课程目标的确定同样也坚持了这三个来源，通过对学生、当代社会生活与学科等三方面的研究而得出较为完整的课程目标，从而避免了唯儿童中心、社会本位或学科知识本位制订课程目标的片面做法。

学生的需要，即学生身心健康发展的需要。泰勒认为课程目标的确定首先应考虑学生的兴趣与发展需要，在收集相关资料的基础上再进行探讨。学生的需要在不同的个体之间具有一定的差异性，同一个体的需要在不同的发展阶段也会发生变化，确定学生需要的过程本质上是“尊重学习者的个性、体现学习者意志的过程”。在大学阶段，学生个体之间的差异表现得更为明显，学生的需要也更加多样化，他们会根据自己的兴趣、志向与职业取向选择学习内容，提出教育需求，以获取充分发展的机会和条件。因此，作为教育实施载体的课程，必然应当以满足学生的需要、促进学生个性化发展为其主要目标之一，否则课程的价值将会受到质疑。

当代社会生活的需要，即儿童在从自然人转变成为社会人的社会化过程中的需要。泰勒认为从较大的社会背景对当前社会生活的分析是课程目标确立的前提，课程目标研制者必须明了各类生活活动的目标指向。人的成长与发展离不开社会这个大环境，但从自然个体到获取社会成员的资格，必须经过一个社会化的过程，才能适应社会环境，习得社会规范，定位自己的社会角色，最终获得社会的认可。大学时代是学生步入社会的最后一个过渡期，学生在这时期逐渐由生活的依赖者变为生活的自助者和创造者，为完成角色转换进行必要的准备。在这一阶段的社会化过程中，现代学校教育发挥着不可替代的作用，社会生活需要也因此成为学校课程目标的基本来源之一。

学科的需要，即学科知识传承、创造的需要。任何人都生活在一定的文化知识环境中，文化知识可以让人们加深对世界的理解，提升生活的意义。自近代以来，人类创造的文化知识呈现学科化模式发展，形成了不同的逻辑体系，各个知识逻辑体系中都包含着该学科的核心概念、基本原理与探究方式。教育具有文化传承与创造的功能，学科知识要保存并发展下去，一个便捷、经济的选择就是进入实施教育的专门机构，即学校之中。对于实施高等教育的大学来说，不但具有各层次学校教育共有的传承知识的功能，而且还可以更新和创造知识，进一步推进人类文明的进程。从这一角度说，学科发展的需要成为现代高校课程目标的来源之一也在情理之中。

（二）问题与原理2：课程内容与要求是怎么确定的——工作任务与职业能力分析法

课程内容与要求是课程理念的体现和课程目标的载体，是课程标准中最为重要的部分。课程内容规定了学生学习的具体内容，主要包括知识与技能两部分，课程内容与要求的确定即是对知识与技能的内容及要求的确定，通常遵循以下程序进行。

第一，分析工作任务。此处的工作任务是指该门课程要求学生完成的工作任务，对其分析实际上是已有专业层面"工作任务分析表"在科目层面的进一步细化。依据本专业的工作任务分析该课程的工作任务，这样才能确保课程标准与专业教学标准的一致性。

第二，确定职业能力。课程层面的工作任务分析完成后，需要确定完成任务所需要的职业能力，此时确定的职业能力也是专业层面"职业能力分析表"的细化。需要注意的是，有些需要在实践中获得的职业能力不能纳入学校的课程标准中，因为它们是难以通过学校教学来培养的，因此职业能力在初步罗列后还需要进一步筛选，以确保得到是"可教的职业能力"。

第三，确定技能内容与要求。通过该课程学生能够习得哪些技能，需要掌握到什么程度，主要依据就是已经确定的职业能力。在完成课程层面的工作任务和职业能力的分析筛选后，根据从实践到理论的原则，先对课程内容中的技能内容进行确定和编排，并对学习的程度提出明确的要求。

技能内容与要求的表述包含了很多因素，编制中对其多加关注，会使课程内容具有科学性与指导性。技能表述中的主要因素详见表10-1。

表10-1　技能表述的注意因素

步骤	要求	方法	易错点	样例
步骤1：技能分析	细致、深入	多方面确定任务对技能的要求	没有清楚表达出对技能的要求	不当表述：能进行电源系检测与排故 应分解为： 1. 会使用汽车检测仪器 2. 能编制故障排除流程图 ……
步骤2：分析技能的条件	表述出技能的表现条件	关注技能操作过程	只简单说明要做什么，未对具体条件加以限制	"能绘制展台平面图"与"能操作Auto CAD软件绘制展台平面图"相比，后者明确了对工具的具体要求
步骤3：分析操作专用词汇	能反映行业职责或实践行为的术语	关注技能操作过程	与专业内容不相符	常用词汇 1. 基本操作类：操作、采集、配置等 2. 调试维护类：调整、调试、维护等 3. 资料处理类：阅读、摘录、分析等 4. 问题解决类：设计、诊断、排除等

续表

步骤	要求	方法	易错点	样例
步骤 4：分析技能的标准	需要掌握到什么程度	与国家职业资格标准相对应	未能提出明确的要求	“能在规定的时间内给出客户回答”与“能在规定的时间内准确、清晰地给出令客户满意的回答”相比，后者对掌握的程度提出了明确的要求
步骤 5：表述出技能的结果	表述能展示出成果	结果与条件要素齐全	没有出现做到的结果	“能对现有展台进行结构分析”与“能根据不同类展品的特征设计出与其风格相符合的展台”相比，后者不但表达了要做什么，还表达了要做出什么，以及要达到什么要求

第四，确定知识内容与要求。在对实践性质的技能内容明了后，需要对课程内容中的知识部分加以确定，即对应每项技能应当学习哪些知识及掌握到什么程度。此时要注意不是进行学科知识的系统讲授，而是根据技能习得的需要确定知识的内容及要求，否则就违背了“实践－理论”的原则。知识类型通常包括实践知识和理论知识，前者是掌握某种技能完成某项工作任务所需要的应用性知识，后者是关于此过程的解释性知识。知识的掌握程度，一般分为了解、熟悉和理解三个层次：了解的知识不要求熟记，不作为考核内容；熟悉的知识要达到熟练地复述；理解的知识能进行深刻的阐释。知识内容与要求的表述同样要注意一些因素，详见表 10-2。

表 10-2　知识内容与要求表述的注意因素

步骤	要求	方法	易错点
步骤 1：根据技能内容逐条分析	知识内容围绕技能	根据技能分析确定相关知识	知识分析不全面
步骤 2：确定知识掌握的不同程度	准确表达出对学习者的要求	分为了解、熟悉、理解三个层次	对掌握程度区分不清
步骤 3：判断是否已经涵盖需要掌握的知识	学生真正达到岗位要求	反思存在哪些缺欠	知识分析较浅

三、训练与提升

1. 反思与修正

在学习了课程标准研制的相关原理之后，可以运用理论知识分析《园艺设施环境调控课程标准》文本材料，并对模仿作品进行反思。如课程目标是否合理，如何完善？课程内容是否完整？技能与知识应该如何表述？两者是否具有内在的对应关系？对两者的要求是否能实现课程目标？

反思之后，对模仿作品进行修正，形成较为完善的课程标准文本。

2. 课后作业

从《设施农业科学与工程专业培养方案》中选择一门课程，练习编制课程标准，一周后提交作业，记入平时成绩。

四、阅读与拓展

课程标准，《教育大辞典》释义为："规定教育的培养目标和教学内容的文件。一般包括课程标准总纲和各科课程标准两部分，前者是对一定学段的课程进行总体设计的纲领性文件，规定各级学校的课程目标、学科设置、各年级各学科每周的教学时数、课外活动的要求和时数以及团体活动的时数等；后者根据前者具体规定各科教学目标、教材纲要、教学要点、教学时数和编订教材的基本要求。"1912年，由民国政府教育部颁布了第一个正式的课程标准文件《普通教育暂行课程标准》，是我国课程史上第一个正式使用"课程标准"名称的文本形态的课程标准。此后40年间，课程管理的纲领性文件也一直使用此称谓，直至1952年被"教学大纲"所取代。20世纪80年代，欧美国家兴起了基础教育课程改革运动，课程标准成为改革的核心，被视为推动整个运动的工具，这场运动也被称作"标准驱动的基础教育改革"。20世纪90年代末，我国也开始着手研制课程标准，并在新一轮的基础教育课程改革中重新启用"课程标准"。目前，基于标准的教育改革已成为世界范围内基础教育改革与发展的一个新的范式。

人们通常所说的课程标准实为各科课程标准，但从现有课程标准来看，其内容更为丰富，主要包括课程内容标准和考核标准两部分。其中课程内容标准对一门课程的性质与定位、目标与任务、内容与体系、组织与实施提出了具体要求，考核标准对学生在知识、能力、素质等方面提出了质和量的要求。课程标准一般由五个方面内容构成，即前言、课程目标、课程内容和要求、实施建议与其他说明或附录。前言是关于本课程的基本信息，一般说明课程的性质、定位、基本理念及标准的设计思路等。课程目标即通过该课程的学习学生应达到的结果，包括总体目标与具体目标，其中总体目标是对课程学习预期结果的综合概括，具体目标是专业人才培养目标在本课程的体现，主要从知识与技能、过程与方法、情感态度与价值观等三个维度进行表述。在课程内容与要求中，前者指的是本课程所涵盖的基于学科的事实、观点、原理、问题及其处理方式等学习对象，后者即学生对所学内容的掌握程度。实施建议，是指在课程标准的实践过程中，围绕教与学、考核与评价、课程资源开发与利用以及教材编写等主要环节提出的指导性意见，以供有关人员参考。其他说明是对未尽事宜所做的补充，以使标准能够被更好地理解与实施。

作为课程改革与管理的纲领性文件，课程标准对课程内容与考核提出了基本规范与具体要求，是教材编写、教学、评估和考试命题的重要依据，对课程建设的发展方向具有指引和导向作用，对教育改革成败具有决定性意义，对人才培养具有深远的影响。课程标准的研制也是一项复杂的工程，一般由国家或地方的教育行政部门组织开展，但目前我国高等教育阶段还没有国家统一的、系统的课程标准，现有课程标准基本上都是各高校自行组织编写。虽然不同高校在编制课程标准时可能存在一定差异，但一些基本要求是都要遵守的，否则标准的编写质量就很难得到保证。例如，课程标准的编制应立足于当前及未来社会现实的需求，遵循教育发展的基本规律，遵守相关法律、法规、政策与制度，编制时不能出现任何技术性错误；课程标准文本表述务求准确、清晰、简明，必须做到措辞严谨，逻辑严密，意义明确，在编写时务必选用大众化规范用语，避免使用生僻词句和俗语俚语，专业术语要进行解释或说明，以便标准使用者能够正确理解和执行，保证标准的顺利实施。

【参考文献】

顾明远. 1990. 教育大辞典（第一卷）[M]. 上海：上海教育出版社：280

吕达. 1999. 课程史论 [M]. 北京：人民教育出版社：242

王妮妮. 2010. 我国职业教育课程标准体系的建立研究 [D]. 上海：华东师范大学硕士学位论文：52

张斌. 2010. 课程标准含义的演变与解读 [J]. 教育学术月刊,（6）：70-73

张华. 2000. 论课程目标的确定 [J]. 外国教育资料,（1）：13-19

第十一章 教材编写

【内容提要】教材编写是从事教师职业的一项基本能力。为培养教材编写能力，依据课程标准设置“学习目标”明确学习教材编写应掌握的知识、技能和态度。又以“范例与模仿”为起点来引导学习者从实践中探索学习。在此基础上通过“问题与原理”回应教材编写中遇到的问题，从而掌握教材编写的基本原理和技能。“训练与提升”“阅读与扩展”环节为进一步提高和巩固教材编写能力创造了条件。

【学习目标】掌握教材编写原理；能结合专业特点进行撰写；能进行教材编写；训练设计能力、创新思维与团队精神；训练科研素质。

【关键词】应用型本科；项目教材设计原理；工作体系。

一、范例与模仿

（一）范例

北方高寒地区日光温室的设计与建造

内容提示　学习目标指出具体的能力要求，项目描述提出具体的工作任务，通过“识图”“识体”“绘图”和实地考察完成前期的工作准备。在此基础上，结合工作任务和原理知识设计图纸，将设计方案建成实体温室。完成工作任务之后进行综合评价，评价包括设计图、实体温室和团队精神等主要内容。提升练习、思考题、阅读与参考文献起到帮助学习本文内容、提升能力的作用。

学习目标　掌握日光温室设计原理；掌握日光温室绘图技能；能根据给定参数设计图纸；能进行温室施工；能对温室性能进行评价；训练创新思维与团队精神；训练科研素质。

关键词　温室设计；设计绘图；温室建造；工作流程。

一、项目描述

为中国北纬39°左右地区，设计并建造面积约300m^{2}的日光温室，具体要求：采光、保温性能良好，能方便进行光温调控，在不进行人工加温的前提下，1月份温室最低气温不低于8℃，能满足越冬茬瓜类、茄果类、豆类蔬菜生产对环境的要求。经费预算不超过12万元，墙体、前屋面骨架、后屋面等主体结构使用寿命达到10年。

二、工作准备

（一）识“体”

实地观察本纬度区域日光温室现有类型，并拍摄图片或视频，以小组为单位，在教师指导下认识“日光温室”。

1. 观察温室类型　结合资料和教师指导，熟悉每种温室的特点、造价等，并填入表11-1。

表 11-1　温室类型观测记载表

地点	温室类型	建造方法	特点（优缺点）	造价	问题

2. 结构观察与测量　　每组选择 1～2 栋日光温室进行测量。着力测量温室长度、高度、跨度；墙体高度、厚度、材料；前屋面采光角，骨架材料的种类、规格、数量，覆盖材料的种类、规格、数量；后屋面仰角、厚度，建造材料、材料规格、材料用量等；温室建筑面积、实用面积；计算出温室的高跨比、前屋面与后屋面地面投影比。之后将详细信息填入表 11-2。

表 11-2　温室结构观测记载表

调查日期：　　　　调查地点：

调查项目		单位	日光温室之一	日光温室之二
温室	长	m		
	宽	m		
	高	m		
	温室占地面积	m^2		
栽培床	长	m		
	宽	m		
	深	cm		
	栽培床面积	m^2		
	土地利用率	%		
采光面	长（东西向）	m		
	宽（弧长）	m		
	面积	m^2		
	通风方式	—		
	通风装置个数	个		
	通风口总面积	m^2		
前屋面角度	前端与地面夹角	(°)		
	主要受光面与地面夹角	(°)		
	顶部与地面夹角	(°)		
	人行道宽	m		
加温设施	类型	—		
	个数	个		
	规格	m		
	位置	—		

续表

调查项目		单位	日光温室之一	日光温室之二
后墙	用料	—		
	厚度	m		
	内高	m		
	外高	m		
山墙	最高	m		
	厚度	m		
后屋面	用料及组成	—		
	厚度	m		
	仰角	(°)		
立柱	材质或用料	—		
	截面直径（边长）	m		
骨架	类型及用料	—		
	拱杆直径	cm		
	拱杆间距	m		
	拉杆直径	cm		
	拉杆道数	道		
不透明覆盖物	用料	—		
	单幅长 × 宽	m×m		
	厚度	cm		
	备注			

3. 了解温室性能　通过走访每类型温室使用者，了解每种日光温室的性能，尽量收集精确的温度、湿度、光照、气体等环境指标，了解日光温室在严冬季节栽培蔬菜时所表现出的优缺点，并听取使用者对温室的改进意见。

4. 撰写学习报告　报告内容包括当前日光温室基本结构，建造方法，存在的问题等。

（二）识“图”

1. 选取典型日光温室设计图纸　图 11-1、图 11-2、图 11-3 供参考。

2. 图样分析　平面图、立面图、断面图之间的区别与联系？每种图各包括哪几部分？图中标识所代表的含义？

温室结构分析，分析图中前屋面采光高度、后屋面仰角、温室高度、温室跨度、前后屋面投影比等参数，判断温室设计的合理程度。

温室材料分析，分析图中所用材料的坚固性、经济性，判断材料使用的合理程度。

3. 形成学习报告　报告包括日光温室基本结构参数、材料使用、存在的问题等。

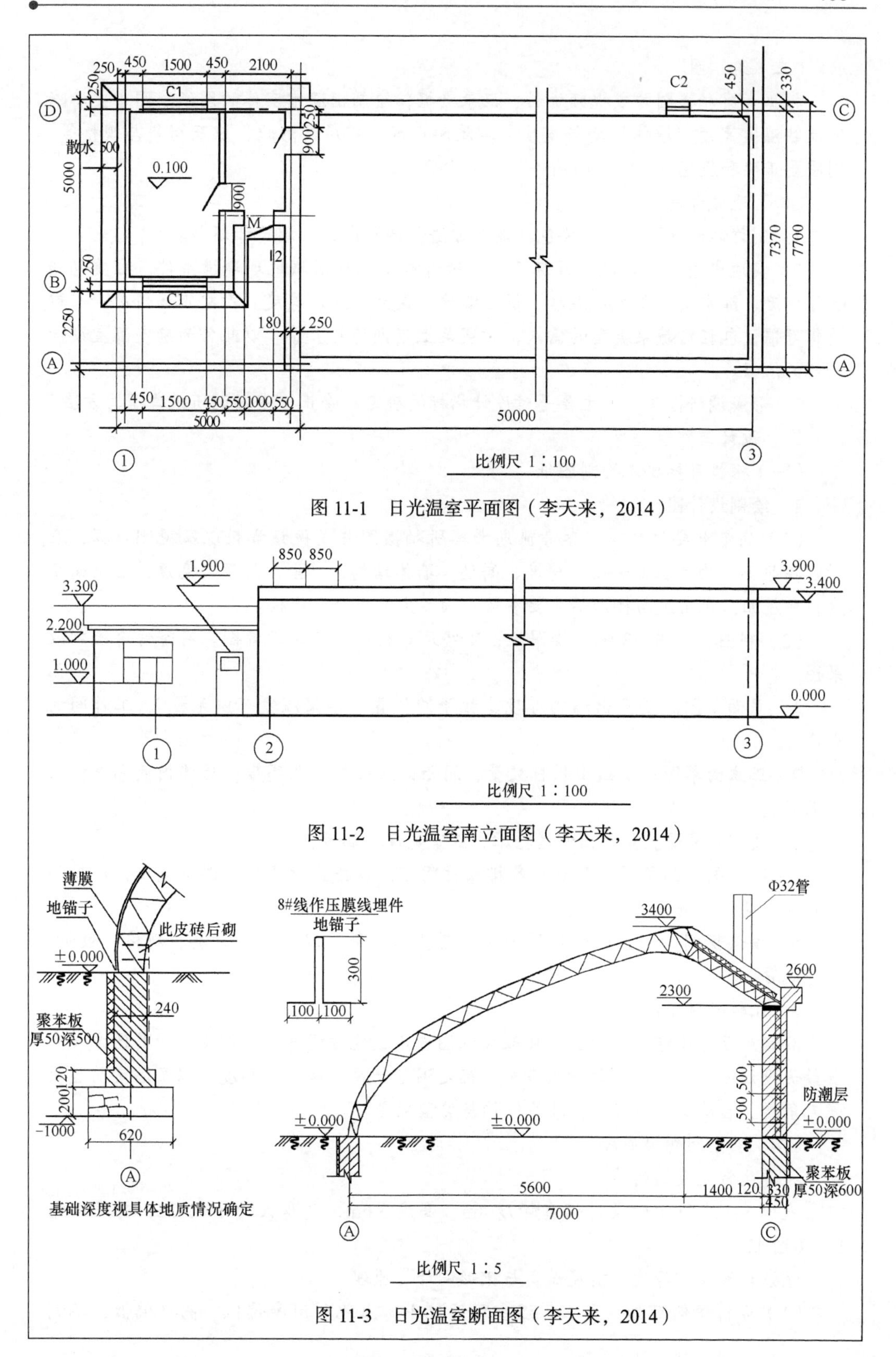

图 11-1 日光温室平面图（李天来，2014）

图 11-2 日光温室南立面图（李天来，2014）

图 11-3 日光温室断面图（李天来，2014）

（三）绘“图”

根据考察拍摄图片或视频资料、记录数据，绘制出温室实体的图纸。图中要清晰地反映温室高度、墙体厚度与宽度、后屋面角度、前屋面形状，以及材料与规格等，制图要正确和规范。

（四）地域考查

1. 制订调研计划　主要包括调查方法，调研内容，调研计划书。

2. 实地考察　地理气候环境：实地考察本纬度区域地理环境条件，主要包括具体纬度、降水量、年平均温度、低温温度、最大冻土层厚度。人文市场情况：人群消费习惯，包括对蔬菜类型的需求，对蔬菜上市期的要求等。以此作为确定温室设计指标的依据。

3. 形成调研报告　主要是对设计指标的确定与修正，掌握调研报告撰写方法。

三、设计工作

（一）根据目标要求绘制图纸

1. 绘制设计图

（1）确定重要参数　参考前期考察所拍摄图片或视频资料以及观测数据，在教师指导下，确定温室长度、跨度、高度，墙体结构、类型、厚度与高度，后屋面角度，前屋面采光角度与棚形等主要参数，确定主要材料及规格。

（2）制图　用A3纸、绘图板、丁字尺等材料，绘制设计图。有条件者绘制效果图。

1）平面草图。要画出墙的厚度、柱子的位置（钢架温室可以无柱）、工作间的大小。

2）正立面草图。要画出拱杆数量、间距；立柱数量及高度；后墙内侧高度；后屋面高度。

3）侧立面草图。要画出侧墙轮廓；温室宽度、高度。

4）断（剖）面草图。要画出各排立柱间距，各排立柱高度；温室宽度；后屋面形状和高度；后墙厚度和高度。

5）设计说明。写出所设计的一栋温室基本参数，以及建材种类、规格、数量，经费概算。

2. 比较研讨图纸

分组展示各小组的设计图，比较设计图选出最优方案并给出理由，用其他方案完善最优设计图。提示，研讨中思考如何确定温室长度、跨度、高度，以及温室前屋面采光角度、后屋面仰角确定，墙体结构与类型确定。

（二）典型问题与原理

将学生常见案例列举：

案例1：某同学所设计温室跨度8m，高度3.6m，高跨比为1∶2.22，前屋面角28°（图11-4）。

该设计涉及“跨度、前屋面角与棚形设计”原理。

（1）分析案例可知：第一，温室跨度偏小，土地利用率偏低。高度偏低，不利于采光。为提高土地利用率，目前在北纬40°地区，温室跨度一般9m以上。第二，前屋面角度偏低，不适宜北纬40°地区。温室结构参数如图11-5所示，理论推导的北纬33°～43°地区日光温室前屋面角度优化值如表11-3所示。可见，在北纬40°地区，温室前屋面角应取29.5°。第三，棚形设计不合理。根据合理轴线公式设计棚形。在北纬40°，设计跨度9m，优化α_0=29.5°（正切0.5658），α=35°（余切1.428），高跨比1∶2.25，据此计算，得出H=4m，L_1=7.07m，L_2=1.93m，h=2.65m。

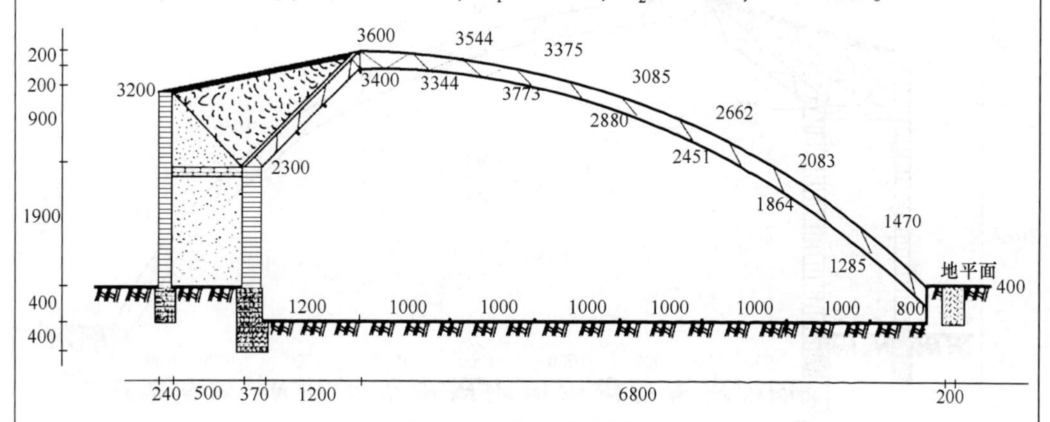

图11-4 学生设计案例

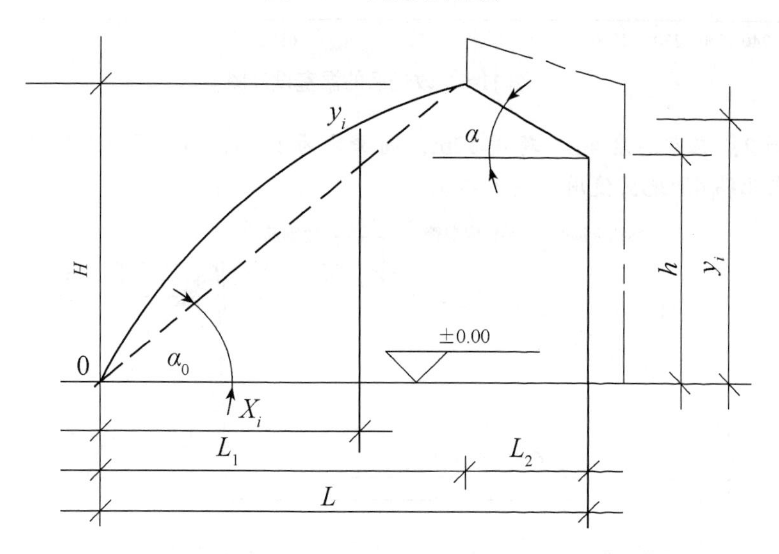

图11-5 日光温室建构参数示意图

表11-3 理论推导的北纬33°～43°地区日光温室前屋面角度优化值

纬度	33°	34°	35°	36°	37°	38°	39°	40°	41°	42°	43°
角度	23.5°	24.0°	25.0°	26.0°	27.0°	28.0°	29.0°	29.5°	30.0°	31.0°	32.0°

按公式计算：Y_i=［H/（L_1+0.35）^{2}］×（X_i+0.35）×［2（L_1+0.35）-（X_i+0.35）］可得表11-4

表 11-4　日光温室前屋面坐标值

X_i	0.8	1.8	2.8	3.8	4.8	5.8	6.8	7.07（L_1）
Y_i	1.13	1.96	2.65	3.19	3.59	3.84	3.97	4.00（H）

（2）根据上述分析，改进后的温室设计图应如图 11-6 所示。

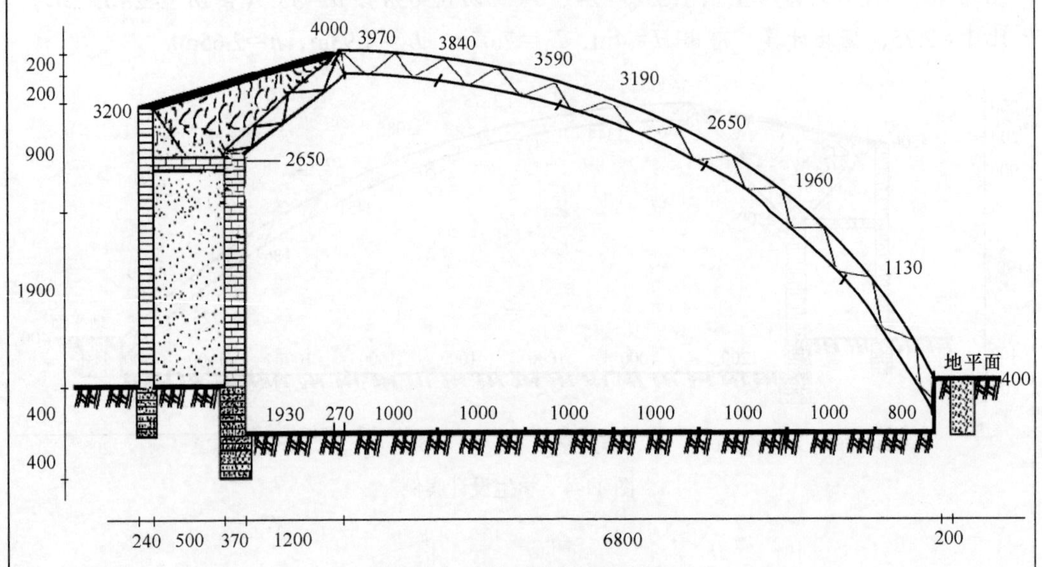

图 11-6　改进后的温室设计图

案例 2：温室高度 4m，跨度 12m，高跨比为 1∶3，超出了 1∶2.5 的适宜范围，不适宜在北纬 40°地区使用（图 11-7）。

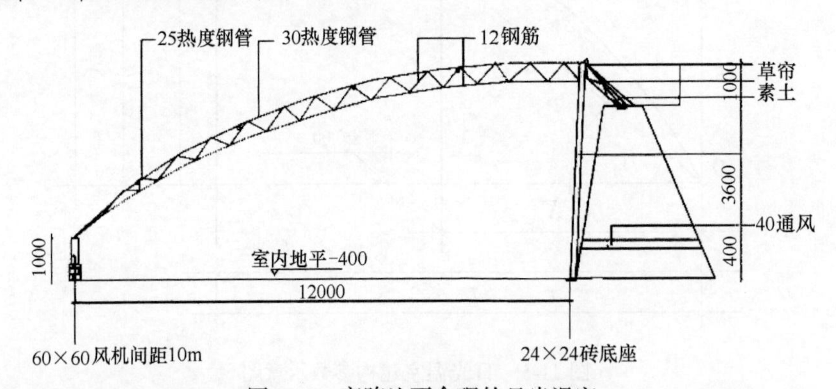

图 11-7　高跨比不合理的日光温室

该设计涉及“高度与跨度的比例关系”原理。

（1）分析案例可知：高度与跨度配合才能保证采光和保温协调。跨度一定，提高高度，前屋面角提高，利于透光，增加受光面积，受光量及热容量相应提高，容易增温，但散热面积大，会增加保温难度，需加强保温防寒，以获得高温及高温持续时间。反之，高度小则采光角变小，减少太阳辐射透光量，蓄热少，遇寒流或阴天等低温时缓冲能力差，易受冻害，但室内空间小，升温快，日落前降温也快，空气对流能力差。高度一定，跨度过大，会降低前屋面角和采光角，且夜间保温力差，反之，跨度过小又会减少温室生产可用面积，空间小热容量也小。综合考虑，研究结果表面，日光温室适宜的高跨比为（1∶2）～（1∶2.5）。

（2）根据上述分析，改进设计为在高度不变的前提下，将温室跨度缩短至 10m 以内。

案例 3：后屋面仰角设计为 20°。

该设计涉及“后屋面仰角设计”原理。

（1）分析案例可知：后屋面仰角过小。后屋面仰角为后屋面与水平面夹角。后屋面具有保温、积蓄热量的作用，白天吸收光能，夜间将贮存的热量释放出来。因此，后屋面仰角要使阳光可照射到后屋面内侧，便于吸收光能。仰角太小遮光太多，仰角应视使用季节而定。经验显示，最小要大于冬至正午太阳高度角 5°～8°。例如，北纬 40°地区，冬至的太阳高度角为 26.5°，后屋面仰角应为 31.5°～34.5°。仰角大，效果好，但建造成本高，最大仰角不应超过 45°。

（2）根据上述分析，改进设计是后屋面仰角调整为 35°～45°。

案例 4：如图 11-8 所示，所设计墙体为黏土砖墙，厚度 24cm，保温性差，贮热量小，不宜在主要用于严冬季节蔬菜生产的日光温室中采用。

该设计涉及“墙体类型及建筑材料选择”原理。

（1）分析案例可知：设计墙体为黏土砖墙，厚度 24cm，保温性差，贮热量小，不宜在主要用于严冬季节蔬菜生产的日光温室中采用。墙体起保温、贮热作用。保温性能好的墙体应吸热、蓄热性好，但导热能力差。砖导热系数 0.77，蓄热系数略逊于土。根据当地设定的最低温度，确定墙体必要的热阻值 R，由此 R 值和各种材料的导热系数，求出墙体的厚度。计算公式为

$$D=\sum D_i$$

$$D_i=R_i \cdot \lambda_i$$

式中，R_i = 某部分墙体热阻值，λ_i = 材料导热系数，D_i = 该材料厚度，D = 墙体总厚度。

（2）根据上述分析，改进设计是将单层墙体改为双层砖墙，中央加聚苯乙烯泡沫塑料板等隔热材料（图 11-9）。

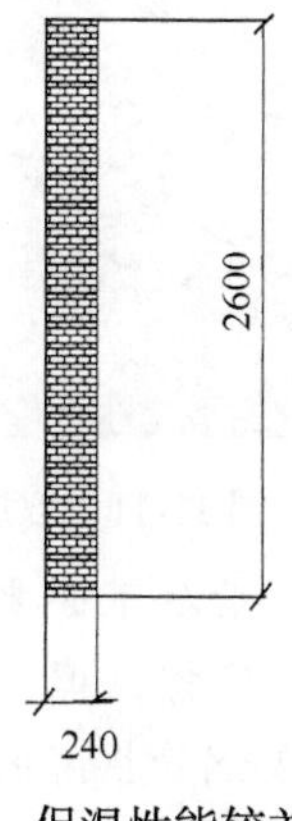

图 11-8　保温性能较差的墙体

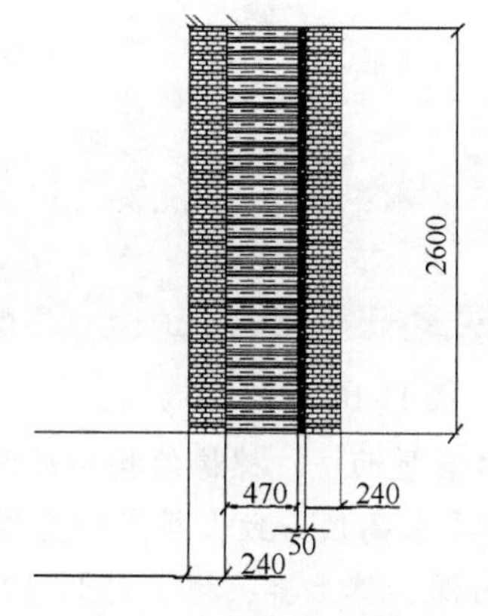

图 11-9　改进后的墙体

四、建造

研讨后选出最优方案，进行施工，步骤如下。

1. 建造时间　日光温室一般在雨季过后开始修建，土壤封冻之前完工。

2. 选地　选择东西向延长，阳光充足，南面无遮荫物，无污染，水电方便的地块建造温室。

3. 备料　根据温室面积及要求将料备齐，并对材料进行加工处理。

4. 定位放线　即按设计的总平面图的要求，把温室的位置定到地面上，包括后墙、东西侧墙、工作间（缓冲间）、后柱、中柱、前柱、拱杆的位置。

5. 筑墙　土墙最为常见，不仅造价低廉，而且由于土壤具有良好的保温和贮热能力，其栽培效果也很好，不足之处是容易损毁，使用年限偏短。建造时，用挖掘机将表层的20cm深度范围内的耕作层土壤移出，置于温室南侧，因为表层土壤经过了多年种植，属于熟土，理化性质优于下层生土，待温室墙体建成后，再将这部分土壤回填。用挖掘机挖土并堆成温室的后墙和侧墙，再用挖掘机或推土机碾实，也可用电动砸夯机夯实。注意，在留门的位置要预先用砖做成拱圈，状如地道。墙体堆好后，用挖掘机从内层切削，切下的土壤推平，再将移出的表层土壤回填。按此法建成的温室墙体很厚，下部厚度达3～4m，上部也在1m以上（图11-10）。

砖墙比土墙坚固，但砖墙的保温和贮热性能都不如土墙，因此，在建造砖墙时一定要注意，墙体一定要有足够的厚度，至少要建成空心三七（厚37cm）墙，即第一层宽24cm第二层宽12cm，中间夹5cm空心；或三层都是12cm，中间夹两层5cm空心，这样既坚固，保温性能又好。甚至可建成4层空心砖墙，每层12cm厚，在最外层的空心中还可加入聚苯乙烯泡沫塑料板，进一步增强保温能力。也有墙体为两层，内侧24cm厚，外侧37cm厚，中间有80cm夹层，用土壤、珍珠岩、炉渣、锯末等填充（图11-11）。建造这种永久性墙体，要先用沙子和毛石建50～60cm深的地基，然后砌墙。注意东西侧墙与前屋面、后屋面形状吻合。无论哪种墙体，砌筑时都要避免产生缝隙，抹好墙面，以防透风。

图11-10　挖土堆墙

图11-11　双层夹心墙体

6. 建造后屋面　檩椽结构后屋面，要先埋柱，后柱下面要放柱脚石，向北倾斜5°，立柱要求高矮一致，排成一直线。柱埋完后固定檩，檩一定要平，并在侧墙处插进20cm深，檩上排放椽（图11-12）。采用钢筋或钢管拱架的温室，不用柁檩结构，而是直接用延伸到后墙的拱架做支撑物（图11-13）。

图 11-12 檩椽结构后屋面图

图 11-13 用钢筋拱架支撑的后屋面

用秸草作覆盖物的后屋面，先在骨架上铺10cm厚秫秸并固定，然后加10cm厚的碎草或稻壳和高粱壳等，上面再加10cm厚秫秸，上抹5～10cm厚草泥。

用炉渣、水泥、砂浆封顶的后屋面，在温室后屋面内侧安放2～3cm厚木板，然后铺两层5～6cm厚的草苫，上部铺放20～30cm厚炉渣，再用5cm厚水泥砂浆封顶；钢筋混凝土预制板结构的后屋面，在温室后屋面内侧铺5～10cm厚钢筋混凝土预制板，外侧覆盖30cm厚田土或草泥。

7. 建造前屋面

（1）竹木结构前屋面　竹木结构温室的前屋面用材较多，遮阴较重，坚固性差，但造价低廉。建造方法有多种。

其一，在温室前屋面下设置3排立柱，也就是说每一根拱杆下面都有3根立柱，立柱用竹竿做成，而每根拱杆均由上部的竹竿和接地部分的竹片组成。最后用8号铅丝分别将各排立柱连接起来。这种前屋面的建造方法操作简单，受力均匀，结构不易变形，温室内光照均匀，缺点是立柱太多，将来田间操作不便，而且遮光较严重。

其二，可按建造琴弦式温室的方法建造前屋面，在温室内每隔4～5m设立1个钢筋结构加强架，作为前屋面的主要受力结构，然后东西方向拉8号铅丝，每道铅丝间隔40cm，铅丝上铺拱杆，拱杆上覆盖塑料薄膜，拱杆和铅丝共同构成网格状结构，承托着薄膜。这种温室前屋面下面的立柱很少，甚至没有立柱，操作方便，但温室的东西侧墙一定要坚固，如果是土墙的话，应该埋设水泥柱作铅丝的支持物，每道铅丝要加一个紧线器，以将铅丝拉紧。

其三，在温室前屋面下设置2～3排立柱，同一排立柱的间距为3～4m，立柱之上放拉杆（檩）。用竹竿和竹片作拱，每道拱前端为竹片，后部为竹竿。拱杆直接搭在拉杆上。

其四，一种前屋面更为简单，在立柱上直接拉铅丝或钢丝绳作为拉杆，将拱杆架于其上，这样的前屋面遮光少，且富有弹性，能抵御风灾雪害，但不适宜安装卷帘机。

（2）钢筋或钢管拱架前屋面　这种前屋面造价较高。通常采用的是双弦钢拱架，预先焊接好各个拱架，完成后整体组装（图11-14）。拱架后部搭接在后墙上，可同时起到支撑后屋面的作用。除使用普通的二弦拱架外，每隔10m左右，要安放一个三弦钢管架，既坚固，又便于每年覆盖薄膜人员爬上爬下，方便作业。温室前沿是砖混结构的基座，钢拱架固定在基座上，这样整个温室构件连成一体，十分坚固（图11-15）。

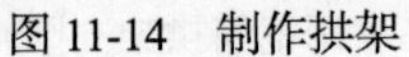
图 11-14　制作拱架

图 11-15　安装拱架

8. 埋地锚　　每两拱之间埋一地锚，用于固定压膜线。

9. 覆膜　　选晴朗无风的天气覆膜。膜长应比温室实际长度长一些，使薄膜尽量包住一部分侧墙。覆盖两幅膜前屋面，先固定底部小幅膜，再覆盖上部宽幅膜，与后屋面外侧搭接40cm，并要压住下幅膜，两幅膜重叠30cm左右。覆盖三幅膜的前屋面，覆膜方法与之相似。覆完薄膜后，固定并拉紧压膜线。

10. 挖防寒沟　　在日光温室前屋面底脚下挖一条地沟，内填干草，密封隔寒。一般沟宽30～40cm，沟深40～60cm，防寒沟填满干草后，顶部压一层15cm厚黏土，并向南倾斜，以防雨水流入沟内。

11. 覆盖草苫　　10月中旬至11月初，天气转冷时覆盖草苫。

五、评价

（一）指标

评价指标见表11-5。

表 11-5　评价指标

序号	指标	子指标	标准	配分
1	设计图	设计合理性		
		规范性		
		准确性		
		创新性		
		材料选择		
2	温室建造	安全性		
		经济性		
		符合顾客要求		
		环保		
3	温室性能	温度		
		湿度		
		采光		
4	其他	团队合作		
		纪律		

（二）问题分析

提示：评价结果中如果出现温室性能不高、使用者不满意、材料选择不合适等问题，该如何解决？请解释问题、说明理由，并给出解决方案。

六、提升练习

请为北纬39°地区设计建造能在低温季节生产芽苗菜的日光温室，具体要求：在有临时性短期加温的前提下，1月室内气温保持在15℃以上。经费预算不超过12万元，主体框架使用年限为5年以上。

七、思考题

1. 为什么设计温室时要考虑不同地理纬度确定参数？

2. 如何因地制宜地选择温室建筑材料？

八、阅读（需标注）

（一）日光温室发展简史

日光温室产业作为我国设施农业产业中的主体，近年来已成为农业种植业中效益最高的产业，它为解决长期困扰我国北方地区冬季的蔬菜淡季供应、增加农民收入、节约能源、促进农业产业结构调整、带动相关产业发展、安置就业、避免温室加温造成的环境污染、提高城乡居民的生活水平、稳定社会等均做出了历史性贡献。

日光温室初创时期可以追溯到20世纪初，辽宁省海城市感王镇和瓦房店市复州城镇开始利用日光温室生产冬春鲜细蔬菜。直到20世纪30年代后期传到鞍山郊区。这一时期日光温室主要是土木结构玻璃温室，山墙和后墙用土垒成或用草泥垛成，后屋面用柁和檩构成屋架，柁下用柱支撑，3m一柁，故3m一开间；屋架上用秫秸和草泥覆盖，前屋面玻璃覆盖，晚间用纸被、草苫保温。这一生产方式一直延续到20世纪80年代初期。

日光温室大规模发展初期是自20世纪80年代初期至末期。这一时期首先是从辽宁省海城市感王镇和瓦房店市复州城镇的农家庭院开始的，逐渐发展到农田。此时的日光温室结构主要采用竹木结构，拱圆形或一坡一立式，典型结构有海城感王式、瓦房店琴弦式和鞍1型日光温室，日光温室前屋面覆盖材料开始由玻璃改为塑料薄膜，其中海城感王式和鞍1型日光温室被称为第一代普通型日光温室，到20世纪80末期，已推广第一代普通型日光温室2万km^2。

全面提升与发展期起始于20世纪90年代，直到21世纪初期。这一时期大面积推广第一代和第二代节能型日光温室，其中前期大面积推广了以瓦房店琴弦式为代表的第一代节能型日光温室，各地在这种类型的基础上研发出其他适于当地的类型；后期大面积推广了以辽沈1型为代表的第二代型节能型日光温室，同样各地在这种类型的基础上研发出其他适于当地的类型。这一时期使日光温室实现了两个飞跃，一是面积上的飞跃！全国推广面积达到50万hm^2，其中日光温室发源地辽宁约10万hm^2；二是日光温室结构性能和配套技术上的飞跃，实现在最低气温−25℃地区少加温生产喜温果菜并获得高产突破。彻底解决了长期困扰我国北方地区冬季鲜细菜供应问题，同时增加农民的收入，成为许多地区的支柱产业。

（二）我国日光温室产业的发展现状

目前我国生产上应用的日光温室类型多样，即普通日光温室、第一代节能型日光温室、第二代节能型日光温室、第三代节能型日光温室同时存在。其中仍以竹木结构普通型日光温室居多，第一代和第二代节能型日光温室占35%～45%，第三代节能型日光温室甚少，不加温温室类型占总量的95%以上。

就全国而言，要实行包括养殖在内的养殖种类、种植种类、经营方式、种植茬口等的多样化，而就一个生产区域和生产单位而言应实行专业化，当然，一个地区究竟如何发展，需要在研究的基础上来确定，就温室类型而言，从宏观角度看，根据目前一些研究和生产实践的结果，在最低气温－20℃以下的我国北方大面积地区，不应大面积发展大型连栋温室，而应以发展高效节能日光温室为主以可持续发展为目标，实现日光温室生产的产业化和现代化。

（三）温室类型示例

土墙竹拱日光温室（图11-16）、砖墙钢筋（管）结构日光温室（图11-17）、土墙钢筋（管）结构日光温室（图11-18）、砖墙水泥拱架日光温室（图11-19）、砖墙竹拱架日光温室（图11-20）、土墙琴弦式日光温室（图11-21）。

图11-16　土墙竹拱日光温室

图11-17　砖墙钢筋（管）结构日光温室

图11-18　土墙钢筋（管）结构日光温室

图11-19　砖墙水泥拱架日光温室

图11-20　砖墙竹拱架日光温室

图11-21　土墙琴弦式日光温室

九、参考文献

陈青云. 2008. 园艺设施建造与环境调控［M］. 北京：金盾出版社

何启伟. 2000. 山东新型日光温室蔬菜建造和高效栽培技术［M］. 北京：中国农业出版社

李式军. 2002. 设施园艺学［M］. 北京：中国农业出版社

李天来. 2014. 日光温室蔬菜栽培理论与实践［M］. 北京：中国农业出版社

田耕. 2007. 投标用施工组织设计实用手册［M］. 北京：中国水利水电出版社

王铁良. 2003. 寒地节能日光温室建造生产技术［M］. 沈阳：辽宁科学技术出版社

王耀林. 2000. 设施园艺工程技术［M］. 郑州：河南科学技术出版社

王宇欣. 2000. 设施园艺工程技术［M］. 郑州：河南科学技术出版社

吴国兴. 2001. 保护地设施类型与建造［M］. 北京：金盾出版社

张晓东. 2002. 温室设计、建造及配套设施［M］. 哈尔滨：黑龙江科学技术出版社

邹志荣. 2002a. 温室大棚建造与管理新技术［M］. 北京：中国农业出版社

邹志荣. 2002b. 园艺设施学［M］. 北京：中国农业出版社

（二）模仿

1. 解读范例

模仿是对模仿对象的撰写思路、核心内容、流程等方面学习和仿照的过程。模仿的前提是了解范例，在熟悉范例的基础上进行创新。基于此，对上文的范例进行剖析成为重要内容。该范例的编撰思路是体现“行动导向，本科水平，理实一体”。按照该思路，范例从以下几个部分展开。

其一，内容提示、学习目标和关键词。这三个部分内容是项目教材框架的起点，类似于导言，起到引导的作用。“内容提要”是对该项目内容的总体概括，用简短的语言勾勒出主体内容；“学习目标”是与课程标准紧密结合的，从知识、技能和态度方面体现职业能力的具体要求，是人才培养规格的具体化；“关键词”能体现项目内容的核心词汇。

其二，项目描述。“项目描述”作为项目执行的起点，同时也构成了项目教材框架中核心内容的开端，即该项目完成之后所达到的产品、劳务等的规格与要求。“项目描述”的呈现形式一般包括文字、图标、示意图等（表 11-6），其中，描述中涵盖的知识包括显性知识与隐性知识两部分。显性知识即项目描述中用语言清晰表达的知识部分，例如，叶用莴苣立柱式水培项目，其中，立柱式水培的栽培构造、营养液的状态等，即为显性知识。隐性知识包括两类，一类是与工作过程优先相关的概念或原理，如什么是立柱式水培；另一类是与工作过程间接相关的背景知识，如水培的种类、定值方法等。如果是学科型教材则需要阐述，但项目教材却成为隐性知识部分，只是以引导文方式提示而已。“项目描述”要求做到以下几点：简洁、易懂、信息全面。

表 11-6 项目描述

<table>
<tr><th>内容</th><th>项目描述</th></tr>
<tr><td>文字形式</td><td>美国一对新婚夫妇想在单户独宅屋顶上安装一套太阳能发电设施，希望与贵公司的师傅探讨“太阳能技术”方面的一些基本问题。贵公司的师傅想让你接触这个业务，你要出席这次与客户之间的商谈。请你在开会前了解有关太阳能发电设施的基本信息：技术、经济性、环境保护及申请程序等。同时，请你将所有信息按照合适的形式进行整理，并准备演示。</td></tr>
<tr><td>示意图形式</td><td>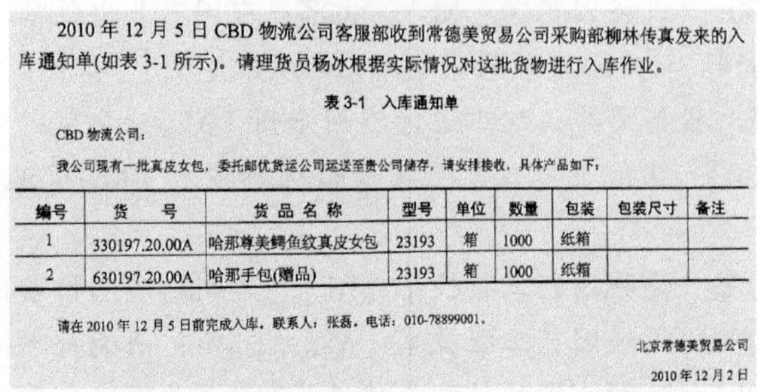
2010 年 12 月 5 日 CBD 物流公司客服部收到常德美贸易公司采购部柳林传真发来的入库通知单(如表 3-1 所示)。请理货员杨冰根据实际情况对这批货物进行入库作业。
表 3-1 入库通知单
CBD 物流公司：
我公司现有一批真皮女包，委托邮优货运公司运送至贵公司储存，请安排接收，具体产品如下：
<table>
<tr><th>编号</th><th>货 号</th><th>货 品 名 称</th><th>型号</th><th>单位</th><th>数量</th><th>包装</th><th>包装尺寸</th><th>备注</th></tr>
<tr><td>1</td><td>330197.20.00A</td><td>哈那尊美鳄鱼纹真皮女包</td><td>23193</td><td>箱</td><td>1000</td><td>纸箱</td><td></td><td></td></tr>
<tr><td>2</td><td>630197.20.00A</td><td>哈那手包(赠品)</td><td>23193</td><td>箱</td><td>1000</td><td>纸箱</td><td></td><td></td></tr>
</table>
请在 2010 年 12 月 5 日前完成入库，联系人：张磊，电话：010-78899001。
北京常德美贸易公司
2010 年 12 月 2 日</td></tr>
<tr><td>图标形式</td><td>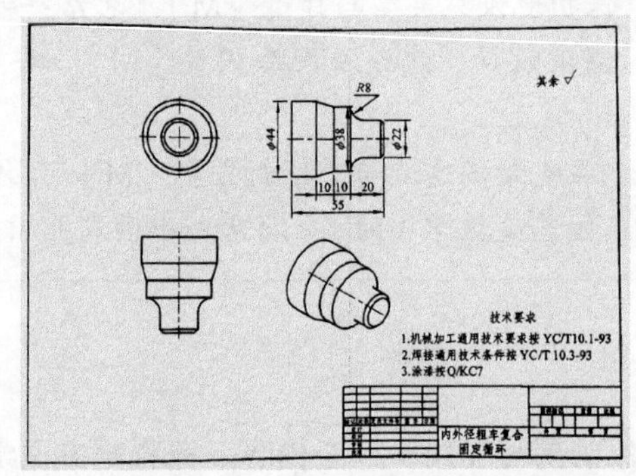
</td></tr>
</table>

其三，工作准备。“工作准备”是在真正实施工作之前所做的准备工作，即通过实践的方式认识工作性质、感知工作内容、思考工作问题等，采取自主学习、自我探索、小组讨论等方式结合查阅书籍、网络等资料来学习理论知识，探索并解答疑问。实质是引导学生在实践中学习知识、思考问题、解决问题，自主完成“实施工作”前的实践与理论准备。与学科教材以概念、分类、性质等为起点不同，项目教材的“工作准备”体现了实践“优先”原则。实践“优先”原则：一方面是指实践的过程中不排斥理论知识，“光实践不理论”是对该观点的误读。另一方面是强调实践对职业能力培养的重要性：首先，实践是重要的能力培养方式。传统教学方式、单一的课堂场所与学生“做中学”、工作场所相比，后者更容易培养职业能力。其次，实践“优先”是针对普通教育的“只理论不实践”“先理论后实践”“理论与实践分离”现象提出的，强调了重视实践、先实践后理论、在实践中学习理论知识的重要性。此外，准备工作质量的高低可以从学生的“学习报告”中看出。

其四，设计工作。该环节旨在培养学生的设计能力、思维能力。“设计工作”包括两部分内容：由学生根据目标设计方案和典型问题与原理。首先，由学生根据目标设计方案是计划和决策的过程。设计方案一般以计划书的形式呈现，计划书须由学生个体或团队来完成。设计方案的过程即是运用原理的过程，因此在该环节需呈现原理性知识、设计性知识。与计划过程相衔接，决策过程是团队通过讨论、反思、修改等对计划书再优化的过程。决策过程在于完善个人知识和培养团队合作意识。计划部分是运用知识设计方案，而决策则是比较个人知识、挖掘原理和探究合理性。其次，“典型问题与原理”的实质是“项目中问题解决”，“项目中问题解决”则为理论与实践分离提供了解决框架。解决问题为理论和实践之间建立了内在联系，并在解决问题的过程实现了二者的整合，也是实现“理实一体”的重要载体。问题的性质（真实性、难度、代表性）及蕴含原理的程度关乎教材能否体现本科水平。所以，项目中典型问题的选取尤为重要。

其五，建造。建造包括两个部分内容：实施过程和控制过程。实施过程是通过实际行动将认可的最佳方案落实，即“做”。与传统学科型教材不同，项目教材为默会知识提供了呈现的载体。由于默会知识的非明言、具身性等特点，技能的习得通过行动来获得。该环节需要学生掌握关于工作对象，工作方法、工具、劳动组织和工作要求的知识、技能和态度。与实施过程相对应的是控制过程，二者相辅相成。控制过程包括两个含义：其一，实施过程与标准对应。例如，请检查XXX设备运行数据是否与国家标准相符？拱棚温室的温度是否符合顾客要求，如果不符合，请调试。日光温室的建造是否存在用电安全问题，建造符合当地标准？其二，控制是实施过程中对出现的问题及时修正、解决的过程。例如，溶解肥料出现沉淀，如何解决？大棚安装卷帘机，卷帘机不能放到位，该如何解决？温室的湿度偏高，试分析原因并给出解决的办法。

其六，评价。评价是通过事先制订的评价标准与项目目标相比较。例如，建造温室一定有规格型号、质量水平等具体要求，评价即标准与具体要求比较分析的过程。评价主体由学生、教师、用户三方组成；评价内容包括知识运用、技能运用、创新之处、成本问题、环境保护和客户满意度等。评价结果表达方式有分值、等级等。评价部分多采用表格的形式直观呈现。此外，“问题分析”作为评价部分的补充内容，是评价过程中对所发现问题的反思、分析和解决的过程。

其七，提升训练、思考问题和阅读。该环节是项目教材框架的最后部分，“提升训练”一方面在项目描述的基础上对能力培养提出更高的要求；另一方面是知识、技能等迁移训练，是对所学内容的强化和巩固。“思考题”是对本项目重要知识点、技能点等内容的思考，训练学生的思维。“阅读”部分是结合项目描述要求，与工作过程间接相关的知识介绍，例如，设施农业发展史、国内外温室设计相关标准、温室设计材料介绍等。

2. 模仿要求

按照课程标准、课程大纲的要求撰写项目教材。

3. 模仿准备

1）关键点提示：项目如何选取，典型问题如何选取；对“工作准备”环节的认识；典型问题与原理的撰写要点等。

2）制订模仿方案：如组建撰写项目教材的团队；项目、典型问题选取的标准；搜集相关资料等。

4. 作品提交

学生将模仿作品提交，教师评定成绩。

二、问题与原理

（一）应用型本科

1. 什么是应用型本科？

目前，我国对应用型本科概念尚未有明确定义，通过梳理文献的方式来了解：高林在《应用性本科教育导论》一书中界定应用型本科是“适应知识经济社会的发展进程和高等教育大众化、普及化的发展趋势，与经济、生产第一线和地方大众生活紧密联系并为之直接服务，并侧重于科技应用方面的知识、技术和素质的培养、训练和科研”，同时，“是针对服务于生产、建设、管理和服务第一线的职业教育，也是针对服务于丰富地方普通大众精神生活和精神追求的学术教育。”其中指出了应用性本科在教育类型上的双重维度，维度一：隶属职业教育范畴，由“应用性”、服务等决定。维度二：归于高等教育范畴，是“学术教育”、科研等职能所赋予。又如，潘懋元在《从高校分类的视角看应用型本科课程建设》一文中，对应用型本科的界定参照《国际教育标准分类》，将其定义为“专业性应用型的多科性或单科性大学或学院，培养应用型高级专门人才”。吴美华的博士论文《技术本科院校教师专业发展研究》、胡天佑的《建设“应用型大学”的逻辑与问题》和王云儿的《新建应用型本科院校以能力为导向的学生学业三维评价模式探析》也表达了相同的观点。徐国庆在《技术本科教育的发展问题》一文中，指出应用型本科是“职业性和学术性”的兼容体。应用型本科的人才培养目标是“工程应用型人才”，从实施机构、招生对象等方面，通过与学术型本科相比较的方式突显应用型本科的特点。而梁燕的《对发展应用性本科教育若干问题的思考》和吴智泉等人的《对应用性本科教育性质、作用的初步探讨》，肯定了高等教育范畴这个维度，但未见高林的职业教育维度。可见，学界对应用型本科是否属于职业教育范畴存有分歧。在这里不对这个问题进行探讨。因为分歧并不妨碍认识应用型本科的特色，即“应用性”。

笔者认为，应用型本科与学术型本科比较，二者层次相同，类型不同。学术型本科主要传承命题性知识，主要培养学术型人才，主要从事基础性（兼应用型）研究，主要通过理论创新、学术型人才培养等推进社会发展；应用型本科主要传承技术知识，主要培养技术技能型人才，主要从事应用型研究，主要通过技术发明、应用型人才培养等推进社会发展。比较而言，应用型本科与区域经济社会发展联系更为紧密。与高职比较，类型相同，层次不同。高职属于专科层面，主要培养满足生产一线需求的技术技能型人才；应用型本科主要培养具有设计与研究能力、复合型高水平的工程师、农艺师、畜牧师等人才。

2. 应用型大学与学术型大学的区别

与应用型大学并置的，有学术型大学。学术型大学多称为研究型大学，旨在发现知识，揭示自然界与人类社会的一般规律，是研究高深学问的地方。对此，学界早已形成共识。正如维布伦所说“探讨深奥的实际知识是学术视野不证自明的目的，与它可能对上帝的荣誉和人类的利益所产生的任何影响都毫不相关”，怀特海指出“大学之所以存在不在于传授给学生的知识，也不在于提供给教师的研究机会，而在于在‘富有想象’地探讨学问中把年轻人和老一辈联合起来。由积极地想象所产生的激动气氛转化了知识。在这种气氛中，一件事实就不再是一件实事，而被赋予了不可言状的潜力。”

与学术型大学研究高深学问不同，应用型大学则旨在运用知识，开发技术，创制产品或提供劳务。德国应用科学大学（Fachhochschule）“自成立之日起，就把培养目标定在运用科学知识与方法解决实际问题的科学应用型人才的培养上”。美国工程师教育改革，就是针对工程教育学术化提出的，“CDIO希望工程师能够理解包括构思（C）—设计（D）—实现（I）—运作（O）在内的工程系统的整体性和负责性，包括在一个现代的、团队合作的环境中如何设计增值型产品，熟悉如何生产、制作该产品的整个系统。”

3. 应用型本科与中职、高职的区别

应用型本科和中高职院校相比较：其一，应用型本科须借鉴中高职院校的课程模式。我国中高职院校已经转向工作体系课程，相比较，应用型本科改革滞后。中高职院校工作体系课程的探索，恰为应用型本科改革提供了有益借鉴。北美CBE课程、德国学习领域课程和项目课程皆是中高职采用的课程模式。此类课程通过课程开发技术得到，如DACUM技术和BAG技术。应用型本科转型需要借鉴中高职院校的课程模式，同时课程开发需要遵循相同的原理。其二，应用型本科的课程目标应高于中高职院校。中职培养技术工人，高职培养技术员，本科则培养工程师、畜牧师、农艺师等。

（二）项目设计原理

1. 为什么选择项目教材

选择项目教材，是对现有教材模式分析与批判的结果。笔者认为，学科型教材、学科主体式教材、技术说明书式教材，以及CBE、学习领域课程模式下的教材皆不适合选作应用型本科教材。

（1）*技术说明书式教材* 此类教材将工作体系元素引入教材中，从“做”的角度突出技能训练，解决技能缺失是一种方法。但是，只有技能而疏忽理论知识，只重视技能训练忽视心智训练，是对职业教育尤其是对“本科”水平职业教育的误读（表11-7）。

表11-7 技术说明书式教材

研究对象	主要内容
体例	（1）呈现方式：工作流程 （2）逻辑：工作逻辑
内容	知识类型：操作型知识
范例	催芽 将浸泡后的种子捞出，沥去多余水分，用温纱布或毛巾将种子包好，放在恒温箱中（喜温、耐热性蔬菜25～30℃，耐寒、半耐寒蔬菜20～25℃）或其他温暖位置催芽，催芽过程中每天用清水冲洗1次种子。当根长1～2mm时播种（摘自王久兴，宋士清．设施蔬菜栽培学－实践教学指导书［M］．北京：中国农业科学技术出版社，2012：74-75．）

（2）*学科主体式教材* 基于传统学科型教材的自身缺陷，学界对其进行改造、完善，以期弥补不足，学科主体式教材就是改造结果之一。学科主体式教材在体例上以总论和个论的方式呈现。总论是对学科内容的一般性概括，即汲取诸多个体的共性因素。总论由个论组成，个论是总论的基本单元，具有特殊性。以河北科学技术出版社出版的《作物生产技术》教材为例：总论包括作物生产概述、作物的生长发育、作物与环境、作物产量和品质、作物良种繁育、作物栽培的技术环节和植物保护基础等。而个论包括水稻、小麦、玉米、甘薯、马铃薯、大豆、花生等，茄果类、瓜果类、豆类、绿叶菜类、白菜类、根菜类及薯芋类、芽苗类、食用菌等。显然，总论基于普遍知识的视角，个论是基于具体知识的视角（表11-8）。

表 11-8 学科主体式教材

研究对象	学科主体教材主要内容
体例	（1）呈现方式：以总论和个论的形式出现 （2）逻辑：总论与个论是一般与具体的关系；总论遵循知识的内在逻辑；个论遵循工作逻辑
内容	（1）总论：学科知识 （2）个论：工作知识
范例	作物生产技术 总论篇：第一章 作物生产概述；第二章 作物的生长发育；第三章 作物与环境；第四章 作物产量和品质；第五章 作物良种繁育…… 农作物篇：第九章 水稻；第十章 小麦；第十一章 其他麦类作物；第十二章 玉米；第十三章 其他杂粮作物；第十四章 甘薯……（摘自高书国，周印富，宋士清．作物生产技术［M］．石家庄：河北科学技术出版社，1999：1-3.）

另外，就逻辑关系而言，包括三个层面：其一，总论与个论的逻辑关系是一般与具体的关系，如上文农作物技术生产中的普遍知识和具体知识已说明；其二，总论遵循知识的内在逻辑，知识的组织和形成有学科体系的特征；其三，个论遵循工作逻辑，知识的组织和形成有工作体系的特征。另外，总论是学科知识，显然，沿袭了传统学科型教材，以理论知识为主的知识类型尚未改变，知识的系统性较强。而个论是工作知识，与工作世界紧密联系，是关于“做”的知识，弥补教材的应用性、实践性，如河北科学技术出版社出版的《农作物生产技术》书中水稻育秧技术（播前准备—播种—秧田管理）、水稻白叶枯病（症状—发病条件—防治方法）。综上所述，从总论与个论的角度来解决教材中实践缺失问题，不失为一种办法，然而“两层皮现象”却没有从根本上解决理论与实践分离的现状。

(3) *工作过程式教材* 基于克服传统学科型教材的弊端，与工作世界紧密联系、承载默会知识等特点的工作过程式教材引起教育界关注。工作过程式教材与传统学科型教材差异明显，与技术说明书式、学科主体式教材相比较特征鲜明。同是工作逻辑，与技术说明式教材相比，工作过程式教材的目标指向综合职业能力，多以综合项目、完整的工作任务等方式组织教材。

教材为课程服务，即课程模式是教材编撰的参照。工作过程课程模式有北美CBE课程、德国学习领域课程和项目课程等，与之相对应的教材，自然呈现课程模式的特点。

1）北美CBE课程开发的要旨是，解析出胜任岗位工作的能力领域与专项技能，每一个能力领域分解出众多专项技能。该类型教材呈现出“倒树型”逻辑，能力领域与专项技能所需要的知识、技术和品性，学习资源，评价标准构成教材内容。

2）德国学习领域课程教材是“工作要素”逻辑，其工作对象、工作要求、工具、工作方法、劳动组织方式构成教材内容。

3）项目课程教材中项目之间按照难易程度、工作流程排列，项目内部按照目标、计划、决策、实施、反馈、评价等要素排列。项目还原职业能力析出的知识、技能和态度而得到教材内容（表 11-9）。

表 11-9　工作过程式教材

研究对象	工作过程教材主要内容
体例	（1）呈现方式：CBE 课程教材以专项技能的方式呈现，学习领域课程教材多以典型工作任务的方式呈现，项目课程教材多以项目的方式呈现
	（2）逻辑：① CBE 课程教材是“倒树型”逻辑，解析出胜任岗位工作的能力领域与专项技能，每一个能力领域分解出众多个专项技能。②学习领域课程教材是“工作要素”逻辑（工作对象，工作要求，工具、工作方法、劳动组织方式）。③项目课程教材，项目之间按照难易程度、工作流程排列，项目内部按照目标、计划、决策、实施、反馈、评价等要素排列
内容	（1）CBE 课程教材的核心要素是能力领域和专项技能所包含的工作知识 （2）学习领域课程教材的核心要素是工作要素与工作过程所囊括的工作知识 （3）项目课程教材的核心要素是项目还原职业能力析出的知识、技能和态度所形成的工作知识
范例	数控车床编程与模拟加工 学习任务一，台阶轴编程与模拟加工：学习活动。1，台阶轴工艺处理与编程，学习活动；2，台阶轴模拟加工，学习活动；3，台阶轴模拟检验，学习活动；4，成果展示与总结评价。学习任务二，固定顶尖编程与模拟加工：学习活动。1，固定顶尖工艺处理与编程，学习活动；2，固定顶尖模拟加工，学习活动；3，固定顶尖模拟检验，学习活动；4，成果展示与总结评价。学习任务三，螺纹轴编程与模拟加工……（摘自人力资源和社会保障部教材办公室. 数控车床编程与模拟加工 [M]. 北京：中国劳动社会保障出版社，2013.）

综合以上分析，显而易见，由于理论与实践分离的天然缺陷，学科型教材不能进入备选之列。与之比较，学科主体式、技术说明书式，以及 CBE、学习领域课程模式下的教材皆是对学科型教材改造甚至颠覆的结果，但是，对于本科需求而言，又皆有不足。例如，技术说明书式教材虽遵循工作逻辑，然而过于注重工作流程而疏漏了知识。基于 CBE 理念的教材，尽管采用 DACUM 开发技术，制成了涵盖能力领域和专项技能的 DACUM 图表，但对工作任务的细致分解使其失去了整体性，不利于综合职业能力培养。德国学习领域课程教材，则适用于双元制下的中、高职院校，而非本科层次。基于项目课程理念的项目教材，早在 100 年前，即在欧美诸国开始流传，并且使用范围覆盖了小学、中学、大学。就中国而言，徐国庆项目课程研究，推进了项目教材在中、高职院校的流行，但是满足应用型本科要求的项目教材原理、标准等问题尚待解决，这即是选用项目教材之故。

2. 选择项目教材的合理性

该类教材满足工作逻辑原则，满足理实一体原则，满足本科要求原则。

项目教材符合工作逻辑表现在以下两点。其一，项目本身即是一个具体的工作任务。项目即是典型工作任务的具体化。例如，计算机动画制作课程中，动画制作即典型工作任务而非项目。因为这些典型工作任务是抽象的，概括的。而制作小球跳动的关键帧动画、制作飞机沿曲线飞行的路径动画、制作摄像机动画、制作女孩走路的非线性动画等，即是项目。所以，项目中包含着工作任务的元素。再有，项目在执行维度上，有目标、计划、决策、实施、监督与评价六个环节，符合工作流程。其二，项目排序。项目排序依据宏观、微观两个维度进行。宏观按照工作流程进行项目排序。例如，对项目“浦发银行”进行分析，子项目一是“收集浦发银行的证券信息”，子项目二是“进行浦发银行证券基本分析”，子项目三是“评估浦发银行的证券价值”，子项目四是“分析浦发银行证券的价格走势”，子项目五是“撰写浦发银行证券的投资分析报告”，子项目六是“浦发银行证券的投资组合建议”，子项目七是“开展浦发银行证券投资咨询”。微观维度，按照从新手到专家的能力发展规律，例如，充电式手电筒及充电器的注塑模具CAD设计与制造项目，对新手的任务要求：学习充电式电筒及充电器（型号1）的3D实体图和二维零件设计图，模仿已有设计图，重新制作3D实体图和二维零件设计图。对提高者的任务要求：对手电筒（型号2）进行3D实体建模，并且依据3D模型制作二维零件图；依据给出参数，改进不合适的手电筒手把部分。对熟练者的任务要求：充电式手电筒及充电器（型号1）按照要求进行改造，筒身需加长10mm，加宽5mm；对手电筒外观重新设计，使之更加美观；对充电器进行相应的修改，以符合手电筒新造型需要；对重新设计的方案进行3D实体建模，并且依据3D模型制作二维零件图；依据新设计图进行加工制造。

项目满足理实一体原则的原因：其一，项目为“理实分离”提供了解决框架。项目源于典型工作任务分析，通过实践专家研讨会解析出职业能力，从职业能力解析出知识、技能和态度，然后再将知识、技能和态度还原成具体的项目。因此，项目是涵盖知识、技能和态度的具体工作任务。其二，项目中问题解决成为“理实一体”的重要载体。以日光温室建造为例：河北省邢台地区山体走向呈NW—SE形，在某条小河东北岸的坡地上建果树温室，温室朝向SW30°左右。因着重考虑“采光、保温问题”，所以出现湿度偏高。解决该问题为理论和实践之间建立内在联系提供了框架，并在解决该问题的过程实现了理论与实践的整合：抬高温室脊高加大温室空间，经计算可保证温室环境，但降低了栽培层的湿度。因外部环境背风向阳，面向水体，空气湿度较高。内部以“光—温”环境设计优先的原则，将温室高度设计较低，用于蔬菜尤其是叶菜生产不失一个较好的方案，但作为以果品生产为目的的温室则室内湿空气层压得太低，最终影响果品生产。温室脊高抬高后，既增大了室内气量，降低了空气湿度又抬高了温室湿气层的高度，有利于果树生长。虽降低了室内气温，但经计算光温可满足果树生产需求。

项目教材体现本科水平主要有以下几点：其一，理论知识要求高。本科水平要求学生深入学习理论知识。中高职则不同，教材编写常贯彻“知识够用”原则，对理论知识的要求层次降低。其二，重视设计。与本科相近，中高职也重视设计。但是，中高职更侧重设计的执行能力。其三，项目难度。基于本科水平，较中高职而言，对能力的要求提高，则意味着任务难度提高。其四，综合职业能力要求高。对于本科水平，一方面，创制产品或提供劳务直接面对客户需求，在掌握自身工作流程中，还需要熟悉客户的业务流程。另一方面，创制产品或提供劳务要求创新性更强。创新产品或者产品的重新设计，环保性、经济性、社会可接受性等进一步提升了实施者的能力要求。这两个维度共同提升了学生的综合职业能力。

3. 项目设计的原理是什么

(1) *原理一：项目逻辑*　　项目逻辑包含以下两层含义。一是项目来源。如上文所说，项目源于典型工作任务，即项目通过典型工作任务的“具体化”而来。例如，“夏装设计”是服装设计专业所对应岗位的典型工作任务，“女夏装演出服设计”则为典型工作任务的具体化。二是项目排列。项目排列依据项目复杂程度和工作流程决定。例如，数控加工专业，项目按照台阶轴编程与模拟加工、固定顶尖编程与模拟加工、螺纹轴编程与模拟加工、轴套编程与模拟加工和凸轮轴编程与模拟加工排序，即基于项目复杂程度。

会计专业，项目按照会计凭证、会计账簿和财务报告排列，即基于工作流程。

(2) *原理二：项目选取*　　项目来源于典型工作任务，典型工作任务是刚性的，项目则是弹性的。一个典型工作任务可以设计成多个项目。换句话说，不同的项目可以承载同一个典型工作任务。但是，由于性质、难度、典型性等不同，选取具有代表性的项目极为关键。

1）项目难度须体现本科水平。项目难度包括两个层面的内涵。其一，根据岗位确定水平。以护理专业为例，按照中、高、本三个水平分析其所对应的岗位，分别是护士、护师、全科护师。按照全科护师要求进行岗位分析，解析出典型工作任务以及“具体化”后的项目即为本科水平。与之比较，从护士、护师岗位出发选取的项目为中、高职水平。因此，体现本科水平的教材需选取与全科护师相对应的项目。其二，根据项目复杂性确定水平。有些项目适用于中、高、本三种水平，只是三者之间存在项目的复杂性区别。以“温室设计”为例，中、高职教材侧重温度、湿度等主要指标的实现，本科水平则需增加成本、环保、特殊地形等特殊要求。

2）项目须代表典型工作任务。换句话说，项目是典型工作任务“具体化”的结果，而不是“非”典型工作任务“具体化”的结果。例如，“设施设计”是设施农业科学与工程专业的典型工作任务之一，“日光温室设计”则是该典型工作任务“具体化”的结果。与之比较，“技术推广”不是该专业的典型工作任务，所以，项目不能通过“技术推广”这个“非”典型工作任务选取。

3）项目具有可行性。由于部分专业的特殊性、生产过程的安全性、生产成本较高等原因，项目选取还要考虑到教学的可行性。例如，航海专业，如果选择“上海—纽约”航线航行，由于成本、资源、设施、难度等限制，项目很难实现。如果选取“秦皇岛—大连”航线则难度大大降低。

(3) *原理三：项目元素*　　项目教材以元素形式呈现。项目元素包括两个维度，其一，知识、技能和态度维度。其二，项目执行维度，即目标、计划、决策、实施、监督与评价。

项目中的知识、技能、态度是具体的。例如，“制订产品渠道策略”项目中：“确定企业渠道目标，不同渠道的量本利分析比较，选择分销渠道及渠道策略和拟定渠道方案等”是技能；“分销渠道的概念、作用与类型，中间商分析与评价，渠道的量本利分析和渠道策略等”是知识；“对社会和企业高度的使命感，对顾客高度的责任心、耐心和热情，认真做事、本分做人、诚实守信等”是态度。

项目执行维度包括目标、计划、决策、实施、监督与评价。例如，制作卡通人物模型项目，目标是卡通人物模型的制作；计划是每个学生对于制作模式的方案设计；决策是在教师指导下选择出质优设计方案；实施是依据设计方案制作模型；监督是标准控制、解决实施过程中出现的问题；评价是通过对于模型质量及其制作过程评价，测评出学生的综合职业能力。

（三）工作体系

什么是工作体系？工作体系与学科体系的区别是什么？目前，学界对“工作体系”尚未有明确定义。徐国庆在“工作体系视野中的职业教育本质”一文中，清晰地阐述了什么是学科体系、什么是工作体系，并明晰了二者之间的区别，如“工作体系即人类进行物品设计、生产和交换的体系，其主体是工匠”，而“学科体系是一个人类进行学术知识的探索、表达和传播的体系，其主体是学者”，指出工作体系的要素是“职业、工作和技术”。

工作体系与学科体系的差异，也反映在教材上。学科体系下的教材有如下特点：分科置课、分段排课和难易渐进。分科置课是指总体课程按照学科体系进行分类，各学科教材之间的逻辑是“知识”关系。分段排课是指教材按照国民教育体系下学校的分层和年级的分段来设置。难易渐进是指同一门学科教材，知识按照“难易”程度进行组织。而工作体系下的教材则呈现出以下特点：首先，典型工作任务是教材设置的重要依据，教材之间的逻辑关系依据典型工作任务进行划分和组织。其次，典型工作任务和知识的排序，遵循工作流程和“从新手到专家”的能力发展规律。其中，“从新手到专家”指按照从新手、初学者、高级初学者、有能力者、熟练者到专家的能力发展规律（表 11-10）。

表 11-10　学科体系下教材的特点与工作体系下教材的特点对照

学科体系下教材的特点	工作体系下教材的特点
分科置课	典型工作任务
分段排课	工作流程
难易渐进	从新手到专家

三、训练与提升

（一）项目 1：分解训练

以范例“北方高寒地区日光温室的设计与建造”为项目，具体操作步骤如下。

1. 组建团队

应用型本科院校教材编写的主体包括专业课教师、课程专家和企业人员三部分。与单一依靠高校教师编撰不同，课程专家和企业人员的参与丰富了教材的职业性、实践性。课程专家掌握深厚的原理知识，关于课程开发的知识和技术优于专业课教师，弥补了专业课教师在此方面的缺失。而企业人员具有丰富的职业经验，熟悉岗位工作，全面、准确掌握工作流程和职业能力，弥补了专业课教师在此环节的不足。

2. 项目选取、典型问题选取

项目选取依据参考“二、问题与原理，（二）项目设计原理”部分。提示：①项目和典型工作任务之间的区别与联系；②如何将项目向教材转化。

典型问题选取依据参考“一、范例与模仿，（二）模仿，1. 解读范例”部分。提示：①问题的选取如何具有代表性、真实性，且难度代表本科水平并蕴含理论；②典型问题的解决过程中，如何将不同类型的知识更好结合在一起。

3. 撰写

其一，重视教材编写依据。应用型本科教材编写不是无源之水，无本之木，课程标准是其核心依据。课程标准是刚性的，教材是有弹性的，但无论教材体例如何变化，课程标准中的课程设计思路必须反映在教材之中。例如“项目”编写体例，“工作过程系统化”框架等等。尤其是课程标准中的知识点、技能点必须包含于教材之中。不因教材体例、布局而影响知识的系统性，更不能出现核心知识点的疏漏。

其二，重视教材编写标准。首先，层次标准，保证教材体现本科层次。目前，高职和本科层次的教材“趋同”现象严重，根据培养目标差异，将体现本科水平的科研、设计、发明等元素融合其中是关键。其次，质量标准，保证教材质量。教材质量优劣除内容选择之外，还有知识组合，教材体例，设计美学等诸多因素，质量优劣对于师生阅读兴趣影响颇大，因此在设计时都需加以注意。

其三，重视默会知识。默会知识“具身性”和“非转译性”等特点，只能靠“行动”来表达。而学科型教材是明言知识的系统化，职业技术教育中的经验、绝活等默会知识成分，则因自身无法被明言表达，使得教材无法记录，默会知识本身被遗漏。但是应用型本科由学科体系向工作体系转型后，以典型工作任务为核心的工作体系便为默会知识提供了呈现的载体，即通过工作默会知识得以外显。

提示：①如何将教材编撰和专业特点有机结合？②项目教材虽然为默会知识提供了呈现的载体，但仍然有无法外显的默会知识，那么这部分内容如何处理？

（二）项目2：迁移训练

将模仿的教材视为训练项目，根据原理来修正作品。

修正作品要与项目目标、标准相比较。首先，确保“思想一致”。教材设计思想与课程标准中的课程设计思想一脉相承。范例只是提供参考思路，不作为唯一依据。教材编写者创作的弹性空间较大，只要以课程标准为依据，允许、鼓励教材编写者进行创新、创造。其次，确保教材体例设计体现应用型本科水平。教材编写要与专业特点相结合，所以，教材体例设计不尽相同。但是如何与学科教材、中职教材进行区分，体现应用型本科水平成为关键。实践“优先”原则和工作体系，这两个维度是与学科教材进行区分的重要参考。体现设计能力、思维训练能力和保证知识的系统性，通过这两个维度来达到本科水平。再次，确保教材内容符合要求。参照要求把握核心要素：项目选取是教材编写的前提，是影响教材质量的关键因素；典型问题与原理是重要内容；实践中问题解决是实现“理实一体”的重要途径（表11-11）。

表11-11 教材评价表

指标	子指标	等级	评价主体	备注
1. 思路	是否符合课程标准中的课程设计思想			
	是否符合教材编撰的设计思想			
2. 体例	是否符合“实践优先”原则			
	是否符合工作体系的特点（工作逻辑，工作流程，从新手到专家）			
	结构设置是否体现培养设计能力、思维能力			
	知识的系统性			
3. 内容	项目选取是否符合要求			
	典型问题与原理是否符合要求			
	核心知识点、技能点是否遗漏			
	职业性，实践性			
……	……	……	……	……

（三）项目 3：课后作业

1. 作业

选取教材中具有代表性的项目，编撰一个新项目教材，或修正现有项目教材。

2. 任务与要求

教材编写与专业特点相结合；教材内容及时更新；教材编写考虑教育资源差异（师生状况、办学条件等）；教材版面设计美观……

四、阅读与拓展

（一）杜威的“做中学”理论

基于对传统教育的批判，杜威提出“教育即生活，教育即生长，教育即经验持续不断地改造”的重要论断。“做中学”则成为其重要的体现方式。在《民主主义与教育》一书中，杜威明晰了“做”与“知识”“学习”之间的关系，诸如“儿童做是根本，没有做则学习无有凭借”等。并且，杜威提出“做中学”实现的载体即主动作业，如园艺、烹饪、纺织等。“做中学”强调直接经验，直接经验基于真实的情景，促进学习时与已有经验发生联系，进而构建个人知识。

（二）泰勒课程原理

美国教育学家泰勒 1949 年出版的《课程与教学的基本原理》一书中，重点阐述“学校应力求达到何种教育目标？”“要为学生提供什么样的教育经验，才能达到这些目标？”“如何有效地组织好这些教育经验？”和“我们如何才能确定这些教育目标正在得以实现”四个方面内容，共同构成了泰勒课程原理，并为课程开发奠定了目标范式。这种范式适用性强，不受课程形式、种类等限制。在具体实施中，围绕制订的目标，展开内容、组织和评价等研究，可操作性强。目标范式自问世以来一直盛行，至今在课程开发中仍占有主导地位。

（三）知识系统性缺失

工作过程式教材彻底打破了学科体系的系统性，这一变革引起学界的担心和批判。早在 17 世纪，夸美纽斯就针对“知识系统性缺失”的问题，批判经院主义学校将一些片段、零碎的知识教给学生。可见，对“知识系统性缺失”的担忧和批判，不是一蹴而就的。究其原因，是担心知识系统性的丧失会造成不良后果：其一，学生对原理掌握不足，影响了学生发展的后劲。裴斯泰洛奇批判到“孤立的、非心理学化的、无根据的、无组织的、不系统的教学”必然带来“片面性、判断歪曲、肤浅……傲慢虚荣”等后果。担心负面作用会影响学生未来发展。其二，与教育本质特征相悖。通常认为传授学科知识是教育本质特征，教育是知识有效传播的重要途径。学科体系的特点“分科置课”“分段排课”和“难易渐进”等，强化了知识的系统性，更促进了教育系统化。显然，通过教育而传播的知识一旦失去系统性，则与教育的本质不相符合。

就编写者的困惑而言，笔者认为与学科知识相对的“技术知识”，与学科体系并置的“工作体系”被编写者忽略了，而技术知识与工作体系恰恰是凸显职业教育本质特征的核心要素。

与学科知识不同，技术知识多是“做”的知识。技术知识的性质：“功能性，思维具体性，情境性，复杂性，过程性，任务逻辑性”。就地位而言，一方面，技术知识与学科知识具有平等性。技术知识在历史上受到非公正待遇。古代西方接受自由教育是贵族特权，学徒制属于下层百姓。我国古代有“劳心者治人，劳力者治于人”中对“劳力者”的歧视。“技术是科学应用”的思维范式，视技术知识为科学的从属关系。工业革命之后，技术知识才得以重视。经济学家哈耶克指出：“……特殊知识几乎完全是在特定的时空环境内的知识，或是在某个既定领域内确定这种环境的技能。虽然这种知识不是可以用因果命题加以表述的知识（由于这个原因，它在科学时代只被视为一种低等的知识），然而就一切实践的目的而论，它的重要性丝毫不亚于科学知识。”巴萨拉直接指明“在现代工业生产中，科学和技术是平等的伙伴关系，各自对与它们相关的产业的成功做出自己独特的贡献。”另一方面，技术知识甚至对于学科知识具有优先性。技术知识多为默会成分，波兰尼经典的论述“默会知识和明述知识是相对的，但是两者不是截然分离的。默会知识是自足的，而明述知识则必须依赖于被默会地理解和运用。因此，所有知识不是默会知识就是植根于默会知识。一种完全的明述知识是不可思议的。”揭示了默会知识的优先性和根源性。默会形式的技术知识，对于学科知识具有优先性。

技术知识需要在工作体系中得以呈现，学科体系打破之后，工作体系恰恰是职业教育所追求的。原因在于：其一，惰性知识得以激活。与学科体系“去情境化”特点相比，工作体系显然是“情境化”。工作体系下，工作者即是学习者。学习者在工作环境中，自主学习的过程代替了传统课程中“看”“听”，将抽象的惰性知识变“具体”，让概括化的惰性知识变得有“功能性”。正如蕾和温格尔所说“总之，学习不是通过复制别人的动作，或是获得已被转化为教学内容的知识来进行的，我们认为，学习是通过参与周围社区的学习过程而发生的”。惰性知识通过学习者在解决问题和思考的过程中得以激活，正如杜威指出“职业好像磁铁一样吸收资料，又好像胶水一样保存资料。这样组织知识的方法是有生命力的，因为它是和需要联系的；它表现于行动，又在行动中重新调整，永远不会停滞。如果事实的分类、选择和整理是有意识地为了纯粹抽象的目的而进行的，无论在可靠性和效果上都断然比不上迫于职业需求而组织的知识。”其二，技术知识得以呈现。由于技术知识的默会性特征，不能像学科知识用语言、数字等明言方式表达，只能通过行动来表达。工作体系中学习过程即工作过程，工作过程恰是默会形式的技术知识表达过程，承担了表达载体。

（四）教育与培训之别

教材编写者第二个困惑即教育与培训之别，该问题包括以下两个辩证的方面：一方面，教育与培训的趋同性。其一，职业教育吸取培训的元素。北美 CBE 课程就是吸收了用于企业培训的 DACUM 开发技术，DACUM 开发技术是胜任岗位工作的职业能力培训，恰恰弥补了职业教育中培养技能的缺失。其二，培训也吸取教育的因素。企业的培训也注重人的发展，如日本松下公司的企业培训，认为如果缺乏应有的人格锻炼，在商业中就会给企业造成不良影响。其三，教育中涵盖着培训，如中高职院校开办“技能培训班”“农民工培训班”“XXX 进修班”等，说明学校扩展职能承担社会责任。其四，培训机构也在办教育，如 TAIF 学院办教育课程。其五，教育与培训走向融合，如 1999 年第二届国际职业技术教育大会，将“技术与职业教育”改为“职业和技术教育与培训”，教育与培训的称谓整合于一体。由此可知，职业教育与培训之间相互吸收合理内核，二者走向融合。教育与培训的趋同性，同时也反映在教材上。

另外，教育与培训之间的区分性。当然，趋同不代表“同一”，学校不是企业。企业首要原则是解决岗位所需要的工作知识和技能，课程内容依据岗位需要“缺什么补什么”，目的是满足企业的生产实际需要。但在学校，除开设与工作直接相关的专业课外，还有基础课程和文化课，目的是培养德智体美劳全面发展的人才。这种差异也同样反映在教材上。

所以辩证地看待二者之间关系，从教育与培训走向融合的趋势来理解教材的趋同现象，通过分析教育与培训的区别来消除教材“趋同但不同一”的顾虑。

（五）理实一体

“理实一体”是针对理论与实践分离而提出的，“理”就是理论，“实”就是实践。就教材而言，将知识“嵌入”工作任务即是“理实一体”的组织形式。“理实一体”在更广泛的意义上可以做如下历史性梳理。裴斯泰洛齐最早提出“教育要与生产实践相结合”，在名著《林哈德与葛笃德》中生动描述一个学生在纺车间纺织与读书相结合。卢梭的天性教育思想实际上把理论知识融入日常生活和工作中。马克思提出综合教育思想，其中一层含义是理论与实践相结合。杜威通过对自柏拉图至笛卡儿二元论思想的批判，提出了“做中学”凸显教育“一元论”的思想，从而为“理实一体”奠定了理论基础。美国20世纪后期开始走向杜威的理想，其STW运动和STC运动核心思想是课程整合，而“理实一体”成为其基本特征。

学科体系向工作体系转换之后，理论与实践分离的现象并不能自然解决，例如，按照工作逻辑编写的技术说明书式教材，主要是“做”的内容，缺乏原理知识；CBE教材即工作逻辑，但“知识够用即可”的命题，凸显出CBE教材编著者缺乏“理实一体”的自觉意识。

笔者认为的理实一体教材包含两个层面：其一，形式层面的“理实一体”，即知识与项目、工作任务在教材中松散的呈现。例如，“内外径单一固定循环”项目中，项目目标—任务实施（加工工件）—相关知识（编程指令、工艺分析、参考程序）。其二，实质层面的“理实一体”，该层面又包括三种形式：①基于原理运用的“理实一体”。例如，“多功能台灯的设计与制造”项目，学习已有台灯的三维模型制造图及不同角度的外观效果图，模仿已有的设计图并重新制作。“模仿和重新制作”是在“做”的过程中来运用原理。②基于复杂问题解决的“理实一体”。例如，“电笔产品工业设计”项目中，将给定的电笔增加蓝光夜视显示屏功能，将笔夹设计形状变为心形，然后依据给出的要求，设计产品的三维模型制造图及不同角度的外观效果图。设置“增加功能和改变形状”的问题，通过该问题将理论与实践整合在一起。③基于设计的“理实一体”，例如，多功能音响的设计项目，为了满足实际需要和功能扩展，设计三种不同的功能，每种功能不能重叠。并重新设计音响的外形，制作出相应的三维模型和视觉效果图。“设计功能和重新设计外形”是在“理实一体”的基础上，突出设计和思维能力的训练。基于实质层面的“理实一体”，向教材转化时，符合教学学习情境中从新手到专家的学习任务排序：职业定向性任务，程序性任务，蕴含问题的特殊任务和无法预测结果的任务。二者关系如表11-12所示。

表 11-12 实质层面的“理实一体”与学习情景的排序对照

实质层面的“理实一体”		学习情境的排序		
基于原理运用的“理实一体”		学习任务及难度等级	学习任务的特点	主要内容
		1 级：职业定向性任务	学生在教师指导下完成任务	行业、企业和职业工作的基本情况（是什么？）
基于复杂问题解决的“理实一体”	⟹	2 级：程序性任务	学生根据现有的规律（规章、操作流程）独立完成任务	工艺技术知识及其原因（怎么样？）
基于设计的“理实一体”		3 级：蕴含问题的特殊任务	学生在理论知识指导下完成开发性的任务	功能描述与专业解释（为什么？）
		4 级：无法预测结果的任务	学生在理论和经验的指导下完成创新性的任务	职业工作发展的极限（科学解释）

【推荐文献】

邓泽民. 2006. 职业教育教材设计 [M]. 北京：中国铁路出版社

路宝利. 2013. 高职工作任务课程开发中“知识析出”理路的切问 [J]. 江苏高教，(4)：133-136

人力资源和社会保障部教材办公室. 2013. 数控车床编程与模拟加工 [M]. 北京：中国劳动社会保障出版社

孙红艳. 2010. 职业教育项目化教材设计研究 [D]. 上海：华东师范大学硕士学位论文

徐国庆. 2008. 实践导向职业教育课程研究：技术学范式 [M]. 上海：上海教育出版社

徐国庆. 2009. 职业教育项目课程开发指南 [M]. 上海：华东师范大学出版社

赵志群. 2009. 职业教育工学结合一体化课程 [M]. 北京：清华大学出版社

【参考文献】

巴萨拉. 2000. 技术发展简史 [M]. 周光发，译. 上海：复旦大学出版社

邓泽民. 2006. 职业教育教材设计 [M]. 北京：中国铁路出版社：148-149

高林. 2006. 应用性本科教育导论 [M]. 北京：科学出版社：45-46

哈耶克. 2003. 科学的反革命——理性滥用之研究 [M]. 冯克利，译. 南京：译林出版社：104-105

胡天佑. 2013. 建设“应用型大学”的逻辑与问题 [J]. 中国高等教育研究，05：26-31

姜善涛等. 2012. 数控加工技术——理实一体化教材 [M]. 成都：西南交通大学出版社：50-62

劳耐尔，赵志群，吉利. 2010. 职业能力与职业能力测评项目 [M]. 北京：清华大学出版社：140-141

李曼丽. 2010. 工程师与工程教育新论 [M]. 北京：商务印书馆：231

梁燕. 2008. 对发展应用性本科教育若干问题的思考 [J]. 长春工业大学学报，04：20-22

潘懋元，周群英. 2009. 从高校分类的视角看应用型本科课程建设［J］. 中国大学教学，2009：4-7

裴斯泰洛奇. 1992. 裴斯泰洛奇教育论著选［M］. 夏之莲等，译. 北京：人民教育出版社：195-196

人力资源和社会保障部教材办公室. 2013. 数控车床编程与模拟加工［M］. 北京：中国劳动社会保障出版社

宋洋. 2011. 物流情景综合实训［M］. 北京：清华大学出版社

王云儿. 2011. 新建应用型本科院校以能力为导向的学生学业三维评价模式探析［J］. 教育研究，6：102-106

吴美华. 2013. 技术本科院校教师专业发展研究［D］. 上海：华东师范大学硕士学位论文

吴智泉，江小明. 2009. 对应用性本科教育性质、作用的初步探讨［J］. 黑龙江教育，1：28-29

徐国庆. 2007. 工作体系视野中的职业教育本质［J］. 职业技术教育，1：5-11

徐国庆. 2008. 实践导向职业教育课程研究：技术学范式［M］. 上海：上海教育出版社

徐国庆. 2009. 职业教育项目课程开发指南［M］. 上海：华东师范大学出版社：130

徐国庆. 2015. 技术应用类本科教育的内涵［J］. 职教论坛，1：20-23

徐理勤. 2005. 德国应用科学大学（FH）的人才培养模式及其启示［J］. 浙江科技学院学报，(12)：310

约翰·杜威. 2001. 民主主义与教育［M］. 王承绪，译. 北京：人民教育出版社

赵志群. 2009. 职业教育工学结合一体化课程［M］. 北京：清华大学出版社

Brubacher JS. 2002. 高等教育哲学［M］. 王承绪，译. 杭州：浙江教育出版社

Ralph WT. 2008. 课程与教学的基本原理［M］. 罗康，张阅，译. 北京：中国轻工业出版社

第十二章 教学课件制作

【内容简介】本章基于教学课件制作最常用的PowerPoint2010平台，以知识可视化为理论指导，结合设施蔬菜栽培学的具体教学实例分析讲解，围绕教学课件的设计、制作、教学应用介绍了教学课件制作及相关实用工具、插件的使用方法。

【学习目标】了解课件设计过程中不同知识点的表现策略；掌握课件中多媒体素材的编辑方法；熟悉常用可视化工具的应用方法；能够设计制作一门具体课程的教学课件。

【关键词】课件；良构知识；非良构知识；可视化工具；概念图；思维导图。

制作教学课件，就是依据教学目标及教案内容，收集相关的文字、图片、影片、声音等素材，对素材进行适当的加工处理。按照自己的习惯风格在多媒体制作软件中编排教学版式，设定触发、控制跳转及链接，配制各种音效等。制作完成后打包保存或刻成光盘或拿到多媒体教室播放，有网络环境的学校可以直接在网络上播放。由此可总结出教学课件制作的基本步骤为：总体设计、素材准备、制作加工、教学应用四个基本环节。

一、案例与模仿

（一）《设施蔬菜栽培学》教学课件范例

案例1：《甜瓜设施栽培技术》幻灯片（部分）。

（二）模仿编制教学课件

PowerPoint是应用最普及的课件制作软件，易学易用，可以说，只要会打字就能够编辑制作幻灯片，但是要想做出一个效果好的教学课件，却不是一件容易的事。当前教师制作的PowerPoint课件中最主要的问题是一张幻灯片中的文字量和信息量过大（图12-1）。制作幻灯片时，教师更习惯于从需要讲解的内容和知识系统出发，将文字详细列出，但是从学习者角度而言，这却是不容易接受的方式。从心理学角度而言，人的瞬时记忆容量仅有7～9个字符，由此西方学者提出了幻灯片制作的4个6原则：每页6行、每行6字（单词）、6秒理解、6步看清，所以为了能让学习者更好地理解课件文字内容，我们应将文字按照内容语义群来分段，图12-2中通过文本框的方式，分别将西北、北方、南方三个甜瓜产区的情况介绍用文本框标识出来，并随带讲解，逐张幻灯片进行呈现，文字内容逐行或逐段出现，就减少了单位时间内信息量的传递容量，减轻了学习者接受负担，增强了课堂教学效果。

所以在制作课堂讲解的幻灯片时，首先需要注意的是将信息量大的文字块分散出现（图12-2），而相对于旧知识复习的环节，图12-1的幻灯片就是更为合适的选择了。

但是仔细观察不难发现，图12-2中对甜瓜栽培分区地域、气候和著名品种的介绍都是文字性介绍，教学课件不应该仅是教材内容的精华版或压缩版，更应该利用这些文字内容对应的图形、图像，辅助关键词文本的出现或教师的讲解，相比纯文字，更直观，也具有强大的视觉冲击力，不仅能够吸引学生的注意力，更有利于学生瞬时明了接受文本需要传达的意思，详见图12-3和图12-4。

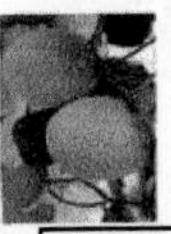

四、我国甜瓜栽培分区

地域		气候	著名品种
西北	新疆、甘肃、宁夏、内蒙古等	典型大陆性气候，甜瓜生长期内炎热，干旱少雨，热量资源丰富，昼夜温差大，日照充足，空气土壤湿度低，适宜各种甜瓜栽培。	新疆的红心脆、炮台红、皇后、芙蓉等；兰州的黄河蜜；宁夏、内蒙古的河套蜜瓜。
北方	淮河以北的华北、东北以及内蒙古东部、黑龙江、吉林等	东亚季风区，每年春夏之交4～5月份日照充足，降雨少，温度较高，湿度较小，有利生长结实。7月中下旬进入雨季，生长不利，故适宜种植早熟、较耐湿的品种。	山东益都银瓜、陕西关中的白兔娃、黑龙江的铁把青、龙甜一号等。
南方	淮河、秦岭以南地区，如浙江、江西、湖北、安徽等	春夏梅雨季节，降雨量大，日照短，空气、土壤湿度大。夏季6月份雨季来临，台风频繁，不利生长。	广州蜜瓜，江浙一带的黄金瓜，江西南昌的雪梨和湖北的荆农四号。

图 12-1　介绍我国甜瓜栽培地区的幻灯片（1）

四、我国甜瓜栽培分区

根据气候和生态条件以及传统栽培习惯，我国甜瓜的栽培区划可分为以下3个栽培区：

① 西北厚皮甜瓜区　② 北方薄皮甜瓜区　③ 南方薄皮甜瓜区

地域：淮河、秦岭以南地区。浙江省每年播种面积达10万亩，江西、湖北、安徽栽培面积也较大。

气候：春夏梅雨季节，降雨量大，日照短，空气、土壤湿度大。夏季6月份雨季来临，台风频繁，不利生长。

著名品种：广州蜜瓜，江浙一带的黄金瓜，江西南昌的雪梨和湖北的荆农四号。

图 12-2　介绍我国甜瓜栽培地区的幻灯片（2）

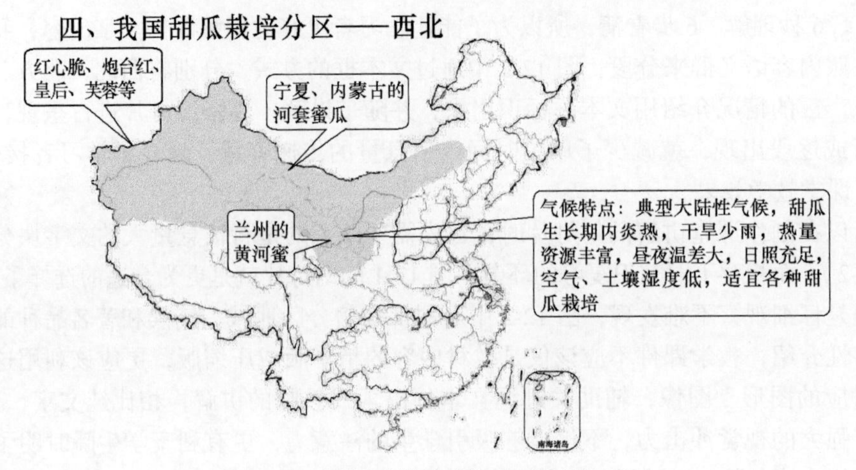

图 12-3　地图背景辅助替代了地域说明

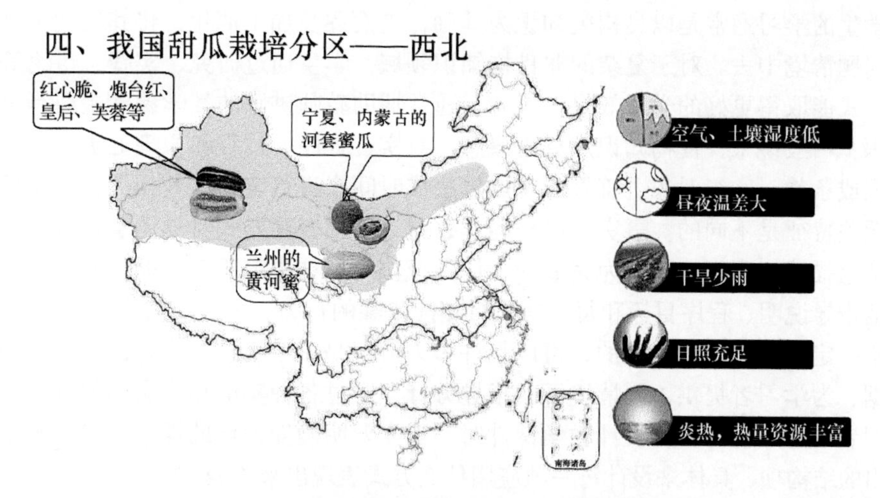

图 12-4　用直观图片辅助文字内容理解说明

二、问题与原理

（一）问题与原理 1：如何规划设计课件内容——知识点分类及表现策略

教学内容是教学的基本依据，也是教学课件设计的蓝本，把握好教学目标，深刻理解教学内容的知识结构和内容体系，是教学课件设计制作成功的基础。教学课件的核心功能是辅助教师传授知识，提升教学效果和效率，故如何组织和呈现知识是教学课件设计核心关注点。而当前 PowerPoint 教学幻灯片的主要问题在于文字堆积，思维可视化程度差，从而增加了学生听讲过程中的信息负担，影响了教学效果。要研究教学课件提升教学课件中知识的呈现效果，先要了解知识的分类：按照知识及其应用的复杂多变程度，可以将知识划分为良构和非良构两种类型。良构知识是指有固定答案的知识，这些知识点简单明确，适合用在传递式的教学当中；非良构的知识是指比较复杂的知识，这些知识点相对深入，适合于学习者进行较高层次的自主建构。针对这两种类型，在教学课件中分别将知识点分为知识呈现和知识建构这两类来进行设计（图 12-5）。

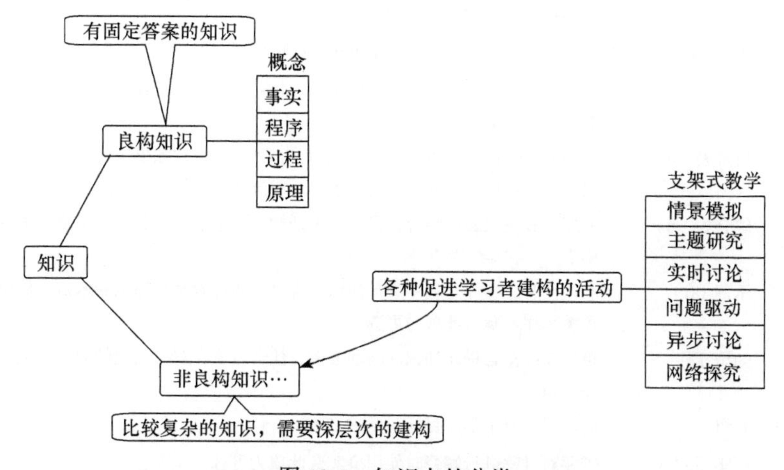

图 12-5　知识点的分类

学生的学习通常是以良构类知识为基础，进而逐步加工消化，将其运用到结局更复杂的问题情境中去。对于复杂的非良构知识领域，学生通过研究、实践、讨论等交互式学习方式能取得更好的学习效果。由此，通常辅助教师讲解的教学课件主要是呈现良构类知识，一般说来，良构知识点分为概念、事实、程序、过程和原理五类。概念，用单一的词或条款对一组对象、符号、观点想法或时间来进行定义，其相关特征是可以共享的，无关特征是不同的。事实，以陈述、数据或者图表等方式对具体事物进行唯一、明确的信息描述。程序，个人为完成一个任务或作出一项决定所需遵循的一系列步骤，程序包括指导说明、程序目标和每一次执行相同步骤的行为。过程，描述实践的工作流程，时间不一定是由单个人完成的，可以是许多人或者是一个组织。原理，进行判断与决策的依据，为学习者提供不同情境下的指导方针，通过各种实例和非实例的具体应用来培养学习者的思维能力。在设计教学课件时，首先要明确知识点的类型，然后根据参考表中给出的结构项，具体来设计每一项应用什么方式表现出来（表 12-1）。

表 12-1　知识点的分类结构及表现策略

知识点类型	结构项	策略
概念	介绍	向学习者出示学习的目标和要求
	定义	对概念特征进行说明，强调术语的使用，可以配有图像、列表等
	事实（o）	需要对概念进行解释时使用事实，此项为可选
	实例	使用正例来增强学习对于概念相关特征的理解
	非实例	使用反例来帮助学习者区分概念的无关特征
	类比	相似或相反的概念的比较，突出指导性，加深学习者对概念的掌握
事实	介绍	向学习者出示学习目标和要求
	事实图解	先对事实进行陈述说明，区分出关键部分，然后使用图解来详细描述关键部分及相互关系，根据需要，可以与列表、表格组合起来使用
	事实列表	先对事实进行陈述说明，进一步对事实所包含的要素进行分类标识，根据需要，可以与图解、表格组合起来使用
	事实表格	先对事实进行陈述说明，列出事实包含的各部分的功能，对表格中的每一列使用适当的列标题，标识出相关要素，根据需要，可以与列表、图解组合起来使用
	辨析	对相关、相近的事实进行区分和判断
程序	介绍	向学习者出示学习目标和要求
	事实（o）	需要对程序进行解释时使用事实，此项为可选
	程序表（e）	使用介绍性的语言对程序进行说明，将列标识成“步骤”或“行为”，注意二者的对应及行为动词的使用
	决策表（e）	使用介绍性的语言对程序进行说明，将列标识成“如果”和“然后”，把条件（如果）和（然后）构成完整的句子，形成流畅的决策表
	综合表（e）	程序表和决策表的结合，以程序表开始，决策表蕴含其中，呈现出来的形式是表中表
	示例（o）	利用图解、媒体对程序进行演示，也可以通过教师的提示和示范引导学习者完成相关程序步骤。此项为可选
	知识迁移	给出实际蕴含程序知识的问题案例，让学习者在解决问题的同时，灵活地应用程序知识
过程	介绍	向学习者出示学习目标和要求
	事实（o）	需要对过程进行解释时使用事实，此项为可选

续表

知识点类型	结构项	策略
	阶段表（e）	使用图表、表格或者图示，将列标识成"阶段"和"发生方式"，按时间划分阶段，用第三人称对阶段中行为的负责人和事物进行描述
	模块表（e）	使用图表、表格或者图示，不对列进行标示，而是使用模块，按时间划分阶段，用第三人称对阶段中行为的负责人和事物进行描述
	循环表（e）	使用图表、表格或者图示，注意使用箭头标明过程的方向，用第三人称对阶段中行为的负责人和事物进行描述
	案例分析	给出实际的问题分析过程，促进过程分析的清晰化
原理	介绍	向学习者出示学习目标和要求
	事实（o）	需要对原理进行解释时使用事实，此项为可选
	原理陈述（o）	对可接受的行为标准进行陈述，此项为可选
	指导方针	应用原理分析解决问题的指导原则
	实例	使用正例来加深学习者对原理的正确应用
	非实例（o）	使用反例来帮助学习者区分错误的原理。此项为可选
	类比（o）	通过易识别的类比，增强学习者对原理的掌握。此项为可选

注：（o）=可选项，可以不进行设计。（e）=任何一个，在若干项中的任选一项即可

资料来源：余胜泉，2011

（二）问题与原理 2：如何提升课件效果——可视化工具的应用

教育信息化的诸多努力，很大程度上表现为将教育内容和过程可视化。为了增强表现知识的效果，呈现知识应以图形化结构样式为主，尽量简明、形象、有吸引力。对良构知识的呈现而言，应注重知识可视化工具的应用，呈现非良构知识则应重点借鉴凸显思维过程的思维可视化工具。

知识可视化就是指将知识转变成人们易于理解的图形、图像，并帮助他人正确地重构、记忆和应用知识。所用的工具主要有概念图、思维导图、认知地图、语义网络、思维地图等（图 12-6）。知识视觉表征是知识可视化的具体实践途径：如概念图是基于有意义学习理论提出的图形化知识表征；知识语义图以图形的方式揭示概念及概念之间的关系，形成层次结构；因果图是以个体建构理论为基础而提出的图形化知识表征技术。因此，知识可视化的价值实现有赖于它的视觉表征形式。在信息技术条件下，知识可视化有了新的突破：制作工具越来越多，制作方法更为简易，表现形式更为多样。知识可视化在教育中的应用效果也更受期待。目前实现知识可视化的技术主要包括两类：图示技

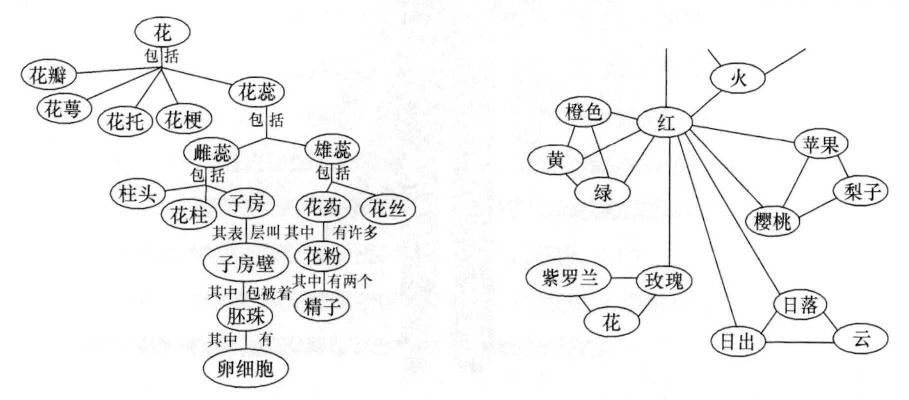

图 12-6 知识可视化示例之一

术（思维导图、模型图、流程图、概念图等）及生成图示的软件技术（Mindmanager、mindmapper、FreeMind、PowerPoint2007以上版本的SmartART图形等）。进一步的，有学者根据数据组织的复杂程度，把可视化进行如下层次化的分类。

数据可视化：运用计算机图形学和图像处理技术，将数据转换为图形并进行交互处理的理论、方法和技术。所运用的技术手段主要有：点状图、面积图表或线图。

信息可视化：是指利用计算机实现抽象数据的可视表示。其运用的主要技术手段为：语义网络或树图，旨在利用数据的交互式视觉陈述来加强认知。

概念可视化：指对概念本身及概念之间的层次或归属关系的形象化表达，是一种详细说明定性概念、观念、规划和分析的方法，通过规则导向完成绘制。使用户能更好地理解概念的内涵和外延。其运用的主要技术手段为：概念图、甘特图（图12-7）等。

隐喻可视化：更倾向于自主建构的学习方式，充分发挥用户的想象力和创造力，激发他们更好、更快地建构知识。其运用的技术手段一般有故事板（story template）（图12-7）等。

策略可视化：提供问题解决的技术路线和操作纲领，其使用的技术手段一般为：流程图、卡通图（cartoon）、漫画图等（图12-7）。

任务甘特图

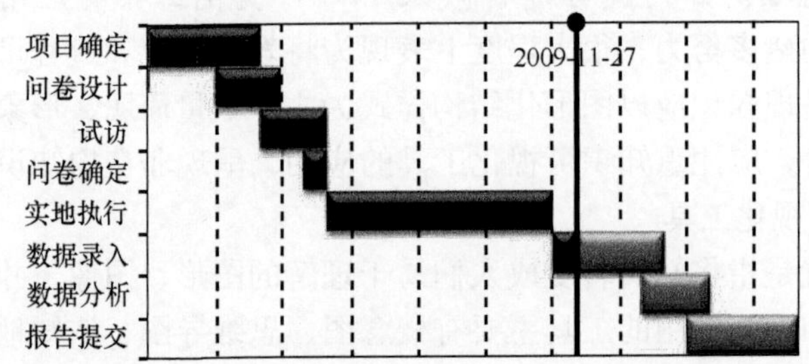

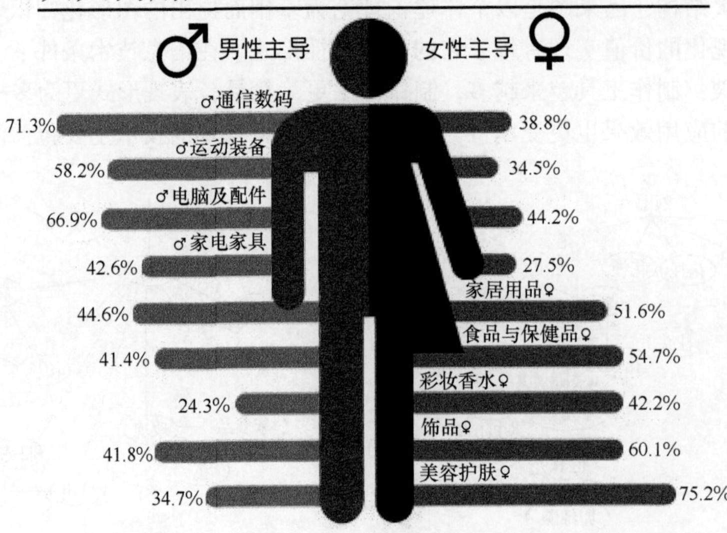

图12-7　知识可视化示例之二

知识可视化：是对前五种可视化的集成和综合。

在平面设计中重点讨论三个元素：色彩、图形、文字，而这三个元素又以色彩较为重要。人对色彩相当敏感，当他们首次接触一件作品，最先攫取其注意力的，就是作品的颜色。其次是图像，图形传递信息的速度要比文字快得多，越是富有意境性的图形越能抓住观者的视线并快速传递所携信息。最后才是文字，文字既是语言信息的载体，又是具有视觉识别特征的符号系统；不仅表达概念，同时也通过诉之于视觉的方式传递情感。所以，在实现知识可视化的过程中，要充分利用色彩和图形图像元素，做到用同种色系（字体或背景、边框颜色）对应同类内容的呈现，用直观图形或图像、影片动画等代替大量文字块，呈现关系和抽象内容，这样才能在教学课件中做到知识点的直观可视（图 12-4）。

三、训练与提升

（一）反思与修正

根据本节介绍的相关原理，针对模仿制作的课件作品进行反思。主要内容包括：课件所展示的知识点是什么类型的？课件制作时所应用表现策略是否合理？知识可视化或思维可视化的呈现方式是否有利于学习者接受？在反思的基础上，学生应进一步搜集课题相关的素材资料，根据相关原理修正模仿作品并对其他同学的作品进行评价。

（二）分解训练

1. 应用概念图绘制软件规划课件内容

应用专业的概念图和思维导图绘制软件能够帮助教师理清内容和讲解思路。尽管思维导图和概念图是两个交叉概念，但由于概念图侧重于呈现知识及思维的结果，思维导图则是思维过程及思考路径的梳理和呈现，故讨论教师对讲解内容的分析规划方法时应用“思维导图”更为合适。推荐应用 Mindjet 和 Inspiration 两款软件，它们都能并方便地将思维导图生成幻灯片（图 12-8），尤其是在 Mindjet9 以上版本中，可以方便预览和编辑生成的幻灯片内容及顺序。

步骤一：应用 Mindjet 绘制教学课件内容的思维导图。

第一步，新建文件时可以选择一种合适的模板（图 12-9），在工作区正中显示的第一级主题，或名为“核心概念”，单击文字即可编辑其中文字，将其替换为“学习与创新”或者自拟的主题，输入完毕回车确认。

第二步，单击工作区中空白处，按图 12-8 所示逐个输入二级问题（回车确认），并通过鼠标左键拖动该主题使之与第一级主题关联。以此类推，再输入三至四级内容。

第三步，可以选择与设置同图 12-8 不同的主题样式，右击需要设置的主题，选择格式化主题，或在格式菜单中都能找到选择主题形状，调整颜色、样式设置的选项，还可以在主功能菜单中选择附注、关联或边框增加需要的标注，还可插入附件、便签、图像及超级链接等内容。

步骤二：将思维导图生成幻灯片。

Mindjet 文件保存时默认的扩展名是 mmap，还可导出为 SWF 和幻灯片文件，在 Mindjet9 中，右击主题选择即可生成幻灯片，设置完成后由文件菜单导出生成 PPT 文件，按对话框提示设置幻灯片的相关选项。

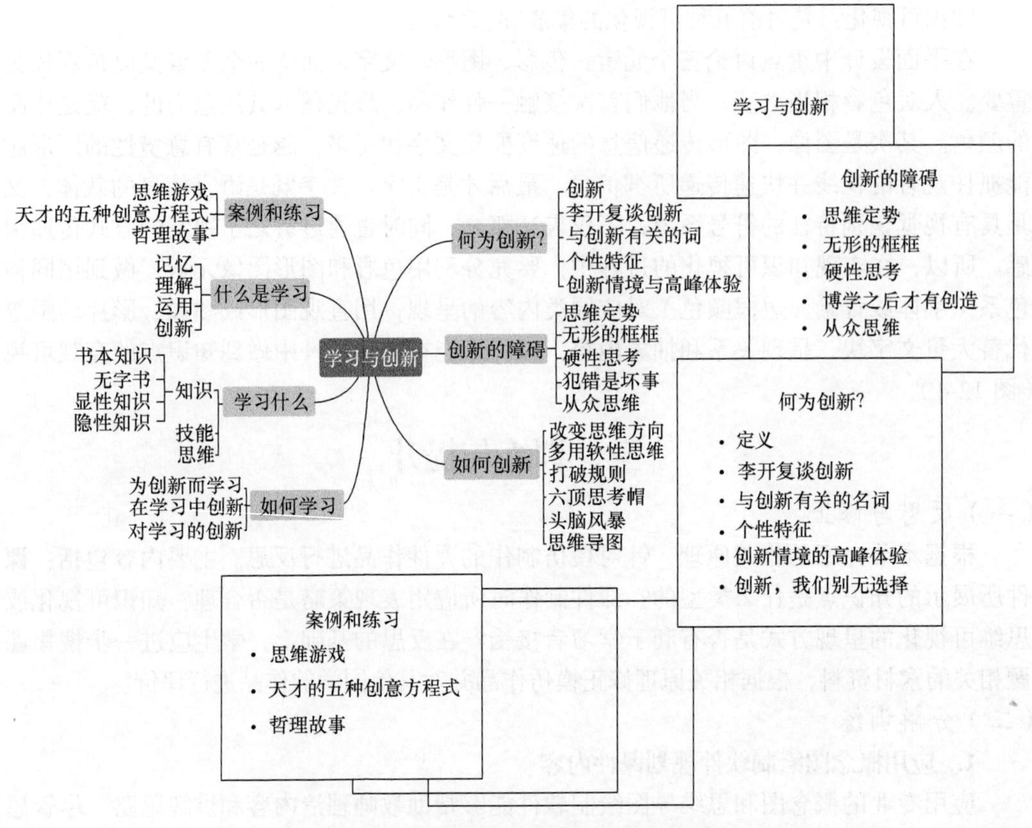

图 12-8 思维导图和由此生成的幻灯片

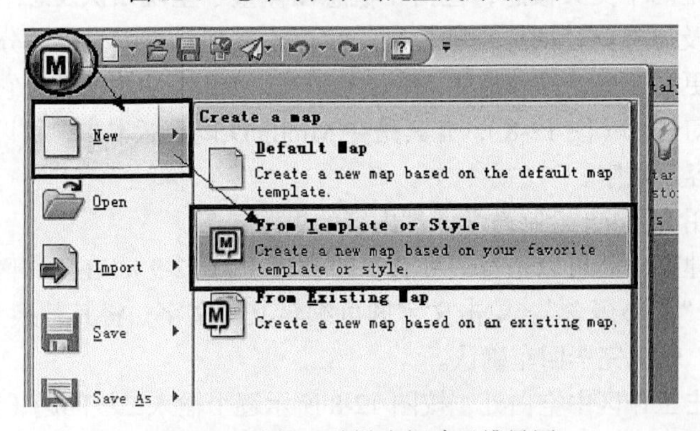

图 12-9 选择一种样式新建思维导图

2. 应用 SmartArt 在 PowerPoint2010 中绘制良构知识图

PowerPoint2010 作为演示讲解的辅助工具，较 PowerPoint2003 版有了很多改进，进一步丰富了 SmartArt 的关系图绘制种类，并增加了立体、三维等显示效果，方便了演讲者将各种逻辑关系进行图形化展示。应用 SmartArt ，可以从多种不同布局中进行选择来创建 SmartArt 图形，也可以选择应用项目符号编辑好的文字，把这些文字直接转换成图形，从而快速、轻松、有效地传达信息（图 12-10）。

如果内置库无法提供所需的外观，几乎 SmartArt 图形的所有部分都是可自定义的。如果 SmartArt 样式库没有理想的填充、线条和效果组合，则可以应用单独的形状样式或者完

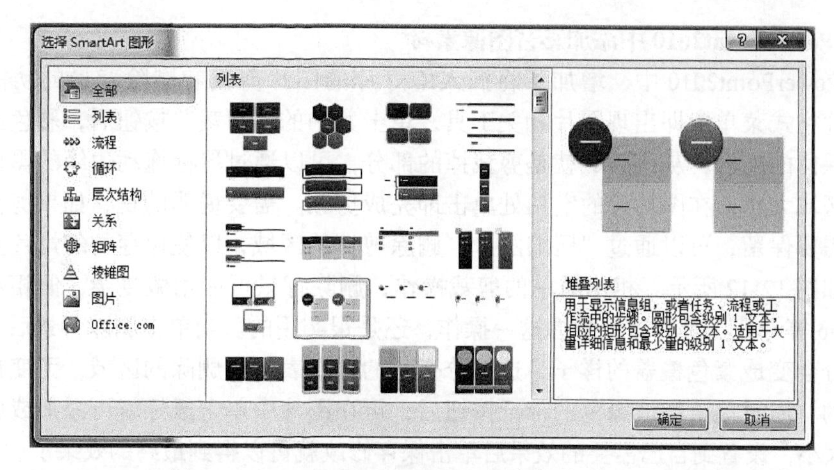

图 12-10　PowerPoint2007 以上版本中的 SmartArt 图形

全由自己来自定义形状。如果形状的大小和位置与您的要求不符，则可以移动形状或调整形状的大小。在“SmartArt 工具”下的“格式”选项卡上，可以找到多数自定义选项。

即使在自定义了 SmartArt 图形之后，您仍可以更改为不同的布局，同时将保留多数自定义设置（图 12-11）。还可以单击“设计”选项卡上的“重设图形”按钮来删除所有格式更改，重新开始。

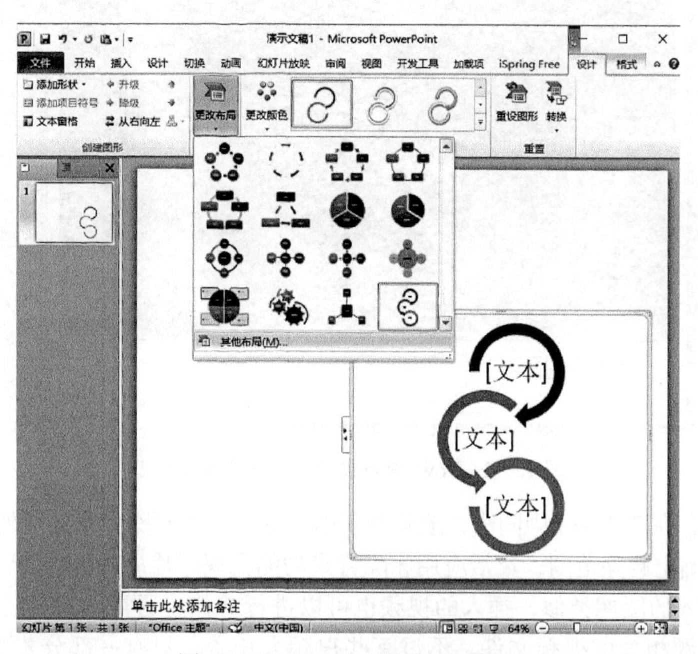

图 12-11　SmartArt 图形更改布局

可以通过更改 SmartArt 图形的形状或文本填充，通过添加效果（如阴影、反射、发光或柔化边缘），或通过添加三维效果（如棱台或旋转）来更改 SmartArt 图形的外观。

最后，SmartArt 图形还可以通过取消组合的方式打散并单独编辑，而且在 PowerPoint2010 中可以通过格式菜单重点编辑形状中的编辑顶点的方式进行调整，方便实现更多创意性应用。

3. PowerPoint2010 中添加影音图像素材

在 PowerPoint2010 中，增加了将插入幻灯片的图片剪裁和删除背景的功能。通过双击图片格式菜单中即出现图片相关工具，单击其中的“剪裁”按钮后，彩色区域就是剪裁后保留的内容，灰色区域就是剪裁掉的部分，可以通过鼠标拖动边缘的黑色小条调整彩色区域大小，在图片外的空白处单击即完成剪裁。需要说明的是，如果剪裁去掉的部分不需要保留，可以通过“压缩图片”删除剪掉的区域，以使保存的幻灯片文件尺寸更小，如图 12-12 所示。相比简单的剪裁操作，删除背景可能稍微复杂，但相对于调用 Photoshop 等专业工具而言，掌握这一操作，还是很实用的。当单击删除背景后，图片中的一部分会变成紫色覆盖的样子，这部分变色的区域表示会删除的区域，无变色的表示会保留的。通过单击红或绿色的标记按钮后，再在图片中单击鼠标就可添加或删除变色区域的大小，设置到自己需要的效果后单击保存修改就可以得到最终的效果了。

图 12-12 PowerPoint2010 中图像剪裁方法

进一步的，在图 12-13 中间图，删除背景前，除了标识删除保留区域外，还可以通过调整图框大小确定删除范围，灵活应用删除背景功能实现图片局部内容的删除。

和剪裁插入的图像类似，插入的视频也可以进行剪裁。通常老师们经常会在 PPT 中插入一些与课题相关的视频文件，不过有些视频太长了，只有一部分才是自己想要的。此时，我们可以直接用 PowerPoint2010 完成裁剪视频工作：进入 PowerPoint 后单击“插入”选项卡，然后单击“媒体”选项组中的“视频”下面的小三角形，在弹出菜单中选择“文件中的视频”，然后找到视频的存放路径，选择好后单击插入即可在 PPT 中加入视频。

裁剪方法：①插入视频后单击选中视频，然后进入“播放”选项卡，单击“编辑”选项组中的“裁剪视频”命令；②此时会弹出个“裁剪视频”对话框，绿色按钮是开始，红色按钮是结束，通过拖动这两个按钮来选取我们需要的那一段，当然，你也可以在

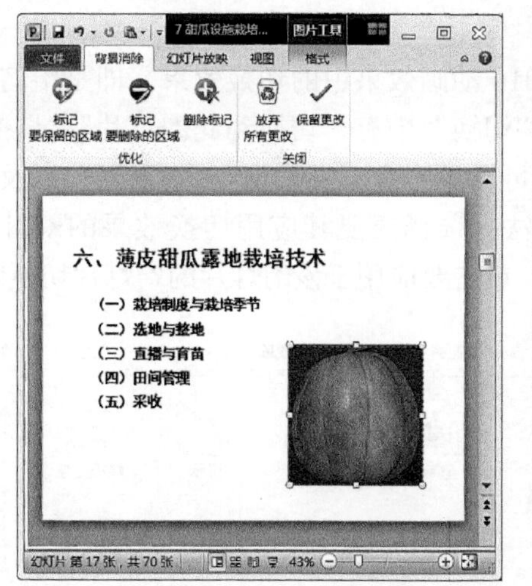

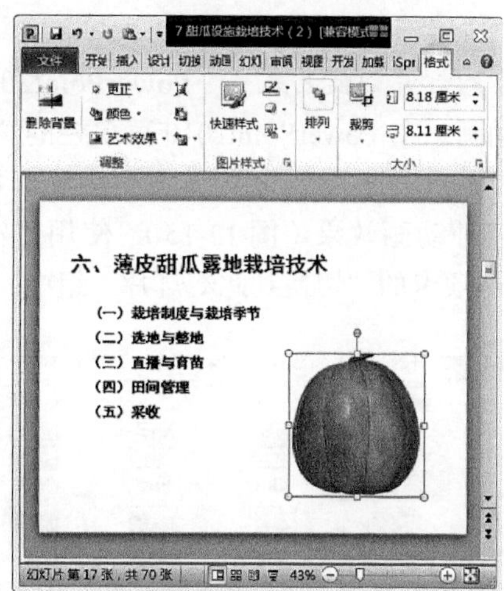

图 12-13　PowerPoint2010 中删除图像背景的方法

“开始时间”和“结束时间”中输入那一段的时间来裁剪出你想要的那一部分，选好后单击确定。需要注意的是，在 PowerPoint2010 中，支持直接插入幻灯片的图片和视频格式，可以插入的视频文件格式包括 avi、asf、asx、mlv、mpg，其他视频格式需要应用“格式工厂”等软件或者通过插入播放器插件的方式（需要设置控件参数，相对复杂）转换格式（图 12-14）。

图 12-14　PowerPoint2010 中视频剪裁方法

4. 动画设置及保存应用

教学课件有别于传统媒体只能单向的传播知识，通过应用多媒体支持人与知识、人与人的互动操作，并适时给予用户反馈。由此 PowerPoint 中的动画设置功能在课件编辑过程中非应用不可。

(1) *幻灯片切换效果*　PowerPoint2010 动画效果中的切换效果，即是给幻灯片添加切换动画，在 PowerPoint2010 菜单栏的“切换”中有“切换到此幻灯片”“切换方案”以及“效果选项”。在“切换方案”中我们可以看到有“细微型”“华丽型”以及“动态内容”三种动画效果（图 12-15），使用方法：选择想要其应用切换效果的幻灯片，在“切换”选项卡的“切换到此幻灯片”组中，单击要应用于该幻灯片的幻灯片切换效果。

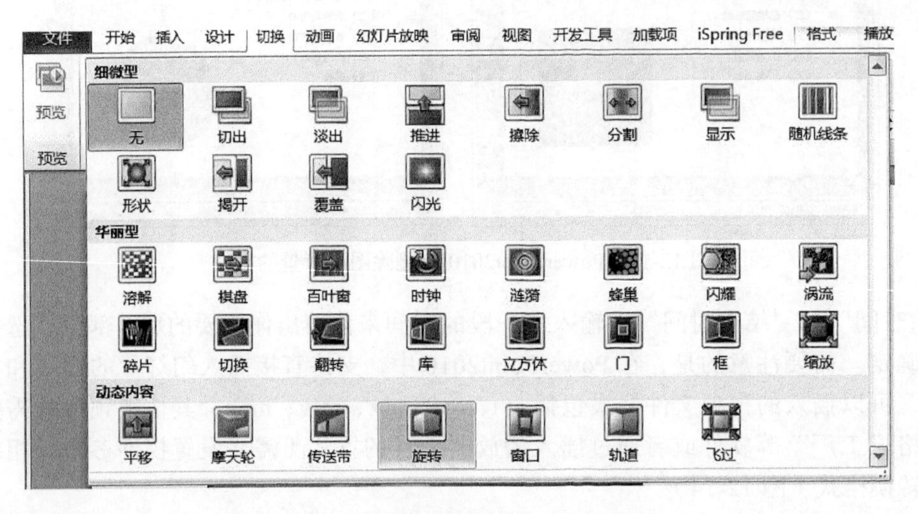

图 12-15　PowerPoint2010 中幻灯片切换方案

(2) *幻灯片中的对象动画类型*　PowerPoint2010 基本延续了其早期版本中的进入、强调、退出以及路径动画四大类。

动画效果，主要区别在于需要给同一对象设置多个动画时一定通过添加动画的按钮进行。

PowerPoint2010 中新增加了动画刷功能，只要双击动画刷，则“动画刷”呈橘色选中状态，可以给 N 个对象赋予相同的动画效果，取消的话再单击一次“动画刷”即可，非常方便于给多个对象设置相同的动画效果时使用。

(3) *幻灯片中的保存类型*　完成了幻灯片内容的设计、图形化编辑处理及动画设置后，上课前，教师还需要完成最关键的一步，就是保存。为了上课时实现更好的效果，这里推荐几种演示文稿格式（PPT 或 PPTX 格式文件）以外的保存方法。

首先是课堂教学的幻灯片建议保存为放映格式：当保存为这种格式的文件双击时，会直接播放幻灯片，而不需要打开演示文稿后再单击播放按钮播放；

其次是学生课后学习复习的幻灯片，教师可以根据课件具体的内容情况选择打包（包含其他格式的链接资料时）、网页格式（建议单独网页格式 MHT）、图片格式（每张幻灯片一张图片保存在一个文件夹中）、讲义或 PDF 格式（方便学生打印成纸质材料）、发布成 SWF 格式的 Flash 动画（参见拓展阅读中的 Ispring 工具）。需要指出的是，相对于课堂讲授幻灯片，课后复习和学习的幻灯片需要更加详细的文字及解说内容，必要的情况下，教师可以应用 PowerPoint2010 的新功能，保存为 WMF 视频格式，或将幻灯片的讲解过程录制成微课，以实现更好的效果。

（三）课后完整作业

本章的完整作业不仅考察课件电子文件，更要结合讲解，评价课件内容设计对教学的适宜性。同学们可以应用概念图（或思维导图）工具及 PowerPoint 中的 SmartArt 工具绘制各种图形以实现知识可视化，展示关键概念之间的关系，帮助学生在听讲过程中理清思路、加深印象，提升教学效果。

正如在理论研究领域知识可视化和思维可视化属于相关研究，在实践层面，相关专业绘图软件也层出不穷，在课件开发制作过程中，大家还可以结合课题具体特点和情况，按需选择应用各种插件工具。例如，在 TED 讲座中一举成名的 Prezi，就是一种通过缩放动作和快捷动作使想法更加生动有趣的演示文稿软件。它打破了传统 PowerPoint 的单线条时序，采用系统性与结构性一体化的方式来进行演示，以路线的呈现方式，从一个物件忽然拉到另一个物件，配合旋转等动作则更有视觉冲击力。再如，英特尔未来教育网站的教学工具资源中介绍的五种实用的创新思维工具软件：论证工具、因果图工具、排序工具、评价工具和技术指南。教学实践中除应用上述专业工具软件制作外，直接在交互式白板上即时写画也是不错的选择。

四、阅读与拓展

（一）概念图

约瑟夫·D·诺瓦克（Joseph D. Novak）于 20 世纪 70 年代，在康奈尔大学（Cornell University）发展出概念图绘制技巧。当时，Novak 将这种技巧应用在科学教学上，作为一种增进理解的教学技术。Novak 的设计是基于大卫·奥苏伯尔（David Ausubel）的同化理论（assimilation theory）。奥苏伯尔根据建构式学习（constructivism learning）的观点，强调先前知识（prior knowledge）是学习新知识的基础框架（framework），并有不可取代的重要性。在 Novak 的著作《习得学习》（*Learning to Learn*）中，指出“有意义的学习，涉及将新概念与命题的同化于既有的认知架构中。”

Novak 教授认为，概念图是某个主题的概念及其关系的图形化表示，概念图是用来组织和表征知识的工具。它通常将某一主题的有关概念置于圆圈或方框之中，然后用连线将相关的概念和命题连接，连线上标明两个概念之间的意义关系。概念图又可称为概念构图（concept mapping）或概念地图（concept map），前者注重概念图制作的具体过程，后者注重概念图制作的最后结果。现在一般把概念构图和概念地图统称为概念图而不加于严格的区别。

概念（concept）、命题（proposition）、交叉连接（cross-link）和层级结构（hierarchical framework）是概念图的四个图表特征。

概念是感知到的事物的规则属性，通常用专有名词或符号进行标记。

命题是对事物现象、结构和规则的陈述，在概念图中，命题是两个概念之间通过某个连接词而形成的意义关系。

交叉连接表示不同知识领域概念之间的相互关系。

层级结构有两个含义：一是指同一知识领域内的结构，即同一知识领域中的概念依据其概括性水平不同分层排布，概括性最强、最一般的概念处于图的最上层，从属的放在其下，具体的事例位于图的最下层；二是不同知识领域间的结构，即不同知识领域的概念图之间可以进行超级链接，某一领域的知识还可以考虑通过超级链接提供相关的文献资料和背景知识。

一般来说，概念图有一个特定的主题，该主题既是概念之间关系的建构，反映了概念图创建者的知识结构或思维结构，同时也是一种可视化语义网络或图表特征（图 12-16）。

（二）思维导图

思维导图是东尼·博赞创造的一种笔记方法。应用 MindManager 可以更好厘清概念、建构知识，进行课件内容规划（图 12-17）。

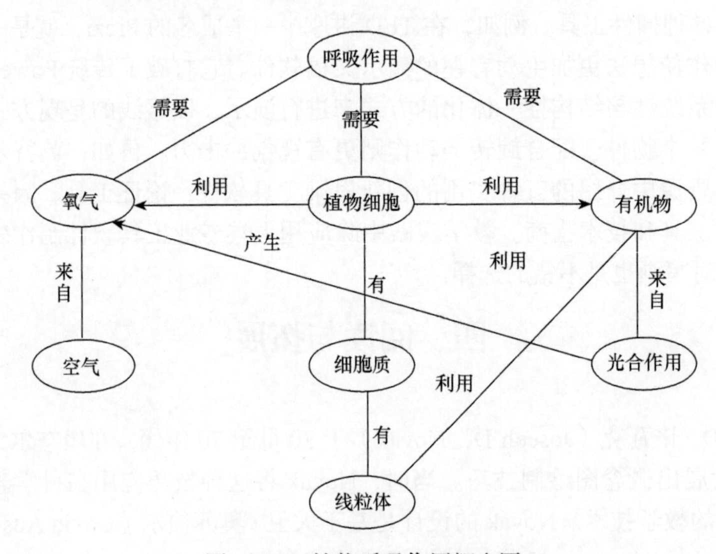

图 12-16　植物呼吸作用概念图

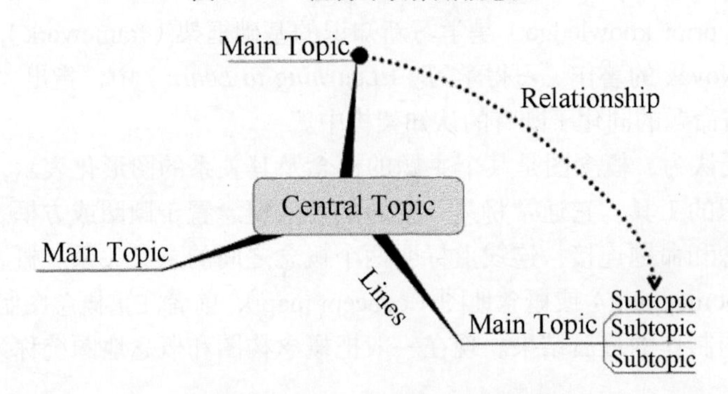

图 12-17　东尼·博赞和思维导图

思维导图的五个组成要素：

1）中心主题（central topic）：思维的核心，主题的转变表明思维的跳跃。

2）关键词（main topic\subtopic）：相关概念，概念准确与否反映思维的清晰度与概括能力。

3）分支（lines）：概念之间的纵向联系；往往是隶属关系或逻辑联系，分支的数目表示思维的广度，分支的长度表示思维的深度。

4）联系线（relationship）：概念之间的横向关联，往往是内在的、非逻辑性的联系，反映思维的丰富性、联想性和创造性。

5）颜色与图形（color and graphics）：颜色与图形对帮助记忆、激发创新很有好处。

Inspiration 是美国 Inspiration 公司开发的一种专用概念图软件，现在已经发展到了 9.0 版本，新增了演示文稿管理器，可以直接将内容转化为演示幻灯片。相对于 Mindjet 而言，Inspiration 为用户提供了更加丰富的素材库，包括各种基本图形、数字、艺术、科学、文化、地理、食品、健康、人物、技术以及娱乐等在内的 10 000 多种彩色静态或动态图形符号，特别受到基础教育教师的欢迎（图 12-18）。

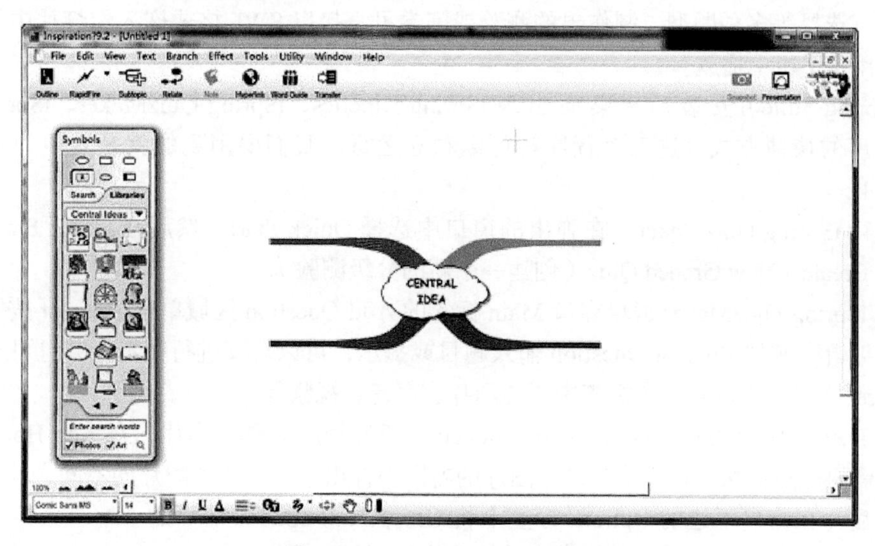

图 12-18　Inspiration9.2 主界面

（三）iSpring

iSpring 是一款 PowerPoint 转 Flash 工具，可以轻松地将 PPT 演示文档转换为对 Web 友好的 Flash 影片格式，转换的同时将会保留原有的可视化与动画效果，而 Flash 格式的最大特点是体积小巧、易于分发，兼容所有的操作系统和浏览器等（图 12-19）。

图 12-19　iSpring 欢迎界面

iSpring 是提供给微软 PowerPoint 软件使用的外挂工具，安装 iSpring 的过程中会检测系统是否装有 PowerPoint，如果装有 PowerPoint 的话，会自行嵌入其中。iSpring Free 版本去除了 iSpring Pro 版本的发布设置选项，默认一套播放器，且只能发布为 swf 格式的文件。不过对 PowerPoint 中的动画基本能够全部正常转换。相比其他 PPT 转 flash 软件来说，应该是做得比较成功的一款，而且在不断更新。更值得一提的是，其中的套装软件 iSpring QuizMaker 可以方便地制作在线测试题，并可加入声音、影片、图像等元素，支持判断、选择等多种题型，制作出的测验或问卷可直接以 SWF 格式嵌入幻灯片中外，还可以应用于手机上播放。

iSpring Suite 6 安装后，桌面出现 iSpring Kinetics、iSpring QuizMaker、iSpring Pro 三个程序的快捷方式，这三个程序都可以独立运行。我们要用到的就是其中的 iSpring QuizMaker。

运行 iSpring QuizMaker，在弹出的窗口中选择 Quick Start，然后在 Quick Start 窗口中选择 Create a New Graded Quiz（创建一个新的分级测验）。

在 iSpring QuizMaker 编辑窗口 Main 标签的 Add Question 区域单击 Hotspot 按钮，在出现的编辑区域的 Hotspot Question 输入题目或提示，可以对其进行设置，并且可在右侧的 Image、Audio、Video 三个标签中添加图片、声音、视频等。

在 Details 区域的右侧点击 Choose Image 按钮选择所需要的图片，在 Add Hotspot 区域选择需要热点形状，在“找不同”图片的右图中标出左、右两个图片的不同之处。

然后，在窗口下边的 Options 标签上将 Use default options 前面的“√”去掉，就可以自定义 Attempts（尝试次数）、Points（分值）属性，在 Feedback&Branching 标签可以将反馈信息设置成中文。

如果还想再添加一个找不同游戏，可以再次单击 Hotspot 按钮添加。

所有设置完成后，保存文件。在 Main 标签的 Quiz 区域点击 Publish 按钮就可以进行发布前的设置了。在弹出的窗口中设置标题、保存位置、输出类型等，设置完成后点击 Publish 就完成了测题 Flash 的制作。

【参考文献】

吕永峰. 2015. 读图时代可视化及其技术分析［J］. 现代教育技术，(2)：19-26

余胜泉. 2011. 教学软件设计指导手册［M］. 北京：清华大学出版社

赵慧臣. 2010. 知识可视化的视觉表征研究［D］. 南京：南京师范大学博士学位论文

朱永海. 2013. 基于知识分类的视觉表征研究［D］. 南京：南京师范大学博士学位论文

第十三章 慕　课

【内容简介】慕课（massive open online course, MOOC），即大规模网络开放课程，是近几年涌现出来的一种在线课程开发模式，课程的范围覆盖了广泛的科技学科以及社会科学和人文学科。本章结合实际慕课课程，由浅入深地分析和讲解有关慕课课程开发过程，关注慕课课程特点，从而深入了解慕课飞速发展的原因和广阔的发展前景。

【学习目标】了解慕课的概念、特点、历史及发展现状；了解慕课开发及发布的过程。

【关键词】慕课；MOOC；开放网络学习。

一、范本与模仿

（一）范本

慕课课程：大学化学；学校：北京大学；所用MOOC平台：学堂在线与Coursera。

1. 课程的文字描述，包括课程名称及logo、授课内容概述、教师简介、先修知识、授课说明等（图13-1）。

This is a general chemistry course for college freshmen who are majoring in science, medicine or engineering. 这是一门面向大学理科生的普通化学课程。

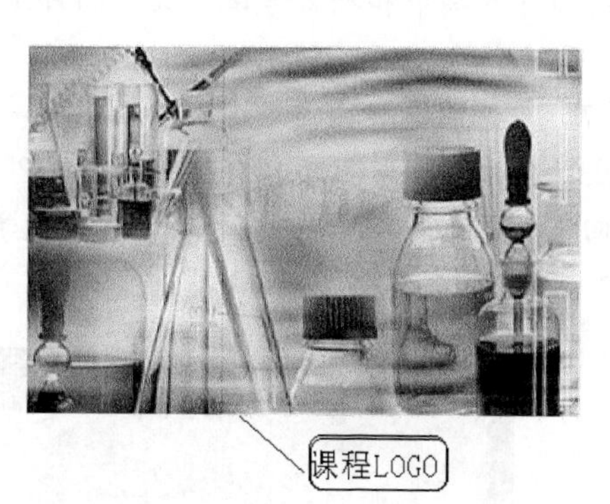

图13-1　课程名称及logo示例

（1）授课内容概述（图13-2）

课程概述

(Intro Video is also available here .)

As a course for beginners, it will offer you an overview of chemical principles. To learn this course, you were assumed to have a solid basis of high-school science, including mathematics, physics and chemistry.

The course is assigned for learners-on-web who will not enter the realistic classroom. Therefore some exercises are compiled for the self-examination of understanding.

The course is one of the PKU-DeTao MOOCs, which is a joint effort by Peking University and DeTao Masters Academy.

课程介绍视频可以访问这里。

大学化学授课对象主要为理、工、医科等非化学类本科生。本课程的目标是通过化学原理的学习，使学生初步了解现代化学的基本概念和原理，并能应用所学知识初步解决一些实际化学问题。每节课后有一定数量的习题作业。某些章节有供学生交流讨论的开放性讨论题。

该课程是"北大-德稻网络开放课程"中的一门，由北京大学与德稻教育联合提供。

班次

2015年2月26日 - 5月31日 2015

Go to Course

获得认证证书

课程特点

认证证书

完成声明

课程信息

11 weeks 课程长度

3-4 hours/week

简体中文

图13-2　课程概述示例

（2）教师简介

（3）授课内容及进程提示（图 13-3）

Week1绪论：2014/02/24～2014/03/02	Week6化学动力学：2014/04/07～2013/04/13
Week2原子结构：2014/03/03～2014/03/09	Week7化学平衡：2014/04/14～2014/04/20
Week3分子结构：2014/03/10～2014/03/16	Week8溶液平衡：2014/04/21～2014/04/27
Week4气体：2014/03/17～2014/03/23	Week9化学热力学：2014/04/28～2014/05/04
Week5分子间力：2014/03/24～2014/03/30	Week10电化学：2014/05/05～2014/05/11
期中考试：2014/03/31～2014/04/06	期末考试：2014/05/12～2014/05/18

图 13-3　授课内容及进程示例

（4）先修知识及要求

高中数理化，以及求知欲。

（5）参考资料

《普通化学原理》第四版，华彤文等，北京大学出版社，2013。

《现代化学原理》（上），金若水等，高等教育出版社，2003。

（6）授课形式说明

课程主要由视频组成，每周 15～30 个视频，每个 8～12 分钟。每周作为一个学习单元，并分为几个知识点，每个或每几个知识点后会有一个 quiz 作为复习。另外课程有额外的期中和期末考试。成绩的评定分为三个部分，期中考试 25%，期末考试 50%，平时成绩 25%。

（7）常见问题解答

成功完成课程学习后我会得到证书吗?

回答：是的，达到要求后将得到北京大学授权主讲教师签署的完成课程学习的证书。

2. 课程简介视频（图 13-4）

图 13-4　课程简介视频示例

3. 授课视频。授课视频时长一般为 5～15 分钟，在视频中会对相关知识点进行强化，一般以选择题的形式呈现。

4. 作业，包括小测验、周作业、仿真实验及期中考试、期末考试。在线作业及考试会提供评分的标准，确定提交的时间段。

5. 论坛讨论。慕课都会提供讨论区，学生可以通过自由讨论，答疑互助来解决学习中的问题。

（二）模仿

通过范例，我们可以简单地得出MOOC的课程是由以下几部分构成：1～2分钟的课程介绍视频；文字课程描述；课程视频；视频里的测验；作业；论坛讨论。

按照以上的MOOC课程的构成方法，如何将传统的课程转换成慕课课程呢？可以从一堂课的内容入手，按照如下步骤进行“转型”。

第一步，分解知识点。首先要把一堂传统课程的授课内容层层分解，直到知识点一级，一个知识点只讨论一个话题或一个问题，并列出这堂课的知识点清单，同时按照一定的规律对知识点进行编号。如果做成讲授视频，一个知识点的教学视频用时3～8分钟，写成文字稿就是1000～2000字。

第二步，整理视频资源。整理目前已有的视频资源，如课堂录像，或者之前制作的微课，还有学生的课堂报告视频，看能否按照知识点清单对这些内容进行归类。对于课堂录像，可以先记下需要的视频片断的起始时间，之后再进行剪辑。可用的录像素材与知识点对应编号。

第三步，规划小测验。对于某些知识点，如果起到建立新学内容与以前学过知识的联系，或者为了加深学生对某个概念、问题的理解，在制作慕课时，就可以将这些问题做成嵌入视频的小测验。可以先将提问写下来，对应视频编号保存在新文件中。

第四步，列出课上或者课后的有关讨论话题和以往的学生讨论材料。如果讨论话题是和具体的知识点紧密相关的，要在题目后添加注释说明。

第五步，列出传统课堂中的练习和作业，分成客观题、主观题等。客观题，需要准备标准答案；主观题，需要准备相应的评分标准，另外还需要准备一些学生作业作为样例。

完成以上五步，一堂传统课的资源就快速变成了慕课的资源。之后只需要按照规划将相应的课程材料分类准备好，并最终上传到平台上。

二、问题与原理

MOOC是Massive Open Online Course（大规模开放在线课程）的缩写，是一种由知名高校开设，面向大众人群的在线课程。

“M”：代表massive（大规模），对大规模的一种理解是说慕课原则上可以接收“无限量”的学生，因为是网络教学，数万人同修一门课程，技术上是可以实现的。例如，引起全球瞩目的斯坦福“人工智能”课程在2011年秋季就吸引了16万学生。不过慕课这个词最早被造出来的时候，“大规模”是相对于同门课程在校内的常规修课人数而言的，在这种情境下，一门通常只有一百人选修的课程，放到互联网上有两千人选修，就可以算作是大规模了。

“O”：代表open（开放），开放注册，开放的学习过程，MOOC学习一般是开放的、免费的。

慕课的第三个字母“O”对应的单词是 online（在线）。正是因为互联网的发展，使得在线教育能够模拟和传递校内教学的基本要素，从某种意义上来说，这种移动学习的便利推动了慕课教学微视频的流行，这也是慕课对开放教育资源的一个改进。

“C”：对应的单词是 course（课程）。这是慕课相对于开放教育资源（OER）的一个进步。开放教育资源提供了许多优秀的资源，但是很少有人能够从头到尾看一遍，未能充分发挥优质资源的价值。而慕课以课程形态呈现，有开始和结束时间。学生在老师的引导下，和同伴一起学习，按时提交作业和测验，按进度完成课程，提升了课程完成的概率，提升了资源的利用率。

MOOC 更加强调创建、创造性、自主性和社会网络学习，教师需要有针对性地指导学生构建知识与知识之间的联系。

（一）问题与原理 1：内容精品化和碎片化——行为主义＋认知负荷理论

根据美国心理学家约翰·华生（John Watson）提出的行为主义理论，认为学习过程就是把条件刺激与条件反应组织起来而形成的。在行为主义理论的支持下，MOOC 更强调视频演示，更加关注知识的重复，因此 MOOC 的内容日趋精品化和碎片化。精品化是指课堂内容不再受到讲台黑板这种空间上的束缚。教师可以选择任何把某个知识讲解得最清楚、最明白的地方来进行拍摄。认知负荷理论（cognitive load theory，CLT）认为，影响认知负荷的基本因素是学习材料的组织呈现方式、学习材料的复杂性和个体的专长水平（即先前知识经验），在 MOOC 中不再是大段大段地去讲授知识，而是把课程化成知识体系，教师对每个知识点进行有针对性的讲解，即碎片化。从课程视频角度来看，每个教学视频的时长都在 15 分钟以内，学生可以充分利用碎片时间来进行学习。

（二）问题与原理 2：学习主动性和个性化——掌握学习理论

慕课背后核心的教学原理是“掌握学习”，这是由著名教育家、心理学家、芝加哥大学教育学教授布卢姆提出的，其核心观点是：“学生的学习能力并不能直接决定他的学习成效，而只能决定他掌握内容所需要花费的时间。只要教师为其提供所需要的学习时间和学习帮助，90% 以上的学生都能掌握我们所教授的事物。”

MOOC 课程当中每一个学习者都是中心，教师以学习者为中心来开展相应的教学活动。学生自主掌控听课的节奏，把握自己学习的进度，提升了主动性。同时学习者可以根据兴趣特点、学习的快慢程度来规划一个个性的学习路径，使得学习更具个性化。

（三）问题与原理 3：评估实时性和科学化——联通主义

评估的实时性是指，由于 MOOC 受众的广泛性，选课人数的庞大性，教师很难逐一批改学生的作业。慕课提供了同学互评、即时反馈的功能，有效地解决了这个问题，这种方法应用了乔治·西蒙斯（George Siemens）在 2005 年首次提出的联通主义是一种信息时代的网络学习理论。它的核心思想为：“学习和知识应该建立于各种观点之上；学习是一种将不同专业节点或信息源联通的过程；为促进持续学习，需要培养与保持各种联通；发现不同领域、理念与概念之间联系的能力至关重要；知识的流通是所有联通主义学习活动的最终目的。”在这种理论的支持下，MOOC 更加强调创建、创造性、自主性和社会网络学习。

另外，所有的教与学的行为都以数据的形式存储在云平台上，在教育大数据挖掘的推动下，可以让教师和学生对于自己教与学的情况得到实时的评估结果，例如，学生随时能够在课程进度中看到自己当前的学习进度统计图，教师可以在后台看到学生的习题作业的答题情况统计数据及图表。

科学性是指 MOOC 的评价形式多元，不仅仅局限于期末考试，更加注重过程性评价。学生最终的评价一般由作业、论坛活跃情况、Wiki 贡献情况、期末考试等多方面构成。多元评价能让学生明确自己的学习目标，让教师综合地评价学生。

（四）问题与原理 4：受众广泛性和公平性——MOOC 创新应用五大技术

受众的广泛性是指课程免费向全球学习者开发，任何感兴趣的人都可以选择参与课程的学习。

公平性是指，无论是在都市还是在乡村，MOOC 对于每一个人都是公平的。虽然学习者并不在教室中，但仍能快捷地享受优质的教育资源。而这些优质课程一般都是世界名校开设的，这样对于促进教育公平起到了举足轻重的作用，让教育公平落到了实处。

实现受众的广泛性和公平性，受益于网络的迅猛发展，以及 MOOC 课程创新应用了网络视频、论坛讨论、机器判分与同学互评、大数据统计及社交网络，有机地把这五大部分结合起来，推进了教育的广泛性和公平性（图 13-5）。

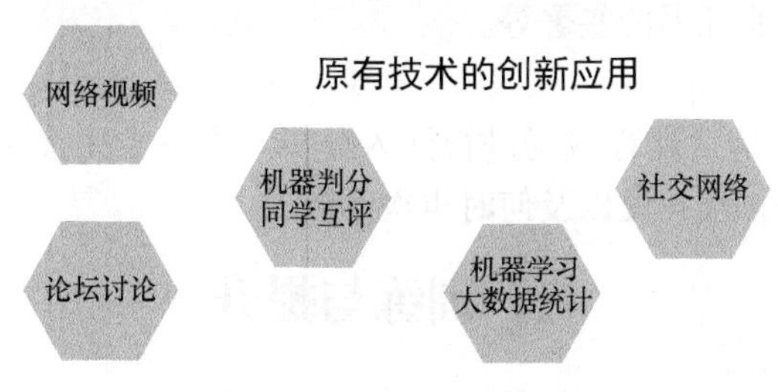

图 13-5　MOOC 五大技术

（五）问题与原理 5：MOOC 课程开发的具体过程——泰勒原理

泰勒在《课程与教学的基本原理》中提出了课程开发的基本程序、步骤和方法，课程开发分一般为四个阶段，即确定目标、选择教育经验、组织经验、评价。根据泰勒原理，完整的 MOOC 课程包含以下步骤（图 13-6）。

准备阶段 → 设计制作阶段 → 课程发布阶段 → 课程运行阶段 → 课程结束阶段

图 13-6　MOOC 课程开发流程

1. 慕课开课准备阶段

1）了解选用的 MOOC 平台提供工具的功能。

2）组建 MOOC 建设团队，包括学科教师、技术人员（内容制作人员、测试编制人员）、教学支持助教等。

3）进行教学规划，对整个课程框架做一个大致的规划与整理，综合考虑教学目标、教学活动和学习考核，以确定教什么、教多少、怎么教、怎么练、怎么考。

4）据课程规划制订慕课建设的项目执行计划，确定项目要分几个阶段进行，每个阶段的里程碑是什么，重要的时间点，可用的人力、出现问题时的应急程序和后备方案。

2. 课程设计制作阶段

1）进行课程设计，确定课程的教学风格、教学策略、制作路径等。

2）制作课程宣传材料，包括对课程内容的描述、宣传的新闻稿、宣传片等。宣传内容要特别考虑和关注所定位的群体。

3）制作课程样例，选取课程中具有代表性的一节制作课程样例，同时测试课程课件制作工作量和所需时间、团队协作的效果、课程呈现方式的效果等等，及时发现问题、修正工作路线。

4）制作整个课程。以课程样例为模板，开始整个课程的制作，重点查看课程是否关注到了慕课学生的学习体验规律，例如，有哪些周哪些时间段需要给予学生特别的关心和支持。

3. 课程发布阶段

发布之前要对课程进行测试和调整，通过测试和调整后发布到最终的平台上。

4. 课程运行阶段

发布后课程就进入了正式运行阶段，设定的开课期间就可以开始上课了。在上课期间，教师需要对课程时刻保持关注，对学生的反应做出及时的调整和反馈，例如，发布课程公告、提供答疑视频、开展激发或保持学生的学习兴趣的活动等。

课程进入尾声，教师可以选择课程的关闭方式，是让选修的学生继续看学习内容，还是直接关闭，以及课程证书的签署等。

5. 课程结束阶段

课程结束后，教师应对课程数据进行深入分析，进一步完善课程，并与课程建设机构保持联络，决定是否再次开设以及何时再次开课。

三、训练与提升

（一）项目 1：分解训练

在本章的范例中，MOOC 课程主要包括了以下几部分：课程的文字描述，包括课程命名及 logo、授课内容概述、教师简介、先修知识、授课说明等；课程视频简介；课程视频；作业，包括小测验、周作业、仿真实验及期中考试、期末考试；论坛讨论及 Wiki。下面分解说明一下这几部分的做法。

1. 课程的文字描述

其中授课内容概述、教师简介、先修知识、授课说明要既简明又能清晰地说明有关课程的内容，课程命名及 logo 要有特色。

2. 课程简介视频

这是 MOOC 进行宣传的重要途径之一，通过视频简介，要使得学习者对于课程充满兴趣，因此视频简介应该是重点突出、特点鲜明，简短并极具吸引力。

3. 授课视频

授课视频是 MOOC 课程中最重要的部分之一。首先要选取合适的视频呈现方式，其次通过相关的设备及软件来实现。

MOOC 视频呈现的方式主要包括出镜讲解、手写讲解、实景授课、动画演示、专题短片、访谈式教学、对话式教学及虚实结合方式等。

(1) 出镜讲解

1）单纯出镜讲解。出镜讲解是指授课人的形象出现在视频画面当中，绝大多数不太涉及知识推导讲解的课程推荐采用这样的形式，优点在于能够极大地吸引学习者的注意力，形成一对一授课的感觉。拍摄时既可以在演播室里面，也可以在实际的教室当中。拍摄的时候，可以在老师的一侧留一定的空余，可以将图表提示等相关教学提示后期制作在空余处，用来讲解相关的知识点（图 13-7）。

图 13-7 单纯出镜讲解（图片来源：学堂在线 清华大学肖星教授《财务分析与决策》）

2）出镜讲解＋PPT。一种是老师站在绿幕前，后期进行抠像处理，把课程相关幻灯片放在他身旁的一侧，对其讲解进行提示和补充（图 13-8）。

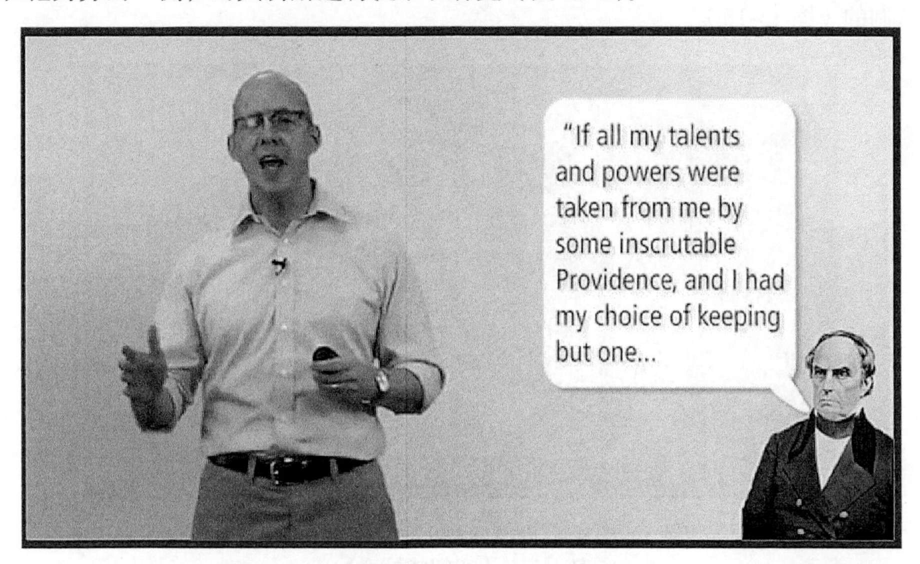

图 13-8 出镜讲解＋ PPT（图片来源：coursera 华盛顿大学 Dr. Matt McGarrity《Introduction to Public Speaking》）

还有一种是老师在教室中进行视频拍摄，后期制作时要把讲解的一些知识要点制作在黑板上，这样的一个效果能让学生有一种仍然处在教室里听老师讲课的亲切感（图 13-9）。

（2）手写讲解　相比于出镜讲解，手写讲解则更适合那些涉及大量推导过程的知识内容，它能够让学习者把注意力集中在整个知识讲解的过程本身上而非授课者个人的形象上。这样的一个讲解内容呢，实际上是吸取了传统课堂当中板书讲解的全部优点，

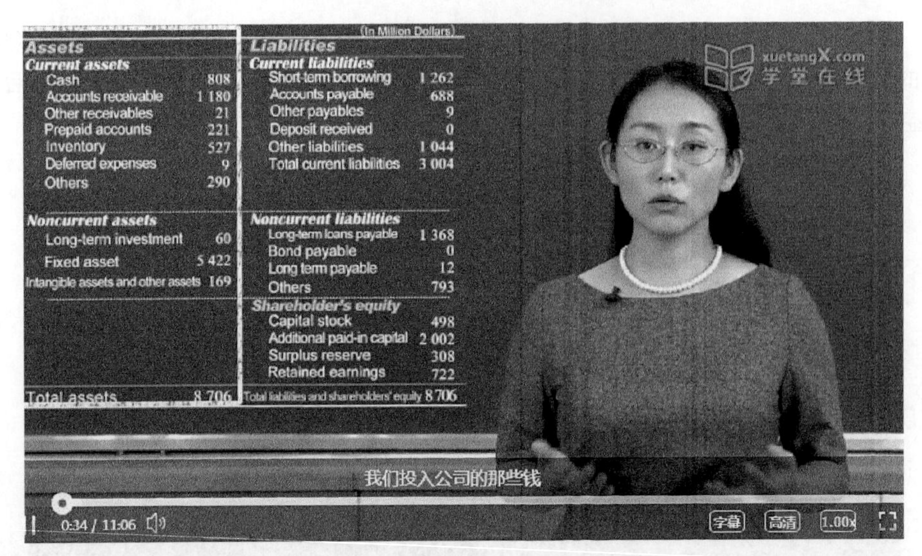

图 13-9　实景出镜讲解＋PPT（图片来源：学堂在线 清华大学肖星教授《财务分析与决策》）

同时我们还可以引入更多的后期加工，让整个的知识讲解更加的自然，减少了很多不必要的拖沓。在实际操作当中，有如下几种方法。

1）将摄像机架在桌子上，把镜头朝向桌面，在桌面上铺好纸张，一边讲解，一边录下整个手写推导的过程。在MOOC的兴起之初，很多有代表性的课程，就是用这样的方法来录制的（图 13-10）。

图 13-10　手写讲解 1（图片来源：Udacity 斯坦福大学 Sebastian Thrun 和 Peter Norvig《人工智能导论》）

2）配置一台有电磁笔的平板电脑，或者是一个带液晶屏的手写板，通过录屏的形式来保存下整个讲解过程。录制完成以后，再通过视频的剪辑软件，进行精加工（图 13-11）。

手写讲解和出镜讲解没有非常明确的界限，在同一个知识点讲解的过程中，可以把这两种形式有机地结合起来，同时也可以把出镜和讲解同时出现在一个场景当中。例如，把数学课的讲解过程，还原到了MOOC视频当中老师的出镜和板书的讲解巧妙地结合在一起，让学生有着更好的学习体验（图 13-12）。

图 13-11 手写讲解 2

图 13-12 手写讲解＋出镜讲解（图片来源：学堂在线 清华大学章纪民教授《微积分 B》）

实际上在 MOOC 当中还会有更多的创新，比如说用一个透明的玻璃板，架在摄像机与授课教师之间，让老师的手写讲解内容和老师本人的形象同时重叠地出现在画面当中，会形成不一样的授课效果（图 13-13）。

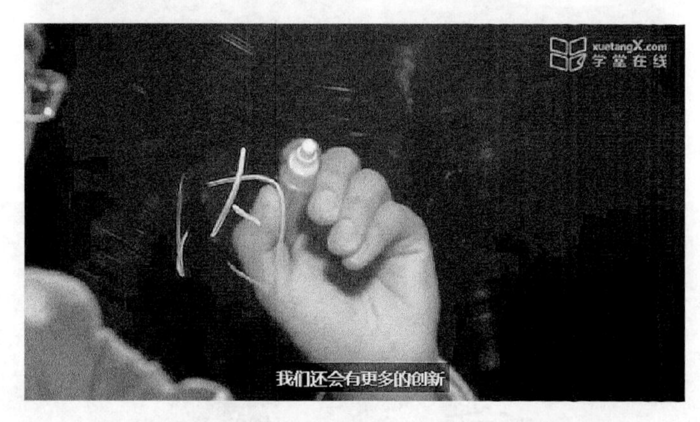

图 13-13 创新的手写讲解（图片来源：学堂在线）

（3）实景授课 实景授课是对传统课堂一个极大的补充，没有了教室这样空间上的限制，可以去任何一个最好、最合适的地方去讲解相关知识（图 13-14）。

（4）动画演示和专题短片 动画演示和专题短片这样两种表现形式都是为了方便讲解抽象的知识或者快速地介绍一些背景资料，专题短片本身信息量大、视角丰满，在适合的时候把它们加以利用，能够调动学习者学习的兴趣、提高知识讲解的效率（图 13-15 和图 13-16）。

图 13-14　实景授课（图片来源：清华大学彭林教授《故宫：北京城的五行思想》）

图 13-15　动画演示（图片来源：coursera 加州艺术学院《现场直播！艺术家，动画师和玩家的艺术史》）

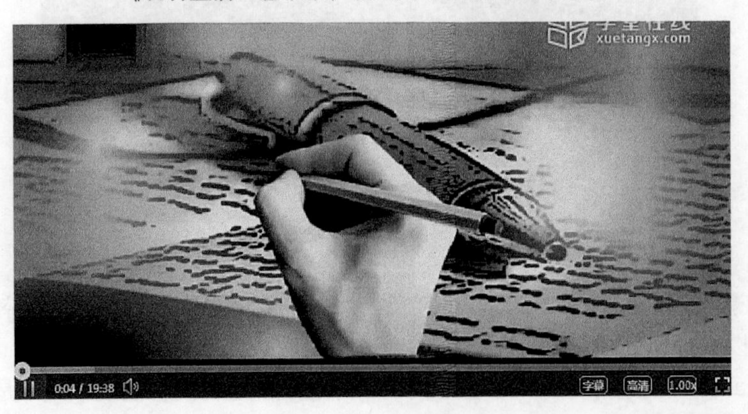

图 13-16　专题短片（图片来源：学堂在线 高飞飞《如何写好科研论文》）

（5）**访谈式教学** 访谈式教学是将访谈类电视节目的形式应用于在线课程当中，主讲教师以主持人的形式通过访谈循序渐进地让受访者将知识寓于对话当中，让授课内容更加富有故事性，能够吸引学习者的注意力，也让学习者有机会接触到更多人的真知灼见（图 13-17）。

图 13-17 访谈式教学（图片来源：coursera 加州艺术学院《现场直播！艺术家，动画师和玩家的艺术史》

（6）**对话式教学** 对话式教学与访谈式教学比较类似，一般由两位或多位老师出镜，出镜的老师往往都是授课团队的成员，或者是一位授课老师与一名助教对话引入相关的授课内容，往往具有一些思辨性的或者没有特别明确结论的教学内容都可以采用这样的授课形式（图 13-18）。

图 13-18 对话式教学（图片来源：coursera 加州艺术学院《现场直播！艺术家，动画师和玩家的艺术史》）

（7）**虚实结合** 虚实结合在技术上被称作增强现实技术，英文简称 AR，和利用绿幕布、绿箱抠像的虚拟演播室技术有所不同，它并不是把视频、PPT 图片这些虚拟图层作为背景层出现在人的后面，而是把真实的现实环境作为一个背景层，再把一些虚拟的对象，用后期制作的手段呈现在一起，虚实结合形成一种全新的授课的体现，比如说一些工科的课程在讲解相关模型的时候，就可以把一个三维模型置于教师的面前进行更加细致的讲解（图 13-19）。

图 13-19　虚实结合法（图片来源：学堂在线 清华大学《MOOC 的制作与运营》）

那么，在选好视频呈现方式后，就可以通过相应的硬件设备及软件制作视频。硬件一般包括媒体工作站或计算机、摄录设备、简易演播室、手写板等。目前常用软件有：视频抠像软件——Adobe Ultra、iClone；交互设计软件——Adobe Captiviate；语音动画软件——iFly InterPhonic、Character Builder；动态图标软件——Raptivity 等。

4. 作业，包括小测验、周作业、仿真实验及期中考试、期末考试

作业的准备过程如下：①规划小测验，小测验对应知识点；②列出课上或者课后的有关讨论话题和以往的学生讨论材料；③列出传统课堂中的练习和作业，分成客观题、主观题等并给出答案；④设计期中、期末考试题，要难易适当。

5. 论坛讨论及 Wiki

在 MOOC 中，互动环节是最具特色的一环，互动使得 MOOC 更具生命力。论坛讨论和 Wiki 功能，很多 MOOC 平台已经提供。可以根据课程需要，进行讨论或者使用 Wiki 功能。

1）教师可以在论坛讨论区组织学生就某一主题开展讨论。学习者可以在讨论区和其他人进行讨论、提问等。讨论区支持搜索功能，也支持按主题进行过滤。用户可以关注自己关心的帖子，对帖子进行订阅，系统可以每天向用户发送讨论区摘要，方便用户了解讨论区的动态（图 13-20）。

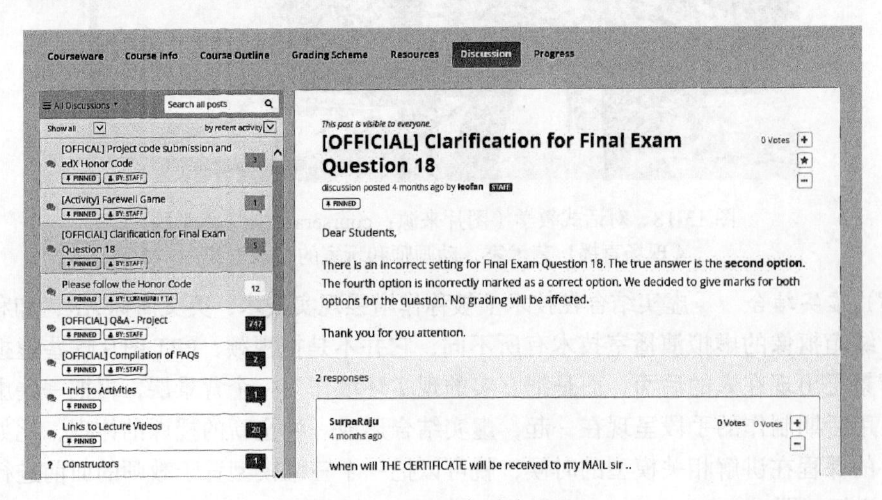

图 13-20　edX 平台讨论区界面

2）教师可以根据实际情况在 Wiki 区创建不同主题的页面，由学生一起创建编辑 Wiki 词条，协同学习，共享学习笔记，构建学科课程知识体系（图 13-21）。

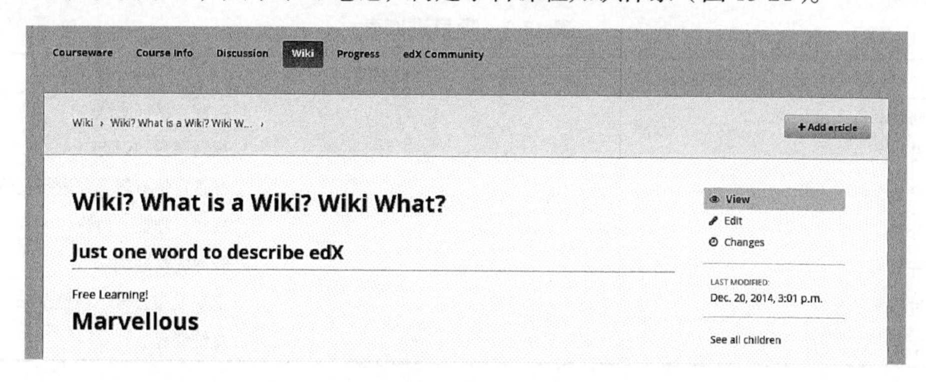

图 13-21　edX 平台 Wiki 界面

除去上面五部分外，还应该注意：第一，MOOC 视频一般需要裁剪成 5～15 分钟的小段，注意视频间的相互连贯性。第二，虽然教师可以指定一本已经发行的书作为教材，但是如果教师本身不拥有完全的版权的话，是不适宜免费发放给学生的。这种情况下，作为 MOOC 的配套，可能需要花力气去编写可以免费发放的讲义文稿。第三，PPT 加工要以 720p（16∶9）的清晰度呈现课件。第四，尽量制作与视频相对应的字幕。"根据字幕文字检索并定位视频位置"是对学习者极为有力的一个复习工具，将来会成为必备。第五，将内容上载至网站后，要定期进行调整和维护、论坛的互动，以及处理各种线下事务。

（二）项目 2：迁移训练

制作一门 MOOC，如同对一个项目进行管理，为了能够清晰地对整个工作进行监管，在制作一个 MOOC 时，可以应用以下表格。

1. 慕课规划表（表 13-1）

表 13-1　慕课规划表

慕课主题	
选题分析	请谈谈为什么你认为这个主题适合开慕课？这个话题吸引人吗？这个主题有没有类似的已经上线的慕课？如果有，你打算建设的慕课和这些已有的课程有什么不同？
对学习者的要求	你希望什么样的学习者来选课，比如需要具备哪些知识基础，需要具备什么实践经验等等。你的慕课需要做出什么样的时间投入承诺，如必须按时交作业吗？
教学目标	你希望学习者完成课程后学到什么知识、具备什么能力？计划如何帮助学习者清楚课程的目标？
课程评价设计	计划怎样衡量学习者的学习目标是否达成？学习者需要达成什么要求才能获得课程证书？
教学设计	计划分几周进行，每周的教学安排是什么？这样的安排和传统教学相比，有什么改动吗？为什么要这样变动？
讨论活动设计	谈谈你对课程论坛的定位，你只打算让社区作为答疑解惑的地方，还是会有其他功用？在引导学生讨论方面，你有什么考虑？你计划如何参与学生的讨论？
你的团队成员及分工描述	课程团队中有哪些人？团队中每个人的工作任务是什么（如授课教师、助教、校方的教学和课程制作支持人员）？
宣传策略	你计划采取哪些宣传手段来宣传课程？你认为哪些信息对于课程宣传最重要？
问题与挑战	对于开设慕课，你最大的挑战可能是什么？你计划如何解决？你希望获得什么样的帮助？

2. 项目进度表（表13-2）

表13-2　项目进度表

项目	完成进度	开始时间	结束时间	备注
建课前的准备				组建、培训团队
课程设计				规划课程知识点
课程宣传				准备宣传材料，并进行宣传
课程开发				视频、作业、讨论
正式开课				开课的欢迎词
上课过程				定期发布公告、监控论坛
课程结束				总结课程

（三）项目3：课后作业

请选择一门课程，把它转换为MOOC形式。要求：①对知识点进行分解、细化。②录制和整理视频资源，并完成与视频对应的文稿。③列出小测验、列出主观题和客观题，准备好相应的答案，同时准备一些学生作业样例。④列出课上或者课后的有关讨论话题和以往的学生讨论材料。⑤填入项目规划表和项目进度表中。

四、阅读与拓展

（一）概念理解

1. MOOC的历史

2012年被称为慕课元年。MOOC，大规模开放在线课程是由加拿大的两位学者Dave Cormier和Bryan Alexan共同提出的。他们提出这样一个概念，主要是源自于加拿大一个基于联通主义的网络教学实验。慕课教育机构主要包括Coursera、edX、Udacity、Khan Academy及codeacademy等，它们主要是美国大学财团或大学附属机构。Coursera与edX、Udacity并称慕课教育的“三驾马车”。三大网络教育平台的风生水起，为各类学生提供了更多系统学习的机会。各种“慕课”平台虽为非盈利性质，但已开始了一些商业化的探索。他们借助高校的优质教学资源打造高等教育课程，创造“指尖上的学习”新模式。学生不仅可以自由获取资源，而且可以运用计算机设计个性化的学习目标，以促进学习效果。以Coursera为例，仅用一年多的时间，作为“慕课”支柱的Coursera已吸引全球81所高校或科研机构的加盟，共享资源课程达到386门。2012年上线4个月，学生数便突破100万，到11月时，学生数已经突破1800万。成立还不到一年时间时，它便已获得共2200万美元的融资。Coursera由斯坦福大学教授Andrew Ng和Daphne Koller共同创立，与斯坦福、普林斯顿、密歇根等33所世界顶尖大学合作，在线提供免费的网络课程。学生虽不能直接从网站上拿到学位，但可以在线学习各类课程。两位创始人的规划是通过授予合作高校证书向学生收费的模式来获得一定资金支持。2013年2月8日，Coursera的第一批五门网络课程的学分获得美国教育委员会（ACE CREDIT）的官方认可，学生在Coursera学完课程可获得相应证书。当前，我国慕课建设正处于起步和摸索阶段。2013年5月21日，被视为MOOC“三驾马车”之一的 edX 宣布新增 15 所高校的在线课程项目，包括北京大学、清华大学在内的 6 所亚洲名校。2013 年 7 月 9 日，复旦大学、上海交通大学分别与“慕课”三大平台之一的 Coursera 签约。不到两个月时间，中国著名大学与“慕课”公司的频繁互动，已表明慕课全新教育模式给高等教育带来的巨大冲击。随着合作的开展，慕课平台上将首现中国内地高校课程。按照相关协议规定，只要某门课程选课人数超过一万，Coursera 就会在不超过 7 个工作日之内配好英文字幕。复旦大学、上海交通大学将向全球提供在线课程，和耶鲁、麻省理工学院、斯坦福等世界一流大学一起构建全球最大在线课程网络。与此同时，中国高校也在打造自己的慕课平台。上海交通大学将与北京大学、清华大学、复旦大学、浙江大学、南京大学、中国科学技术大学、哈尔滨工业大学、西安交通大学等“中国常青藤大学”及同济大学、大连理工大学、重庆大学共建中国“慕课”。2013 年 10 月 10 日，清华大学正式推出全球首个中文版 MOOC 平台——学堂在线（www. xuetangx. com），面向全球提供包括清华大学、北京大学、麻省理工学院、加州大学伯克利分校等名校在内的在线课程。2014 年 4 月 9 日，上海交通大学正式上线发布自主研发的中文慕课平台“好大学在线”（www. cnmooc. org）。“好大学在线”使用最新的云技术，建立了基于云题库的练习和测试系统，具有学生作业自评与互评功能、课程成绩设定和学习成绩自动统计功能。“好大学在线”首期已有两岸三地 4 所一流大学 10 门高水平课程上线，课程发布院校包括北京大学、上海交通大学、香港科技大学和台湾新竹大学等。各校的学生从这个平台选修优质的课程，可以通过这种自主的学习获得相应课程的学分甚至有可能通过系列课程的研修，获得辅修专业学位。

2. 目前流行的 MOOC 平台

edX、Coursera、Udacity、Khan Academy 都是国际著名的网络教育平台，edX、Coursera、Udacity 主要提供高等教育学术课程，Khan Academy 提供基础教育课程，其中 edX、Coursera、Udacity 是目前最具代表性的 MOOC 平台。

edX 是麻省理工学院和哈佛大学于 2012 年 4 月联手创建的大规模开放在线课堂平台，它免费给大众提供大学教育水平的在线课堂（图 13-22）。

Coursera 是由美国斯坦福大学两名电脑科学教授安德鲁·恩格（Andrew Ng）和达芙妮·科勒（Daphne Koller）创办的免费大型公开在线课程平台。旨在同世界顶尖大学合作，在线提供免费的网络公开课程。Coursera 的首批合作院校包括斯坦福大学、密歇根大学、普林斯顿大学、宾夕法尼亚大学等美国名校。项目成立不足一年，便吸引来自全球 190 多个国家和地区的 130 万名学生注册 124 门课程（图 13-23）。

Udacity 由斯坦福教授塞巴斯蒂安·特伦（Sebastian Thrun）在 2011 年创办，旨在为尽可能多的学生带来高质量的大学课程。目前该网站主要提供计算机类课程，均可免费学习。在形式上除采用视频授课外，其他基本都与在真实的大学中接受教育一样，也有课前大纲、课后作业、结课测试等（图 13-24）。

可汗学院（Khan Academy），是由孟加拉裔美国人萨尔曼·可汗创立的一家教育性非营利组织，主旨在于利用网络影片进行免费授课，现有关于数学、历史、金融、物理、化学、生物、天文学等科目的内容，教学影片超过 2000 段，机构的使命是加快各年龄学生的学习速度（图 13-25）。

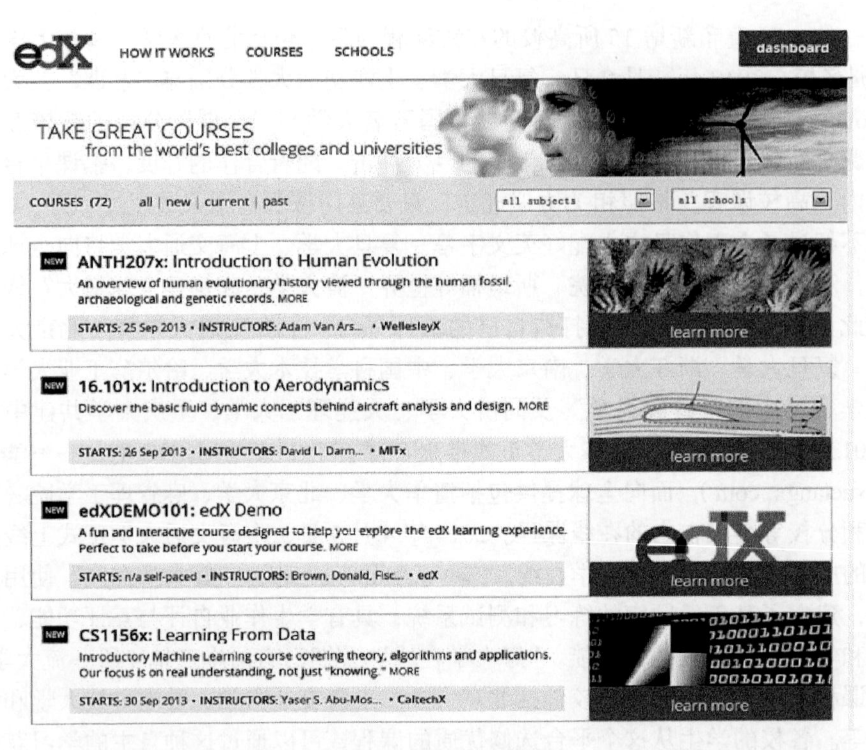

图 13-22 edX 平台界面

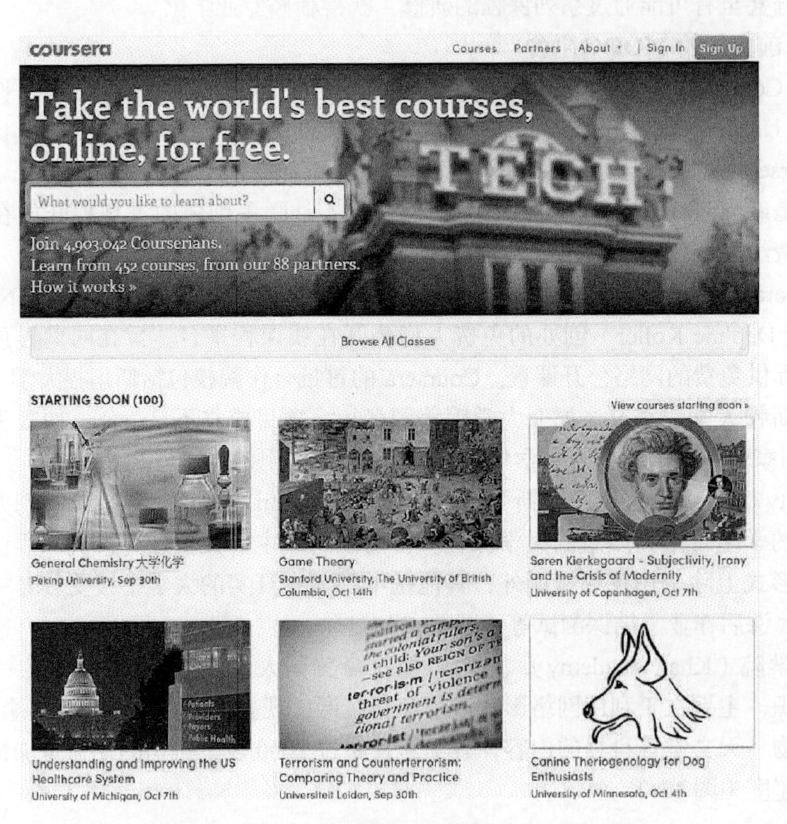

图 13-23 Coursera 平台界面

图 13-24 Udacity 平台界面

图 13-25 Khan Academy 平台界面

3. MOOC 提供多种自主学习的机会——讨论、互评

在 2013 年 3 月召开的 SXSWedu 会议的一个特别主题对话中，Agarwal（图 13-26）描述了他自己首次教授慕课时的喜悦心情：“在我的印象中，给我最大冲击的是讨论的威力。起初，面对 155 000 个学生，晚上我简直夜不能寐啊，我不知道如何去回答来自学习者的问题。所以，在第二天的课程之后，到了夜里 2 点，我还在奋笔疾书，我在以最快的速度观看学习者之间的讨论，回答他们提出的问题。一个问题弹出来了，我正准备在键盘上打字回应他的问题。突然，在我提交答案之前，我看到另外一个同学回答了他的问题，在当时，这个同学还在巴基斯坦。他几乎正确地回答了第一个同学提出的问题。

图 13-26 Agarwal

我想我可以给出一些更正和意见。就在这个时候，另外的同学又补充了新的答案。我把自己的身子放回椅子里，心想，这简直太迷人了。我茅塞顿开！在此之前，学习者们的贡献从四面八方加入进来，他们相互提出问题，相互解答。最终，他们都知道了正确答案。作为一名教员，我只是庆幸，正确答案自己会涌现出来。”

（二）拓展部分

1. 翻转课堂

翻转课堂（flipped classroom）是一种以课堂面授教学为基础，再利用多种技术工具来实现教学流程重组的教学组织形式。具体来说，就是重新调整课堂内外的教学组织结构和教学分配时间，将学习的主动权从教师转移给学生（图 13-27）。

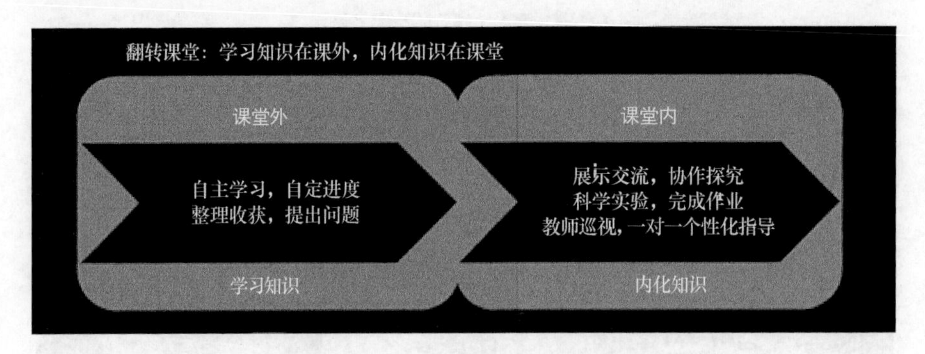

图 13-27 翻转课堂过程图解

在这种教学模式下，在课堂内的有限时间里，学生能够更专注于主动的基于项目的学习，更多地与教师进行提问答疑、讨论交流，共同研究和解决学习中的重点和难点问题，从而获得对教学内容更深层次的理解。教师不再占用课堂的时间来讲授信息，这些信息需学生在课前、课后自主完成，他们可以通过看视频讲座、听播客、阅读电子书、与他人讨论、查阅资料等方式来完成。

翻转课堂可以充分利用 MOOC 课程网站或其他网络资源，课下给学生提供充分的学习任务单，让学生自主完成知识的学习；课上则针对学生存在的疑惑、问题，或答疑，或深入研讨，或分享，或实操，这样把原本课堂上的知识传授放到课下，把答疑解惑放到课上，解决了学生学完后有疑问找不到答案的问题。而且对于应用型院校，可以充分利用课下让学生完成理论知识的学习，课堂上侧重操作或练习，既让学生动起来，又充分利用了课堂时间。

2. 慕课与网络公开课的区别

利用网络来进行授课似乎并不是一个新鲜的概念，MOOC 也是以网络为媒介来进行教学，它和之前的网络公开课有什么本质的区别呢？

第一，网络公开课是对传统课堂的重放，是把摄像机架在教室的后面，把整个的教学过程录下来完整地放到网上，老师授课受到了时间和空间上的许多限制，比如说他只能用 45 分钟讲一节课，在空间上只能在讲台前、黑板前、幻灯片前面来讲解知识，相关的手段和呈现的形式比较单调。而 MOOC 则可以做得更加灵活，理论上可以去任何能够把这个知识讲解最清楚、最明白的地方来讲解相关的知识，比如说需要推导讲解，就直接来拍摄推导的过程；如果动画显示会显得更加直观，就直接展现动画的形式；如果需要实地的参观考察，就把教室放在室外；如果需要观看实验，就用最直观的形式把课堂上不好演示的环节轻松加以呈现，任何手段只要需要，都可以想办法用到课堂当中，这是那些仍然拘泥于讲台、黑板、PPT 的传统课堂所无法比拟的。

第二，在观看传统的网络公开课的视频的时候，会发现老师从来就没有看过学生，学生在学习的时候感觉自己像是在旁听这门课程。而 MOOC 给大家的是一种现场感，让学生有一对一授课的感觉，会让学生本身更加投入其中。

第三，传统的网络公开课只呈现授课知识，仍然拘泥于单向知识的传递；而 MOOC 不只是把知识内容放到网上，而是把整个学习的周期全部在网络上加以呈现，不仅仅老师出镜讲解知识，同时学生在网上做作业、提交作业，教师、学生在网上互动讨论，而且还有期中考试、期末考试，最后成绩通过了还会有认定学分、获得证书等等诸多环节，可以说学习的整个周期都可以在网上实现。

第四，在传统网络公开课中，学生是在单纯地听讲。在 MOOC 当中，学生主动地参与和互动，这成为非常重要的一环。学习社区正是 MOOC 非常重要的一项组成因素，能够与万千的学习者共同学习、共同进步，也正是 MOOC 的魅力所在。

除此之外，MOOC 与传统的网络公开课还有一个很大的差别，那就是传统的公开课大家单纯地在看，而平台对你本身没有相应的学习记录的采集，而在 MOOC 当中，由于把学习的全周期都放到了网上，所以学习者的每一个学习行为、教师的每一个教学的环节都会被精确地记录在案，通过大数据的挖掘会让教与学充满个性化和科学化。

3. 慕课教学与面授学习的区别

(1) *教学对象不同*　在传统课堂当中，教师对学生其实非常了解，学生基本上都有同样的背景、相似的专业基础知识，在这种情况下进行课程设计是一件相对容易的事情。在 MOOC 课程当中，学生的来源和背景如年龄、专业背景、学历到地域、文化背景、语言等都有着相当大的差异。

(2) *教学目的不同*　传统课程教学目的，主要是在一个完整的学位教学体系当中为学生提供一门课程，为其未来的就业或者是继续深造做准备。

MOOC 课程因为对象是各不相同的，很难有这样的一个定位，从提供 MOOC 课程的教师来说，思想和知识的传播可能是更重要的目的。从学生角度来讲，他们的目的可能各不相同、因人而异，但是其中最重要的一种学习目的，可能是因为他对这个课程单纯地是出于兴趣或者单纯地是为了一种自我的成长，或者自我的完善，而那种为了要去找工作或者是为了获得证书为目的其实是比较次要的。

(3) *教学方式不同*　在传统课堂中，学生主要通过教师面授学习知识，教师在课堂内讲授知识、布置作业，学生课后完成作业。而 MOOC 课程，学生主要通过网络完成学习，MOOC 会把整个学习的周期全部在网络上加以呈现。学生通过视频学习知识，在网上做作业，在网上和老师、同学互动讨论，在网上提交自己的作业、实验成果。

(4) *师生关系不同*　在传统的课堂中，老师在一定程度上是学生的上级，学生需要遵守学习的纪律和规则，在这种情况下，非常容易形成以教师为中心的教育模式。

在 MOOC 课程中，教师和学生之间的这种角色发生了变化，老师在更大的程度上不是上级，而变成了为学生提供学习服务的服务源，更强调以学生为中心的教学过程。在 MOOC 的教学中，不能单纯地告诉学生这道题怎么解、这个知识怎么去理解，更重要的是要去激发学生的学习兴趣。学生的学习兴趣被激发出来之后，给予一定的工具和方法，以便他们可以去追求、探寻所学知识背后的真正意义。

4. 慕课与微课的关系

关于微课的内涵，不同学者有不同解释。微课是一种基于学科课程的核心内容（重点或难点）设计而成的，应讲授某个较为完整的内容、注重即时反馈的微型化在线视频课程。以此内涵谈论其与慕课的关系，慕课的教学视频就是一组微课的集合。

5. SPOC

SPOC 作为小型私密网络课程（small private online course）的缩写，是美国伯克利大学 Armando Fox 教授的发明，通常 SPOC 的学生人数在十几人到数百人之间，不会上千。Fox 教授认为，慕课资源如果用作学校课堂教学的补充而不是代替，将会提升教师在教学中的价值，促进学生积极思考，有利于学生掌握所学，并保持学习的兴趣。注意这里 Fox 教授所谈到的 SPOC 模式与以往的混合教学模式是一回事，只不过当初的混合教学模式使用的是授课教师在学校的网络平台上放置的资源，或者推荐引用互联网资源，因为不是慕课课程资源，可能缺乏短小视频随时随地可学、系统自动判题的优越性。

但是 SPOC 也可能不只是招收自己的学生，例如，哈佛大学 2013 年秋季开设的“美国国家安全、策略和出版的核心挑战”（Central Challenges of American National Security, Strategy and the Press:An Introduction）在教授本校学生的同时也在网上招收 500 名承诺完成学业的学生，其他人可以做“旁听生”。承诺者要承诺会看所有的课程视频、按时完成所有的作业，参加课程讨论，而旁听生则可以随心所欲，并且能够看到所有公开的课程内容和讨论，但是不能拿到证书，也没有课程成绩。因为名额有限，就需要筛选学生，这门课程要求学生提供学业成绩单，并提交一份作业：谈谈对美国政府处理叙利亚冲突的看法。基于筛选，最后留下的学生将具有课程所要求的学习能力、语言能力，可以让同伴互评之类的活动更为科学，让慕课学习更为严肃有效。这样的课程组织方式可类比俄罗斯套娃，一个 MOOC 课程内套一个人数较少的 SPOC，其内还有一个本校的班级。

SPOC 对于慕课平台提供商如 edX、Coursera 来说，可以带来一种新的赢利模式，即慕课开课老师可以授权某学校使用其课程材料进行对其学校学生的 SPOC。为了支持这样的应用，慕课平台商都设计了 SPOC 系统。最简单的 SPOC 系统是复制慕课课程，只为有限的学生服务，即课程授权方式。但也有一些 SPOC 系统是在慕课平台上套 SPOC，也就是说 SPOC 的学生可以参与慕课的讨论，但是有自己额外的学习任务和自己的私密讨论区。后者比较适合基于慕课开发企业培训。

美国科罗拉多州立大学全球分校认为他们是最早开展 SPOC 模式教学的学校，这是一个网络学院，五年前就开始了基于其远程课程为企业定制课程的服务。其模式与 edX 等慕课平台开设的 SPOC 模式还是有一定的区别，是他们的老师为企业定制课程服务，而不是企业或培训机构自己在他们的课程上定制培训内容。像 edX、Coursera 还把 SPOC 平台作为伙伴学校激励老师尝试开设慕课课程的场所，如北京大学就利用 Coursera 为北京大学建立的 SPOC 平台培训后续的慕课老师，鼓励老师先在平台上建课并对本校学生开课，等课程成熟后再复制到全球平台上。

总之，相对于慕课来说，SPOC可用于专业教育，用在线课程的优势满足小规模、有特殊要求人群的需要，也许还可以有一定的收入回报。对于众多高校来说，SPOC就是使用慕课资源开展翻转课堂，在提供灵活性和有效性的同时，为学生带来纯慕课所缺失的完整的教育体验，包括师生的亲密接触。对于希望用大数据研究提升教学质量的研究人员来说，SPOC可能会比慕课更精准地提供有价值的研究数据。

6. MOOC的分类（cMOOC；xMOOC）

将基于联通主义的MOOC称cMOOC，将基于掌握学习的MOOC称为xMOOC。

cMOOC的“c”指代“联通主义”（connectivist），这个学习理论由George Siemens提出，cMOOC以培养学生建构自己的知识和认识为目标，要求学习者要积极参与分享，使用各种社交媒体工具来谈个人见解，然后课程组织者通过聚合工具以日志或邮件的形式将大家的反思推送给全班同学。cMOOC的另一个特征是课程的教学内容都是分散在互联网上的免费资源，没有固定的教材。教师只是助学者，并不是课程知识的唯一权威传授者，学生可以从老师推荐的资源或者网上自己找到的资源甚或是其他学生的作业中汲取营养。cMOOC课程网站并不提供对学生学习过程的记录，每个学生需要自己找一个平台记录学习的历史，如开一个博客，或者用书签软件记录看过的网页。所以cMOOC的关键词是：创造，自治和社交网络化学习。到目前为止，cMOOC主要在教育技术圈内流行，所开设的课程也以讨论网上教学、远程教育理论为主。

xMOOC指最近几年由大学在edX、Coursera、Udacity等平台上提供的慕课。这类课程所采用的教学方法与高校的传统教法类似，主要是由教师讲授新知识，学生通过做练习消化吸收所学的知识，培养相关技能。教学内容如教学视频、题库和测验等都是集中存放在课程网站中的，很少会引导学生去看互联网上的资料，这点与cMOOC有明显的不同。xMOOC背后的学习理论是掌握学习理论，更多侧重于知识的传递和掌握，建构知识是作为学习方法而非学习目标，这也是与cMOOC有本质区别的地方。值得注意的是，xMOOC因为强调掌握学习，其平台的讨论区相对较弱，不如社交媒体能够更好地支持通过讨论来形成共识。已经有一些xMOOC课程开始采用cMOOC讨论为中心的教学策略，目前xMOOC开始走向领导力培养、教师教育等继续教育领域，课程教学目标也开始要求培养学生建立自己的见解和判断力，此时就需要借鉴cMOOC的一些教学理念和做法了。

【参考文献】

蔡文璇，汪琼. 2013. MOOC 2012大事记［J］. 中国教育网络，（4）：31-34

陈树，朱永海. 2009. 基于认知负荷理论的网络课程信息呈现研究［J］. 现代远程教育研究，（1）：63-65

范逸洲，王宇，冯菲，等. 2014. MOOCs课程学习与评价调查［J］. 开放教育研究，（3）：27-35

冯雪松，汪琼. 2013. 北大首批MOOCs的实践与思考［J］. 中国大学教学，（12）：69-70

康叶钦. 2014. 在线教育的“后MOOC时代”［J］. 清华大学教育研究，（2）：85-92

汪基德，冯莹莹，汪滢. 2014. MOOC热背后的冷思考［J］. 教育研究，(09)：104-111

汪琼. 2013a. MOOCs改变传统教学［J］. 中国教育信息化，(19)：26-28

汪琼. 2013b. MOOCs与现行高校教学融合模式举例［J］. 中国教育信息化，(11)：14-15

赵国栋. 2014. 微课与慕课设计初级教程［M］. 北京：北京大学出版社

赵国栋，李志刚. 2013. 混合式学习与交互式视频课件设计教程［M］. 北京：高等教育出版社

第十四章　微　课

【内容简介】微课是目前教育领域最大的热点之一，不论是教育行政部门还是高校，都已将目光投到了微课方面。本章从微课的实际范例入手，讲解了制作的几个关键点：选题、素材整理、教学设计及微课制作的入门方法。

【学习目标】了解微课及其概念，以及与微课相关的理论；了解微课开发的过程；能够运用 PPT、屏幕录制软件制作专业的微课。

【关键词】微课；教学设计；微课开发。

一、范本与模仿

（一）范本

微课课程：无土育苗任务一：穴盘育苗的基质混配（图 14-1）

作者：河北科技师范学院王久兴教授

无土栽培

《无土栽培》系列微课

单元四　无土育苗

任务一　穴盘育苗

之

基质混配

河北科技师范学院园艺学院　王久兴 教授

图 14-1　无土育苗任务一：穴盘育苗的基质混配微课片头

1. 选题

选题：无土栽培——穴盘育苗的基质混配

2. 教学设计（整合思路）（表 14-1）

表 14-1　微课的教学设计

录制时间：2015 年

微课名称	穴盘育苗的基质混配
知识点	知识点：基质混配 学习对象：设施农业科学与工程专业年级：大学三年级 课程性质：必修（核心技能训练）
基础知识	相关理论知识：需先行学习《设施蔬菜栽培》课程，了解和掌握关于基质的相关知识

知识点

受众

续表

教学类型	课堂教学＋实践操作	
设计思路	按照“以能力为本位，理实一体”的总体设计要求，确立“工作任务驱动式、实践和理论整合式”的项目设计理念，以“穴盘育苗的基质混配”工作任务为主线，让学生逐步完成基质混配的“配比确定 - 混配操作”工作步骤。在此过程中完成相关的理论知识和实践知识的学习	
教学过程（预计时间：11 分钟 00 秒）→ 课程时间		
	内容	时间
一、片头（20 秒以内）	简介教学内容：基质混配	20 秒以内
二、正文讲解（8 分钟左右）	1．基质混配的配比确定	4 分钟 30 秒以内
	2．混配操作	3 分钟 40 秒以内
三、实操演示（2 分钟 15 秒以内）	实际操作演示	2 分钟 30 秒以内
教学反思（自我评价）	本次技能训练具体的实施过程主要以学生操作为主，在此过程中老师讲解相关的理论知识和实践知识，对学生操作过程的错误进行纠偏，使学生在“做中学，学中做”，提高了学生的理论与实践相结合的能力	

3．微课制作：课程视频（核心内容）

（1）PPT 讲解（图 14-2）

（2）PPT 讲解＋实操演示（图 14-3）

图 14-2 PPT 讲解示例

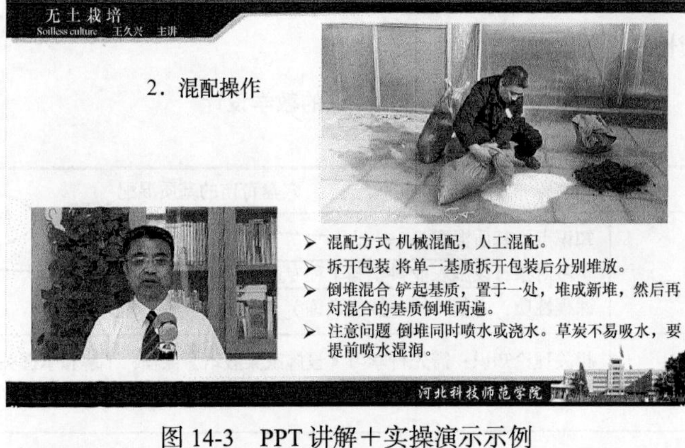

图 14-3 PPT 讲解＋实操演示示例

（3）现场实践视频（图 14-4）

图 14-4　现场实践视频示例

（二）模仿

通过范例，可以得出开发一节微课，主要通过以下步骤：选题；素材整理；教学设计；微课制作；作品提交。

那么，如何将已有课程资源如授课 PPT、课程视频资料等转化为“微课”？

1. 选题

选题可以是以前一个常用知识点的讲解；一个例题；一个实验；一次活动组织的经验总结；一次学校郊游的游记；平时拍摄校园的图片集……重点是首先要明确微课的受众，其次是要确定一个知识点，只讨论一个话题或一个问题，并列出这堂课的知识点清单，如表 14-2 所示。

表 14-2　选题示例

微课名称	穴盘育苗的基质混配
知识点	知识点：基质混配 学习对象：设施农业科学与工程专业年级：大学三年级 课程性质：必修（核心技能训练）

2. 整合素材

整理已有的图片、PPT 资源和视频资料，按照知识点对这些内容进行归类。

3. 规划教学过程

根据教学目标和知识点，分析已有的图片、PPT 和视频资料，规划教学过程，可以细化到片头、正文、片尾需要多少张 PPT，并准备好与之对应的文稿和视频。

4. 制作微课

可以用目前流行的屏幕录像专家 Camtasia Studio 结合已有的 PPT 课件来制作微课。制作流程如下。

(1) 录制前的准备

1）软件：Camtasia Studio 6，可以到 TechSmith 公司官方自行下载安装 Camtasia Stadio 软件，安装过程按提示操作。

2）软件适用环境：Winxp/vista/win7/2000/2003。

3）硬件要求：电脑、麦克风、摄像头。

4）资源：做好的关于一个知识点的 PPT 课件。

(2) 制作

1）步骤一：打开 Camtasia Studio，点击“文件 录制 PowerPoint”。

2）步骤二：打开 PowerPoint 演示文稿录制，选择 PPT 文件（图 14-5）。

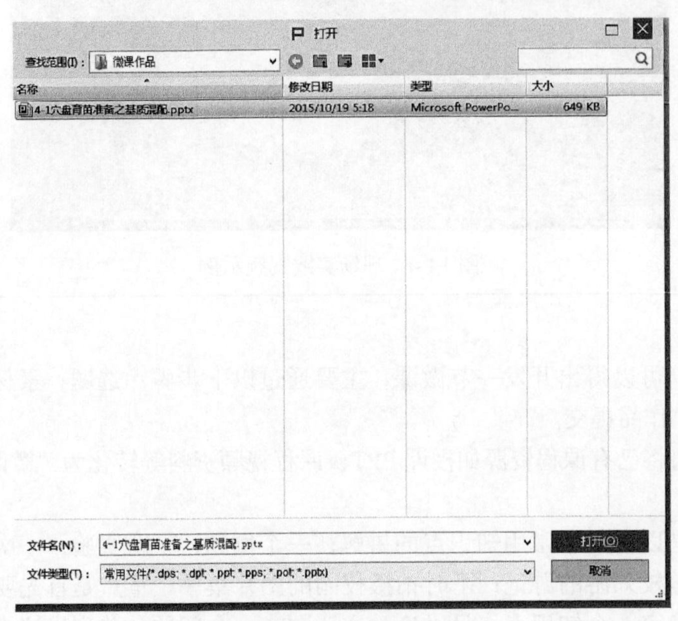

图 14-5　打开界面

3）步骤三：单击 PowerPoint 菜单栏“加载项”调出 PowerPoint 加载项工具栏，其中一项为我们前面添加 Camtasia Studio 的工具栏（图 14-6）。

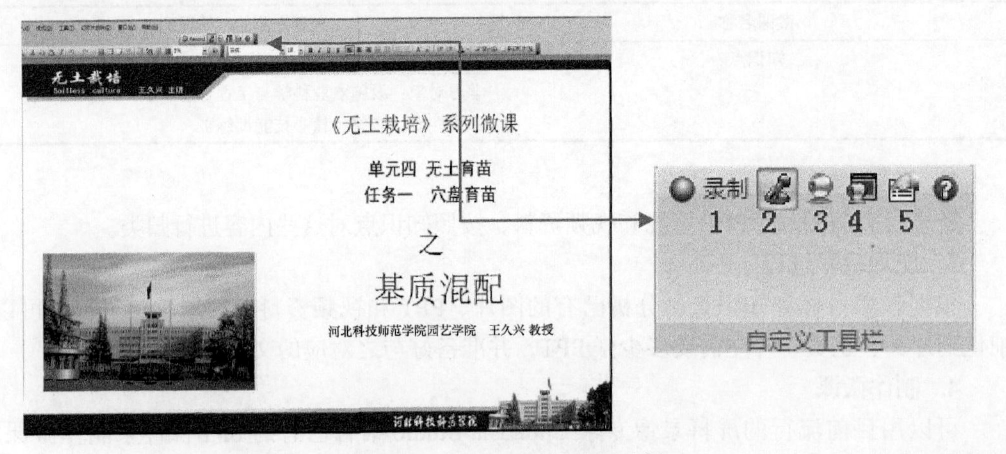

图 14-6　PowerPoint 加载项示例

图 14-6 中 1、2、3、4、5 对应的图标功能为：“1”启动演示文稿并开始录制；“2”录制音频，可以用于录制语音旁白；“3”录制摄像头，可以用于录制视频；“4”显示摄像头预览，作用是预览摄像机录制内容；“5”Camtasia 录制选项。

4）步骤四：单击“录制”按钮，启动将要录制的演示文稿。此时，Camtasia Studio 对话框（图 14-7 和图 14-8）出现在屏幕的右下角。

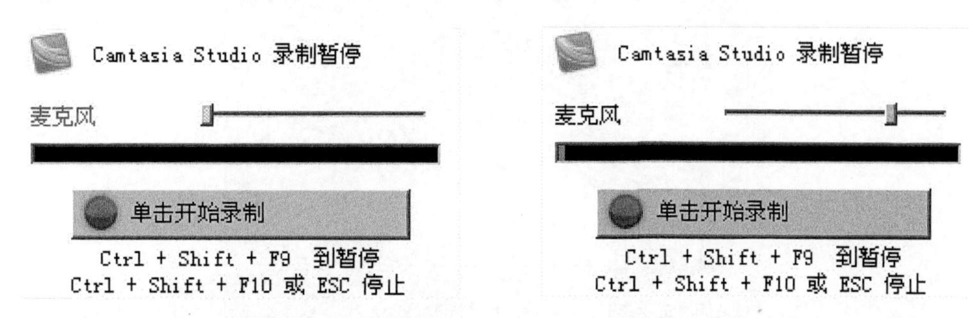

图 14-7　Camtasia Studio 未开启录音功能　　图 14-8　Camtasia Studio 开启录音功能

5）步骤五：点击“单击开始录制”按钮进行录制。

6）步骤六：最后按“ESC”键（或 Ctrl＋Shift＋F10 组合键）停止录制幻灯片。

7）步骤七：输入一个文件名和位置，保存为 Camtasia Studio 录音文件（. camrec）（图 14-9），然后点击保存。此时会弹出一个“用于 PowerPoint 的 Camtasia Studio”活动窗口（图 14-10）。选择其中一项返回到 Camtasia Studio 的主界面，对录制的视频文件进行编辑或生成。

图 14-9　文件保存界面

生成录制后，现有的 PPT 课件就可以转换成一个视频课件了。

5. 作品提交

完成以上四步，并最终上传到相应平台上，一个微课就诞生了！用 Camtasia Studio 这样的录屏软件制作微课是最简易、成本最低的一种方法，适合初学者，要想制作优秀的微课，还要学会应用很多的工具和软件。

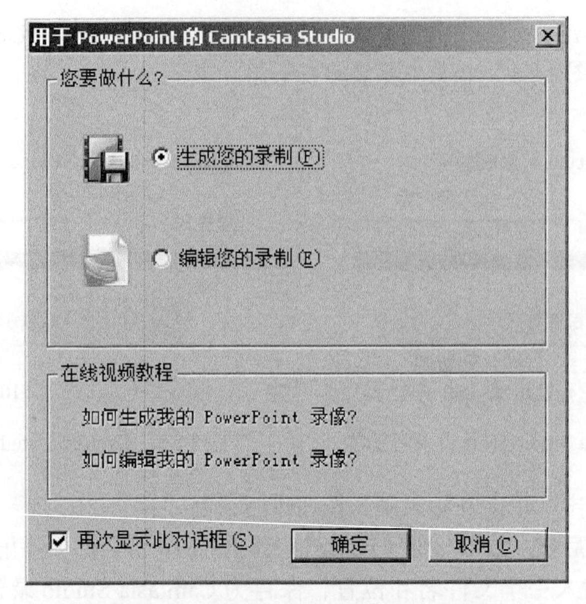

图 14-10　编辑或生成录制内容选项界面

二、问题与原理

微课又名“微型课程”，是指按照新课程标准及教学实践要求，以视频为主要载体，记录教师在课堂内外教育教学过程中围绕某个知识点（重点、难点、疑点）或教学环节而开展的精彩教与学活动全过程。

（一）问题与原理 1：微课的理论依据——行为主义＋掌握学习

“微课”的核心组成内容是课堂教学视频（课程片段），同时还包含与该教学主题相关的教学设计、素材课件、教学反思、练习测试及学生反馈、教师点评等辅助性教学资源，它们以一定的组织关系和呈现方式共同“营造”了一个半结构化、主题式的资源单元应用“小环境”。因此，“微课”是既有别于传统单一资源类型的教学课程、教学课件、教学设计、教学反思等教学资源，又是在其基础上继承和发展起来的一种新型教学资源。

根据美国心理学家约翰·华生（John Watson）提出的行为主义理论，认为学习过程就是把条件刺激与条件反应组织起来而形成的。在行为主义理论的支持下，微课更强调视频演示，更加关注知识的重复，因此微课的内容日趋精品化和碎片化。相对于较宽泛的传统课堂，“微课”的问题聚集，主题突出，一个课程就是一个主题，或者说一个课程一个事；研究的问题来源于教育教学具体实践中的具体问题：或是生活思考、教学反思、难点突破、重点强调、学习策略、教学方法、教育教学观点等等具体的、真实的、自己或与同伴可以解决的问题。

著名教育家、心理学家、芝加哥大学教育学教授布卢姆认为：“学生的学习能力并不能直接决定他的学习成效，而只能决定他掌握内容所需要花费的时间。只要教师为其提供所需要的学习时间和学习帮助，90% 以上的学生都能掌握我们所教授的事物。”广大教师和学生在这种真实的、具体的、典型案例化的教与学情景中可易于实现“隐性知识”“默会知识”等高阶思维能力的学习并实现教学观念、技能、风格的模仿、迁移和提升，从而迅速提升教师的课堂教学水平，促进教师的专业成长，提高学生学业水平。就学校教育而言，微课不仅成为教师和学生的重要教育资源，而且也构成了学校教育教学模式改革的基础。

（二）问题与原理 2：微课设计开发的教学模式——基于问题的教学和情景认知理论

微课程的设计开发主要包括四种不同的教学模式。

1. 基于问题的教学模式

基于问题式学习是一种基于建构主义，以问题为基础、以学生为中心的教学方法。它将学生置身于一个映射真实情境问题之中，以积极的问题解决者的身份解决问题，从而培养学生的批判性思维和问题解决能力，同时使学生掌握课程要求的基础知识和基本技能。在这种教学模式的作用和影响下，学生在学习中能够思想活跃、大胆质疑，积极提出问题，然后开始进行查询，一直持续到发现正确的方法为止，学生在解决复杂的问题过程中获得知识。问题解决后，学生们还需要对自己的学习过程进行自我反思和评价，总结所获得的知识和思维技能。这种模式的优点在于对于学生而言，知识的形成与发展有一个直观的体验，同时也能较好地落实学生情感方面的体验，不足在于耗时太多，所学知识难以系统。

2. 基于案例的教学模式

案例教学模式起源于 1908 年建院的美国哈佛商学院，最初用于工商管理，是一种以学生为中心的、理论与实践相结合的互动式教学方式。它借助管理实践中的案例，将学生置身于特定的管理情景之中，给予恰当的引导，为学生提供一个广阔的思维空间和与“实战”极其相近的实习氛围，培养学生独立思考、独立分析和解决问题的能力，培养学生的团队意识，促进其相互交流与沟通，塑造健康的人格品质和正确的价值取向，让学生真正接近甚至融入真实的管理世界。大量的实践已证明，案例教学对于确保管理学课程教学质量和效果具有不可低估的作用。在学生获取解决问题的必要知识的前提下，教师给学生呈现虚构领域的问题或者是某种情景，学生从探究现象开始进行生成性学习，通过特殊了解一般，从而加强学习的迁移效应。案例教学模式可能存在一些问题，如教师的实践和教学能力不足、学生的知识面窄、选择管理案例质量不高、案例教学时间比例把握不好、基础设施薄弱等，因此，如何在课程设计中规避这些问题是很重要的。

3. 基于情景学习的教学模式

情景教学模式是以案例或情景为载体引导学生自主探究性学习，“情境认知”强调将知识视为工具，并试图通过真实实践中的活动和社会性互动促进学生学习。创设问题情景和制造悬念是以教师的活动为主，其他几个程序都可以是教师、学生共同参与，情景教学是一种课堂交流活动型的教学方式。教师教学从创设情景开始，根据教学内容和要求，分析学生的知识准备和能力基础，教学过程和问题情景设计应该符合教材知识结构的特点和学生的认知水平，重视问题情景教学中的引导技巧。

4. 基于协作学习的教学模式

协作学习是指处于相互作用这一环境中的人或集体，其中一方一旦达到目标，同时也会助长他方达到目标，这种相互依存的助长关系，一般被称为“协作”（cooperation），在学习中采用这一理念构建学习活动的形式，就是协作学习（cooperative learning）。建构主义（constructivism）的学习理论：在协作学习的过程中，个人学习的成功与他人学习的成功是密不可分的，学习者之间保持融洽的关系、相互合作的态度，共享信息和资源，共同担负学习责任，完成学习任务，它对于培养学生的创造能力、求异思维、探索发现精神、与学习伙伴的合作共处能力、自立自强和培养新世纪需要的创新型人才非常重要。

三、训练与提升

（一）项目 1：分解训练

通过本章的范例——《无土栽培——穴盘育苗的基质混配》可以看到微课的开发主要包括微课选题、教学设计、课件制作、视频制作、视频输出几部分。

现在分解说明这几部分的做法。

1. 微课选题

一定要切合实际，最好是教学过程中的重点、难点和关键点。本章范例中所选题目“穴盘育苗的基质混配”是无土栽培中穴盘育苗过程中一项基本的工作任务，是设施农业科学与工程专业在进行理实一体教学过程中所必须完成的技能之一。

2. 教学设计

(1) *教学设计思路*　本微课首先指出基质混配是穴盘育苗过程中一项基本的工作任务，科学、合理、规范的基质混配是穴盘育苗的基础，直接影响着的品质和产量。其次说明基质混配的方法及实施的基本步骤。

(2) *教学目标与重点、难点*　本微课的目标是让学生掌握穴盘育苗的基质混配技能，能够熟练开展相关的操作。其中，基质的配比、倒堆是教学的重点和难点。

(3) *教学过程设计*　教学过程分为问题引入、工作目标、原理讲解、情境体验、教学演示等。具体教学设计如下（表 14-3）。

表 14-3　无土栽培——穴盘育苗的基质混配的教学设计

教学环节	教学内容	用时
1. 片头及问题引入	 无土栽培 《无土栽培》系列微课 单元四 无土育苗 任务一　穴盘育苗 之 基质混配 河北科技师范学院园艺学院 王久兴 教授 河北科技师范学院	14 秒

续表

教学环节	教学内容	用时
2．原理讲解		8 分钟 30 秒
3．视频讲解		2 分钟 26 秒

3．教学课件的制作

《无土栽培——穴盘育苗的基质混配》的制作主要分为课件模板的制作、视频的录制。

（1）课件模板的制作　在此微课的课件中，模板设计如图 14-11 和图 14-12 所示。

（2）视频的录制　采用 DV 对基质准备和基质混配进行现场录制（图 14-13 和图 14-14）。

（3）在 PPT 模板的基础上，根据教学设计流程制作 PPT 课件　PPT 讲解与屏幕录制相结合，最终将分段录制的视频素材剪辑、整合、输出。

4．微课编撰过程的注意事项

（1）编撰微课内容注意事项

1）知识点足够细。5～15 分钟内能够讲解透彻，一个微课只讲解一个特定的知识点，

图 14-11　标题页模板

图 14-12　内容页模板

图 14-13　基质准备视频截图

图 14-14　基质混配视频截图

如果该知识点牵扯到另一个知识点，需详细讲解时应另设一个微课。

2）受众定位明确。微课作者需清楚微课受众的知识基础，采用适合该基础的相关定理、定律、词汇讲解。

3）情景定位明确。一对一的教学而非一对多。

4）知识准确无误。在微课里不允许有文字上、语言上、图片上的知识性错误或有误导性的描述。

5）知识点（考点）、题目（真题、模拟题）等讲解不照本宣科。对现有的知识以及课本上对该知识的表述应有自己的理解，而不是罗列书上的知识，否则微课起不到“解惑”的作用。

6）语言通俗易懂。口语讲解，尽可能少地使用古板、枯燥的书面语，使讲解通俗易懂。

(2) 编撰课件制作注意事项

1）动静结合。充分利用 PTT 的动作效果，可以给人动态感、空间感的美。

2）图文并茂。图版率在 50%~90%，好感度会急剧上升；一旦图版率超过 90% 的话，好感度反而会降低。插图的视觉冲击力要强于照片，但也显得更随意。所以需要亲和力，营造活泼气氛的时候，插图比照片的效果要好。但是如果表达严肃、专业时，照片要比插图好。

3）图片。使用高清图片，典型图片，有震撼力。一页最多两张图片，图片不要加长或压窄，防止变形。对于表现力最强的脸部图片，适合表现主题，不适合做背景；对于表现力最弱的图片云海，适合做背景，不适合做主题。

4）文字。整篇文字的风格要协调统一。字体的搭配可以用微软雅黑（标题）＋宋体

（正文），黑体（标题）＋楷体（正文）等，艺术字不乱用。

5）颜色搭配。一般来讲，除了黑色和白色外，最多搭配3种颜色。

6）播放时间设定：一般来说，每秒6～8个字比较合适。开头或特别提醒的地方，时间自己定，片头可以6～8秒。

（二）项目2：迁移训练

制作一个微课，首先应进行教学设计，为了能够清晰地对整个工作进行统筹安排，在制作一个微课时，可以应用以下的表格。

1. 微课设计任务单（表14-4）

表14-4　微课设计任务单

微课名称		
知识点	学科： 教材：	
基础知识		
教学类型		
设计思路		
教学过程（预计时间：秒）		
	内容	时间
片头（秒）		秒
正文讲解（秒）		秒
		秒
		秒
结尾（秒）		秒
教学反思 （自我评价）		

2. “中国微课大赛”评审标准

在制作微课时，可以参考“中国微课大赛”评审标准，如表14-5所示。

表14-5　“中国微课大赛”评审标准

一级指标	二级指标	指标说明
选题设计 (10分)	选题简明 （5分）	主要针对知识点、例题/习题、实验活动等环节进行讲授、演算、分析、推理、答疑等教学选题。尽量“小（微）而精”，建议围绕某个具体的点，而不是抽象、宽泛的面
	设计合理 （5分）	应围绕教学或学习中的常见、典型、有代表的问题或内容进行针对性设计，要能够有效解决教与学过程中的重点、难点、疑点、考点等问题
教学内容 (20分)	科学正确 （10分）	教学内容严谨，不出现任何科学性错误
	逻辑清晰 （10分）	教学内容的组织与编排，要符合学生的认知逻辑规律，过程主线清晰、重点突出，逻辑性强，明了易懂

续表

一级指标	二级指标	指标说明
作品规范（15分）	结构完整（5分）	具有一定的独立性和完整性，作品必须包含微课视频，还应该包括在微课录制过程中使用到的辅助扩展资料（可选）：微教案、微习题、微课件、微反思等，以便于其他用户借鉴与使用
	技术规范（5分）	微课视频时长一般不超过10分钟，视频画质清晰、图像稳定、声音清楚（无杂音）、声音与画面同步；微教案要围绕所选主题进行设计，要突出重点，注重实效；微习题设计要有针对性与层次性，设计合理难度等级的主观、客观习题；微课件设计要形象直观、层次分明；简单明了，教学辅助效果好；微反思应在微课拍摄制作完毕后进行观摩和分析、力求客观真实、有理有据、富有启发性
	语言规范（5分）	语言标注，声音洪亮、有节奏感，语言富有感染力
教学效果（40分）	形式新颖（10分）	构思新颖，教学方法富有创意，不拘泥于传统的课堂教学模式，类型包括但不限于：教授类、解题类、答疑类、实验类、活动类、其他类；录制方法与工具可以自由组合，如用手写板、电子白板、黑板、白纸、PPT、Pad、录屏软件、手机、DV摄像机、数码相机等制作
	趣味性强（10分）	教学过程深入浅出，形象生动，精彩有趣，启发引导性强，有利于提升学生学习积极主动性
	目标达成（20分）	完成设定的教学目标，有效解决实际教学问题，促进学生思维的提升、能力的提高
网络评价（15分）	网上评审（15分）	参赛作品发布后受到欢迎，点击率高、人气旺，用户评价好，作者能积极与用户互动。根据线上的点击量、投票数量、收藏数量、分享数量、讨论热度等综合评价
总计		

（三）项目3：课后作业

请选择一门课程，把它转换为微课的形式。要求：①列出原本需要45分钟课程中的一系列关键短语，形成“微课”核心；②写一个15～30秒的介绍和结论，以提示上下文关键概念；③选择一个核心点，填写“微课”设计任务单；④制作、录制微课，最终长度为5～15分钟。

四、阅读与拓展

（一）概念理解

1. 微课的历史追溯

在20世纪80年代，北京大学就有教师将课程录像做成小段视频，那时候称之为碎片式电视教材。1993年，美国北爱荷华大学（University of Northern Iowa）的有机化学教授LeRoy A. McGrew提出的“60秒有机化学课程”，目的是让非科学专业人士在非正式的场合中也能了解化学知识，并希望将之运用到其他学科领域。

2008年，美国新墨西哥州胡安学院（San Juan College）的高级教学设计师、学院在线服务经理戴维·彭罗斯（David Penrose）正式提出了微课这一概念，并运用于在线课程。他认为，微课是一种以建构主义为指导思想，以在线学习或移动学习为目的，基于某个简要明确的主题或关键概念为教学内容，通过声频或视频音像录制的60秒课程。微课不仅可用于在线教学、混合式教学、远程教学等，也为学生提供了自主学习的资源，让学生随时随地进行知识巩固学习。

近年来，微课资源网站不断涌现，并取得新进展。例如，国外的 Khan Academy、TED-Ed、Teachers Tv、InTime、Watch Know Learn，国内的中国微课网、微课网、大中小学优秀微课作品展播平台等。

国外最具影响力的微课资源网站是可汗学院（Khan Academy）及 TED-Ed。可汗学院是由萨尔曼·可汗（Salman Khan）于 2006 年创建的一个非盈利教育组织，现有超过 4000 个发布于 YouTube 平台的微课视频，他们希望通过这种在线教学的方式为人们提供免费的高品质教育。

TED-Ed 是 TED（Technology Entertainment Design）大会于 2011 年在其官方网站上开辟的专门针对教育者的频道。它关注如何将 TED 演讲应用到教学中，其微课视频发布于 YouTube 平台，并希望为人们提供“值得分享的课程”（lessons worth sharing）。

国内最具影响力的微课资源网站是“中国微课网”，它是教育部教育管理信息中心主办的首届“中国微课大赛”而创办的资源平台，现有上万件微课作品。此外，国内高校微课资源网站——全国高校微课教学比赛，为高校师生提供了微课展示的平台，其中不乏优秀的高职高专微课作品。

2. 微课的误区

随着微课这一概念的走红，越来越多人问道“什么是微课”。但目前微课并无统一的定义，一些学者也仅仅是从不同的角度给出了自己的理解。

胡铁生在国内较早提出微课的概念，他认为微课是“微型教学视频课例”的简称，将微课定义为“按照新课程标准及教学实践要求，以教学视频为主要载体，反映教师在课堂教学过程中针对某个知识点或教学环节而开展教与学活动的各种教学资源有机组合。”

黎加厚认为微课是与“课”相对应的概念，是从翻转课堂中涌现出来的新概念。他根据教学论的系统观，将微课定义为“时间在 10 分钟以内，有明确的教学目标，内容短小，集中说明一个问题的小课程”，主要使用“微视频”作为记录教师教授知识技能的媒体。

焦建利从微课兴起的根源和应用发展来分析，将微课定义为“是以阐释某一知识点为目标，以短小精悍的在线视频为表现形式，以学习或教学应用为目的的在线教学视频”，是在线学习实践中极其重要的学习资源。

在国外，与微课有关的名词有 Microlecture、Minicourse、Microlesson 等。Microlecture 最早雏形见于美国北爱荷华大学的 LeRoy A. McGrew 教授所提出的 60 秒课程（McGrew，1993），以及英国纳皮尔大学 T. P. Kee 提出的一分钟演讲（Kee，1995），而与近年国内热议的微课相近的则是 2008 年美国新墨西哥州圣胡安学院的高级教学设计师、学院在线服务经理 David Penrose 提出的解释，即 Microlecture 不是指为微型教学而开发的微内容，而是运用建构主义方法生成的、以在线学习或移动学习为目的的实际教学内容。这些内容是 1～3 分钟带有具体结构的展示视频。

从不同学者对微课的界定中可以看出，目前大多数学者认为，微课是针对单个知识点的、短小精悍的、以视频为主的、为教学和学习提供支持的学习资源。这种认识，仅仅强调微课的“微”而忽略了微课的“课”，简单地将微课归于学习资源。如果微课仅仅是资源，这与以前的“课件”又有哪些实质差别？微课本身应该先是一种“课”，在此基础上再强调“微”的特征。此外，由于微课起源的表现形式是短小的视频，使得目前很多学者认为微课就是微视频，误将微视频视为微课内容的唯一表现形式。微课作为一种课程，根据不同的教学或学习需要，可以采用多种媒体形式来呈现教学或学习内容，而非仅限定于视频。

因此，应该从“课”的角度来理解微课的内涵，在“课”基础上强调“微”。“课”本身不是一种学习资源或材料，而是一种包含了学习内容、活动、评价等要素的教学服务。此外，作为课程，微课的内容表现形式不仅仅局限在视频，还可根据不同课程的需要采用其他多种媒体形式。

3. 微课是促进教学相长的载体

随着信息与通信技术的快速发展，与当前的博客、微博等一样，微课也将具有十分广阔的教育应用前景。

(1) *能促进学生自主学习* 微课为学生提供了自主学习的环境，是学生课外个性化阅读和学习的最好载体，是对传统课堂学习的一种重要补充和拓展，其内容被永久保存，可供随时查阅和修正。

(2) *能促进教师全面的发展*

1）提高教师专业水平发展。制作一门微课从选取课题开始，要求教师教学目标清楚，教学内容明晰，或针对计算教学，或针对难点突破，或针对课前导入，或针对拓展延伸，择其一点设计教学。加深了教师对教材知识内容的进一步理解。在设计、准备微课时，要更充分地研究学情，做到课堂无学生，心中有学生。要准确地把握教学节奏，快慢适当，吃透教材。要熟练地掌握现代信息技术，了解并掌握许多相关的软件，如PPT、录屏、截屏等。

2）提高教师知识讲解与总结的能力。教学语言要简明扼要、逻辑性强、易于理解。讲解过程要流畅紧凑。教师在备课的过程中就要考虑到实际进行的状况，这样才能有一节吸引人的精彩的课。

3）开拓教师的视野。为拓展知识点，就必须查阅资料去充实内容，才不会显得空泛和空洞。那么，在拓展学生的视野的同时，也丰富了教师的教学资源。教师和学生在这种真实的、具体的、典型案例化的教与学情景中可以实现“隐性知识”，并实现教学观念、技能的迁移和提升，从而迅速提升教师的课堂教学水平，促进教师的专业成长。

微课，最终让教师从习惯的细节中追问、思考、发现、变革，由学习者变为开发者和创造者，在简单、有趣、好玩中享受成长。

(3) *促进教育自身的发展* 现在的微课热，是对过去“课堂实录”式的视频教学资源建设的反思和修正。过去录制的大量“课堂实录”式的视频资源，但是这些资源大而全、冗长，难以直接加以使用。微课平台是区域性微课资源建设、共享和应用的基础。平台功能要在满足微课资源、日常“建设、管理”的基础上增加便于用户“应用、研究”的功能模块，形成微课建设、管理、应用和研究的“一站式”服务环境，供学校和教师有针对性选择开发。交流与应用是微课平台建设的最终目的。通过集中展播、专家点评和共享交流等方式，向广大师生推荐、展示优秀获奖微课作品；定期组织“微课库”的观摩、学习、评课、反思、研讨等活动，推进基于微课的校本研修和区域网上教研新模式形成，达到资源共享。

无论是对于学生还是对教师而言，微课无疑都是一次思想改革。它促成一种自主学习模式，同时，还提供教师自我提升的机会。最终达到高效课堂和教学相长的目标。

4. 微课的类型

1）按知识点内容传授方式分：讲授型、结题型、实验型、答疑型、其他类型。

2）按微课的教学方法来划分：讲授类、启发类、提问类、演示类、试验类、作业类、合作类、探案类、导入类、课前复习类、知识理解类、练习巩固类、小结拓展类、说课类、活动类。

3）按微课的主要教育价值划分：传道型（情感态度价值观）、授业型（知识与技能）、解惑型（过程与方法）。

（二）拓展

1. 常用微课制作方法

除了范例中录屏幕作微课的方法外，微课制作还有很多其他方法。

微课的开发，从技术层面来讲，常见的有实拍视频、屏幕录制、动画、后期编辑类及 HTML 页面类等。

（1）实拍视频法　实拍视频主要是使用摄像、录像设备进行直接拍摄，比较专业地在录播教室进行拍摄。

例如，首届全国高校微课教学比赛特别奖作品：钟南山院士的《支气管哮喘概论》（图 14-15），网址：http://weike.enetedu.com/play.asp?vodid=157898&e=1。

图 14-15 《支气管哮喘概论》微课截图

再如，首届全国高校微课教学比赛一等奖作品：盐城卫生职业技术学院赵静《测量血压》（图 14-16），网址：http://weike.enetedu.com/play.asp?vodid＝160748&e＝1。

（2）屏幕录制法　录屏类微课主要使用录屏软件实现微课作品。

例如，淮安信息职业技术学院李刚《数据结构之冒泡排序法》（图 14-17），网址：http://weike.enetedu.com/play.asp?vodid＝167074&e＝3。

（3）动画类微课　主要是用二维或三维动画实现场景，然后配音完成微课。

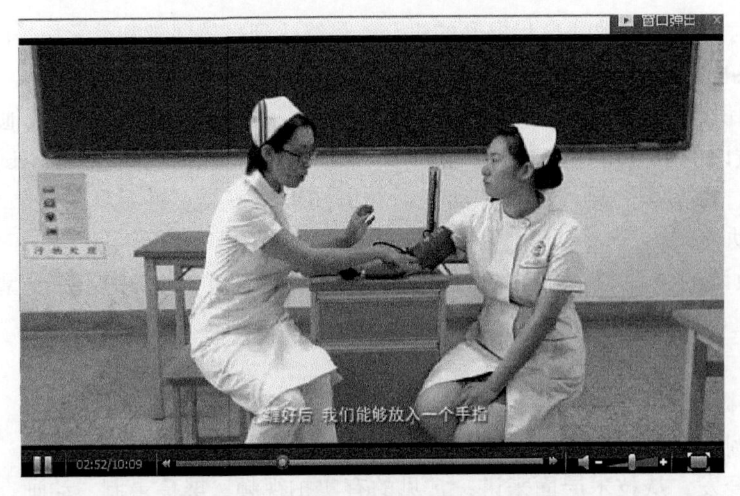

图 14-16 《测量血压》微课作品截图

图 14-17 《数据结构之冒泡排序法》微课作品截图

例如，中国外语微课大赛一等奖作品南开大学唐磊《Writing Arguments》(图 14-18)，网址：http://weike.cflo.com.cn/play.asp?vodid＝171672&e＝1。

图 14-18 《Writing Arguments》微课截图

（4）后期编辑类微课　　多使用非编辑类软件进行后期编辑，配音加字幕。

例如，江苏农林职业技术学院耿飞《单反摄像的曝光调节》（图 14-19），网址：http://weike.enetedu.com/play.asp?vodid＝166981&e＝3。

图 14-19 《单反摄像的曝光调节》微课视频截图

（5）HTML 页面类微课　　可以使用多媒体技术、网页制作等来实现，其中使用多媒体技术整合微课比较适合在计算机上使用，网页中使用 MP4 视频格式能适用于计算机，以及安卓和苹果系统的手机、平板等终端。

2. 微课获奖作品赏析

（1）《鸟类飞翔的奥秘》　　网址：http: //weike.enetedu.com/play.asp?vodid＝134676&e＝3（图 14-20）。

图 14-20 《鸟类飞翔的奥秘》视频截图

（2）《世界上最小的工厂——细胞工厂》　　网址：http://weike.enetedu.com/play.asp?vodid=170609&e=3（图 14-21）。

（3）染色体的功能元件　　网址：http: //weike.enetedu.com/play.asp?vodid=170649&e=3（图 14-22）。

（4）其他优秀作品可以参看全国高校微课教学比赛网址　　网址：http://weike.

图 14-21 《世界上最小的工厂——细胞工厂》微课截图

图 14-22 《染色体的功能元件》微课截图

enetedu.com/zuopin.asp。

3. 经典微课作品赏析

（1）可汗学院——有机化学　网址：http://v.163.com/special/Khan/organic chemistry.html（图 14-23）。

（2）TED——请相信你可以进步　网址：http://open.163.com/movie/2015/3/5/B/MAIP2A8KC_MAIPJJK5B．html（图 14-24）。

（3）TED——基因并非不可改变　网址：http://open.163.com/movie/2015/3/0/H/MAKNDJBA7_MAKNF4G0H．html（图 14-25）。

4. 常用微课制作方法

录屏软件 Camtasia Studio；手机 / 平板 /DV＋纸笔 / 手写板＋支架；PPT2010；电子白板；绘图软件 SmoothDraw。

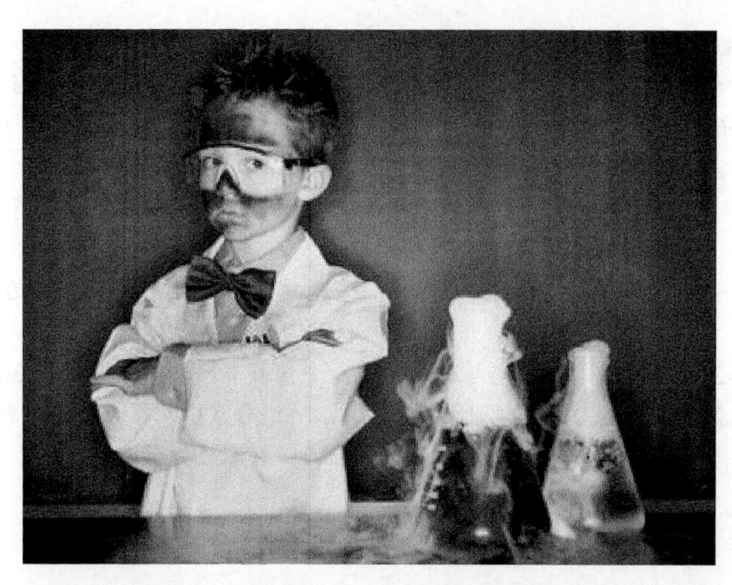

图 14-23 《可汗学院——有机化学》视频截图

图 14-24 《请相信你可以进步》视频截图

图 14-25 《基因并非不可改变》视频截图

【参考文献】

胡铁生，黄明燕，李民. 2013. 我国微课发展的三个阶段及其启示［J］. 远程教育杂志,（4）: 36-42

刘万辉. 2015. 微课开发与制作技术［M］. 北京：高等教育出版社

余胜泉，陈敏. 2014. 基于学习元平台的微课设计［J］. 开放教育研究,（2）: 100-110

张一川，钱杨义. 2013. 国内外"微课"资源建设与应用进展［J］. 远程教育杂志,（6）: 26-33

张一春. 2013. 微课建设研究与思考［J］. 中国教育网络,（10）: 28-30

赵国栋. 2014. 微课与慕课设计初级教程［M］. 北京：北京大学出版社

赵国栋，李志刚. 2013. 混合式学习与交互式视频课件设计教程［M］. 北京：高等教育出版社

第十五章 精品课程设计与制作

【内容简介】为了顺应高校教育资源开放的国际趋势，实现优质教育资源共享，我国提出精品课程建设。根据教育部精品课程建设的目标界定，精品课程是具有一流教师队伍、一流教学内容、一流教学方法、一流教材、一流教学管理等特点的示范课程。精品课程建设就是课程师资的建设、教学内容的建设、教材的建设、课程教学方法的改革以及教学质量的管理。精品课程网站开发是精品课程建设的重要组成部分，主要包括网站需求分析、网站的教学设计、网站系统架构设计、网站技术开发、试运行和评价等主要环节。

【学习目标】能准确描述精品课课程建设的主要任务；会撰写一门具体精品课程的设计方案；能以主持人身份合作建设精品课程。

【关键词】课程；精品课程；精品课程网站；师资队伍；课程教法改革。

一、范本与模仿

（一）范本

1. 国家精品课程《设施蔬菜栽培学》基本介绍

河北科技师范学院的《设施蔬菜栽培学》课程从1986年开始设立，前身是《蔬菜栽培学（保护地栽培）》，为农学系农学专业（本科）、综合农业技术专业（专科）等不同培养层次的学生开设，后几经更名，先后被称作《设施栽培技术》《设施蔬菜》《棚室蔬菜》等，并为农学、园艺、设施等多个专业、多个层次开设。该课程2008年获得学校立项资助，2009年被评为校级精品课，同年被评为河北省精品课，2010年6月被评为国家精品课程。如图15-1所示为国家精品课程的统一界面。

《设施蔬菜栽培学》国家精品课程网站资源包括四部分：课程基本介绍（图15-1的区域1）、课程相关内容（图15-1的区域2）、师生交流互动（图15-1的区域3）和网络教学平台（图15-1的区域4）。

2. 国家精品课程《设施蔬菜栽培学》的网络教学平台

图15-2是河北科技师范学院《设施蔬菜栽培学》国家精品课程的首界面，四种用户身份：学生、教师、农民和评委。两个主要入口：教学网站和申报网站。

学生入口界面如图15-3所示，包括两大模块：师生交流和评价。前者分为答疑解惑、讨论交流和公告；后者分为作业提交和自我测试。另外还有一个资源共享模块，即文件模块，师生共享各自学习中发现的优秀文献资源。

农民入口界面如图15-4所示，主要分为三大块：蔬菜病虫害诊断系统、病虫害诊断与治疗及知识、农资推荐等。

教学网站首界面如图15-5所示。网站包括五个主要模块：第一，主菜单所示的国家精品课程要求的内容（图15-5中1）；第二，教学相关文档（图15-5中2）；第三，教学主要内容（图15-5中3）；第四，拓展资源（图15-5中4）；第五，师生交流（图15-5中5）；第六，教学管理（图15-5中6）。

图 15-1 国家精品课程《设施蔬菜栽培学》网站资源基本模块图

图 15-2 河北科技师范学院《设施蔬菜栽培学》国家精品课程的首界面

图 15-3 学生入口进入的界面图

申报网站首界面如图 15-6 所示，网站界面和模块是国家精品课程申报的统一标准界面。

课程的教学课件和教学录像视频分别如图 15-7 和 15-8 所示。

（二）模仿

1. “识读”精品课程

将班级分成小组，每组 3～5 人。将“设施蔬菜栽培学”国家精品课程网站通过投影仪呈现给同学们，在没有理论知识基础情况下，占用 1 学时观察，由于个体知识储备不同，所以对于精品课程的“识读”结果不同。1 学时后，进行小组讨论，讨论后，不是形成小组结果，而是形成个体结果，小组推选代表将“识读”结果完善后，在全班发言。

在“识读”环节，学生需记住精品课程的课程性质、精品课程网站的主要组成部分，每个组成部分的主要内容，精品课程网站之所以由那几部分构成，缘由是什么？以备模仿之用。

2. 模仿要求

从构成形态看，精品课程是具有一流教学方法和手段、一流教师队伍、一流教学内容、一流教材、一流教学管理等特点的示范性课程。所以在试图构建一门精品课程时，要满足一些具体要求，需要提前告知学生。

图 15-4　农民入口进入的界面图

图 15-5　国家精品课程《设施蔬菜栽培学》教学网站

图 15-6　国家精品课程《设施蔬菜栽培学》申报网站

图 15-7　课程的教学课件图

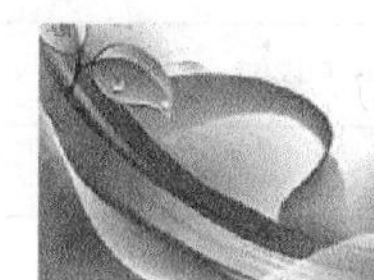

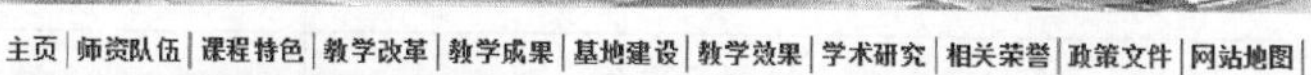

图 15-8　课程的教学录像图

第一，模仿的内容要求，精品课程网站包括的主要模块，以及每个主要模块的详细内容。

第二，模仿的步骤要求，精品课程由两大网络平台构成，第一部分是精品课程申报网站，第二部分是精品课程教学网站。

第三，条件要求，申报网站至少包括精品课程评估要求的基本模块；教学网站要能支持师生的网上的基本教学活动。

3. 模仿过程

在前面案例学习的基础上，明确构建精品课程的一些要求之后，尝试构建一门国家级精品课程。

第一步，选题，确定精品课程的专业和具体课程。精品课程一定是学校优势专业的核心课程，有一定的历史积淀。

第二步，设计精品课程网站的整体框架。至少提供两个平台：即申报网站和教学网站。根据国家精品课程建设要求，申报网站已经由组织评审单位建成，基本模块构成也已确定。这里重点是教学网站的设计，教学网站的功能定位于辅助课程的课堂教学，为开展在线教学改革提供技术支撑。

第三步，收集网站具体资源。包括建设精品课程要求的文字材料、图片、视频及动画等。例如，一级菜单“教师队伍”，要开始完成教师队伍的撰写，包括教师的年龄、职称、学历、专业等，以及教师队伍的结构，教师专业发展的具体措施等。

第四步，设计网站界面。主要包括版面设计、整体颜色风格确定、导航策略确定等。如图 15-9 所示教学网站界面设计图。

<table>
<tr><td>Logo 图片</td><td>Banner 动画</td><td>关于我们</td></tr>
<tr><td colspan="3">导航条</td></tr>
<tr><td>课程图片</td><td>课程简介</td><td>本站搜索</td></tr>
<tr><td rowspan="2">每周推荐</td><td>最近更新</td><td>特别推荐</td></tr>
<tr><td>本站快报</td><td>友情链接</td></tr>
<tr><td colspan="3">版权信息</td></tr>
</table>

图 15-9 教学网站界面设计图

第五步，撰写精品课程设计方案。全班师生就设计方案研讨。讨论精品课程的组成及精品课程建设的过程。

二、问题与原理

（一）问题与原理 1：精品课程网站建设就是精品课程建设——精品课程的概念

学生根据看到的精品课程网站，就开始模仿设计精品课程，认为网站设计完成了，精品课程就建设好了。所以需要明确精品课程和精品课程网站的关系。这个问题要从什么是精品课程谈起，也即精品课程的概念。精品课程，从构词来讲，它的中心词是课程。精品课程网站的中心词是网站，是呈现精品课程内容，是支撑精品课程活动的物质技术基础。所以，精品课程网站不是精品课程。那么什么是精品课程呢?

首先，剖析课程的概念。美国《新教育百科辞典》“课程”条目中认为“所谓课程是指在学校教师指导下出现的学习者学习活动的总体，其中包括了教育目标、教学内容、教学活动乃至评价方法在内的广泛的概念”。即课程不仅包含教学目标、教学内容、教学计划等静态的要素，还包含教学活动、教学过程以及教学评价等动态生成的要素。

其次，明确精品课程的概念。2003 年教育部发布的《关于启动高等学校教学质量与教学改革工程精品课程建设工作的通知》中指出：精品课程（elaborate course）是具有“一流教师队伍、一流教学内容、一流教学方法、一流教材、一流教学管理特点的示范性课程”，即“五个一流”，是集科学性、先进性、教育性、整体性、有效性和示范性于一身的优秀课程。精品课程建设的内涵至少有三方面：第一，精品课程建设是将课程建设成精品，代表高水平和高质量，是一个动态、持续的过程；第二，精品课程是“示范性”课程，具有示范作用，能够起到引领和辐射的作用；第三，精品课程建设是系统工程，它不仅是教材或教学内容的建设，而且是教师队伍、教学方法、教学设备与手段、教学管理等的建设。

因此，精品课程网站资源的建设，只是精品课程建设的一个组成部分，是精品课程的网络表现形式，是实现课程资源共享的技术保障。

（二）问题与原理 2：精品课程和普通课程有什么区别？——精品课程的基本特征

相对于普通课程，“精品课程”的精品体现在其“高水平”和“特色”两方面。概括而言，即“五个一流”“四项先进”和“三大特色”，凸显其高质量、示范性和独创性的特征。

1. 一流性

1）“一流的教师队伍”是精品课程建设的根本保证。精品课程的师资是一个结构合理、教学水平高、教学效果好的梯队。精品课程建设是一种系统且持续的动态过程，必须有高素质的教师团队作为支撑条件。

2）“一流的教学内容”是精品课程建设的核心要素。精品课程要始终保持其内容的科学性、先进性和系统性，及时反映和吸收本学科领域的最新研究成果，反映当代社会发展对人才培养的要求。

3）“一流的教材”是精品课程建设的关键环节。教材以新的教学内容体系为基础，集纸质教材、多媒体课件、网络课程、资源库、教学参考书等于一体，形成以纸质教材为主、电子和音像教材为辅的“立体化”教学包，最大限度地满足教师教学活动和学生自主学习的需要。

4）“一流的教学方法”是精品课程建设的重要途径。精品课程要注重因材施教，运用学生乐于接受的逻辑形式，实行直观式、启发式、讨论式、参与式、案例式等生动而丰富的方式、先进的教学手段，以激发学生的学习兴趣。

5）“一流的教学管理”是精品课程建设的制度保障。精品课程要建立科学规范的教学管理机制，具体包括观念建设、制度建设、队伍建设、环境建设等多个方面。精品课程不仅对课堂教学的组织、实践教学的安排、学习成绩的评定等有良好的管理，而且还特别注意师资队伍的配备、课程建设过程的管理、教学保证条件的建设等。

2. 先进性

“先进性”是精品课程质量和水平的体现。精品课程作为高层次、高水平的示范性课程，其质量和水平体现在方方面面。

1）先进的教育理念，着力培养学生学习的创造性与主动性。精品课程不仅对学生传授学科课程知识，还要引导学生自主学习，掌握学习、研究的方法和技能，培养学生的创造性。

2）先进的课程体系，重视课程体系与社会发展的同步性与适应性。精品课程的课程体系要与经济建设、科技进步和社会发展要求相适应，与人的全面发展需求相适应，与高等教育课程改革与建设的国际化趋势相适应。因此，课程体系应具有足够的广度、深度和梯度，突出显示多样化、开放性和可选择性等特点。

3）先进的网络平台，现代信息技术应用的广泛性与开放性。精品课程要展示其丰富的教学资源并实现优质资源的共享，就必须借助先进的网络平台和信息技术手段，特别是新媒体技术的应用，实现跨平台共享课程内容。

4）先进的实践教学，人才培养注重产学研的结合性与交叉性。在精品课程建设中，减少验证性、演示性实验，增加综合性、研究性实验；将实验室进行多层次、多形式的开放，加强校级实践教学中心的建设，确保整个实践教学贯穿于人才培养的全过程。加强与行业、企业的合作，建设一批长期稳定、高质量的实践教学基地。有计划地安排学生参加教师的科学研究、科技开发和社会服务等活动。

3. 特色性

精品课程一定是一门有特色的课程，其特色可能体现在独特的建设思路、独特的课程体系或者独特的教学方法。

1）课程建设思路创新，展现时代性与开创性。教学工作是一种富有创造性、挑战性的工作，那么精品课程建设也要勇于创新，特色缘于创新，创新是精品课程的生命力所在。

2）课程教学资源优化整合，凸显课程特色。精品课程建设是长期的系统工程，因此，其教学内容、教学方法、教学手段都应不断地更新与改革。优化教师资源、学生资源和课程资源，优化课堂教学资源和在线教育资源，优化学校资源和社会资源，实现教学资源的整体优化。

3）课程教学方法创新，实现灵活性和多样性。教学方法就是为达到教学目的而使用的工具和手段。精品课程建设要求突破“以教师为中心”“以课堂为中心”“以教材为中心”的传统的思维定式，建立起课堂教学与课外教学相结合，专业知识教育与人文素质培养相结合，主导纸质教材和其他多种形式介质教材相结合的教学新方法。

（三）问题与原理3：建设一门国家精品课程的主要任务是什么？——精品课程要素

根据精品课程的概念，即精品课程是具有“一流教师队伍、一流教学内容、一流教学方法、一流教材、一流教学管理特点”的示范性课程，建设一门精品课程主要完成如下几方面任务。

1. 师资队伍建设

教师是教学中具有能动作用的核心力量。因此，精品课程建设首要条件是高水平教师团队的建设。作为应用型大学精品课程的主讲教师，必须是“双师”“双能”型教师，学术造诣高、教学技能精湛，且有一定的实践经验，参与企业相关项目，了解职业标准、行业企业发展的最近动态。因此，精品课程建设要有计划、多渠道地对其教师进行培养，提高他们的“双师”“双能”素质。同时，吸纳业界专家等作为兼职教师，使其参与相关课程活动。

2. 教学内容建设

教学内容建设是精品课程建设的重中之重。主要包括：课程内容、教学活动的安排及组织以及教学实践三方面的内容。在课程内容上，基础性和先进性兼顾。保证学生的宽基础，以适应终生学习，同时反映本学科的前沿。教学活动则需要理实一体，将理论与实践融合。对于教学实践的内容，则需要注重学生基础技术学习的同时，强化综合能力的培养。

3. 教材建设

周远清从内容和形式两方面对精品课程教材进行了界定，在内容上，精品教材应是我国同类教材中最高水平的教材。它要反映世界科学技术、社会发展的水平。同时适应我国科学技术、社会发展的现状；它要反映世界高等教育的教学水平，在世界上是先进的，在我国是最高水平的。在形式上，精品教材应是更多地采用“立体化”的形式，即以纸介质教材为主体，配以音像、电子网络形式教材，形成一个教学包，为教学提供整体解决方案。

职业技术教育是要求其教材应用性较强，课程设置不以学科划分，而以技能体系划分，教学内容强调专业技能，要重点突出岗位技能和操作的特点，以培养学生的专业知识和岗位操作能力，为学生毕业后适应本岗位的技能操作打下坚实的基础。

4. 课程教法改革

精品课程建设是一个动态的过程，更是教学方法不断改革的过程。教学方法改革要遵循学生的认知规律，以“学生”为主体，变被动学习为主动学习。对于应用技术型大学，要改革教学模式，更新设计理念。引入“任务驱动”教学模式、“项目引导”“能力本位”的实训教学模式，以及行为导向、仿真模拟、工学交替、顶岗实习等教学模式。教学以工作过程为依据，实行课程融合。课程内容的组织和安排以真实的工作任务为依据，经过整合、序化，将工作过程分为若干任务，完成这个任务所需的知识点，从而融“教学做”为一体，理论与实践相结合，促进应用技术型学校精品课程改革进程。

5. 教学质量管理建设

科学的教学管理，尤其是加强课程质量的管理和控制，是提高精品课程教学质量的重要保证。精品课程的质量管理应该从两个方面来控制。第一，国家、省市级层面的严把评估关，严格程序、量化指标。第二，学校层面从教师培训和教学过程管理。对该校精品课程教师提出明确要求，定期进行培训，对精品课程实施的全过程进行控制和监督。对精品课程的方方面面进行评估检查，达到以评促建。

（四）问题与原理 4：精品课程网站的开发步骤是什么？——网络课程开发模式

精品课程网站一般包括申报网站和教学网站两大系统，申报网站一般由精品课程组织机构提供，课程建设者只需根据项目完成内容上传，便可自动生成申报网站，也有部分精品课程申报网站也是课程组自主开发的。教学网站要实现精品课程内容的系统性和完整性，支撑整个教学活动的，因此，精品课程教学网站的开发是遵循网络课程开发模式的，其开发流程主要是：课程需求分析、教学设计、课程系统结构设计以及评价修改四大阶段。

1. 精品课程网站需求分析

教师和学生是精品课程网站的主要使用者，因此网站以他们的需求为出发点设计制作。广大教师对精品课程资源网站的需求有：第一，丰富的课程资源，如教学案例、授课录像、多媒体资料，尤其是实践教学的素材，同时还有教学设计方案；第二，增强校外共享程度，提供各种媒体形式资源的下载，且能修改便于自己的教学使用；第三，提升精品课程教师和使用教师的沟通质量。

精品课程网站是学生自主学习的主要环境。因此，学生的需求是：第一，网站能提供课程专家的教学实录，便于课下预习复习；第二，辅助学习资源，包括案例、学科领域前沿知识技术、练习测验资料等；第三，通过网站建立与教师的联系，能及时得到教师对于问题的解答。

2. 精品课程网站教学设计

教学设计是精品课程网站开发的基础，它为课程资源共享提供了规划，具体包括如下工作：网站的功能定位、用户分析、课程内容的选择与组织设计、课程内容表现与信息资源的选择、网站在教学中应用方式的确定和评价方式设计等，如图 15-10 所示。

（1）网站的功能定位　网站的功能定位就是指，明确网站的开发目的及主要功能。精品课程网站主要有两方面作用：第一，向评审专家展示课程建设情况，包括资源建设和教学成果；第二，实现课程的在线活动。辅助教师网络教学，辅助学生自主学习，建立师生便捷交流，提供在线测评。

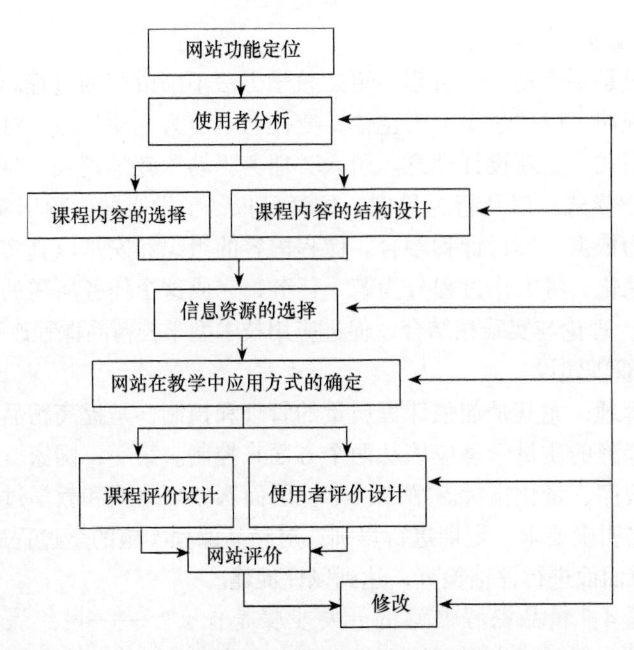

图 15-10 精品课程资源网站的教学设计过程

（2）使用者分析 精品课程网站建设目的是应用，因此教学设计首要分析使用者。精品课程教学网站的使用对象主要有三类：学习者、教师和评审专家。这里的教师和学生包括校内的，也包括校外的。他们使用网站的目的各不相同。因此，精品课程网站设计时要考虑到这一点。

首先，对于评审专家而言，他们是通过网站了解课程建设并对其进行评价。因此，网站要充分展示课程的教学资源和教学成果建设情况。

其次，对于相关专业的教师用户，他们希望获得两部分内容：一是相关课程教学的新思路；二是有关课程的教学资源。

再次，对于学习本课程的校内学生，他们在课堂上已经领略了名家名师的教学风采，精品课程网站是补充学习的有益工具。他们希望看到更多拓展资源、自我检测、虚拟实验等资源。另外需要课下在线与教师、同学的交流功能。因此，精品课程网站在设计时应注重将网站资源开发成为学生拓展学习深度和广度的有效工具。

最后，对于其他的学生和自学者，精品课程网站为其提供国内优秀的名师名课。学习者需要通过网络拓展资源，了解学科的新领域、获得新认识，使其有机会站到学科领域的前沿。通过电子教案、课堂教学实录看到其他教授是如何讲授类似的概念和知识点的。因此，网站的建设应注重为这些使用者提供全方位、多渠道的终身学习服务。

（3）课程内容的选择与组织结构设计 课程内容的建设包括教学内容的选择和组织，是精品课程建设的核心。兼顾知识的系统基础性和前言性，要反映本学科领域最新的科技成果。为了辅助相关专业教师的教学和学生课外的自主学习，还需要课程系统基础知识的呈现。需要注意：网站中的教学内容切勿书本搬家，要选择适合网络平台展示的内容，以满足不同使用者的需求。

课程内容的组织根据课程性质不同而不同，如果是学术型的精品课程，则按照学科的逻辑体系组织；如果是应用型或专业型的，则根据工作过程或工作任务组织教学内容。

（4）课程内容表现形式与信息资源的选择　媒体表现形式很多，有文本、图像、声音、视频及动画，根据媒体选择理论恰当地选择媒体。例如，动态内容的呈现采用视频或动画；教材、教案、教学设计表等内容，采用文字；理工学科的实验操作过程模拟可以通过动画形式演示。

（5）网站在教学中应用方式的确定　精品课程网站是展示教学成果、共享优质教学资源的平台。目前，精品课程网站的教学应用主要有三种模式：一是完全的网络教学，其教与学的大部分活动和环节均在网上进行，这是远程教育的主要模式。二是作为课外的网络辅助教学，即传统教学和网络辅助教学有机结合。三是仅共享教学资源，是响应国家精品课程的要求将教学资源共享，呈现课程的教学过程、方法手段，网站资源在课程的实际教学过程中没有具体的应用。

（6）评价方式设计　对于精品课程的评价设计涵盖三个方面，对课程建设的评价、对网站设计的评价以及对使用者的评价。第一，提供对课程建设本身的评价方式，参照国家精品课程评审指标，网站要为评审专家、学科教师以及学习者提供评价的功能和平台，汲取多方意见，使课程建设日趋完善。第二，设计对网站的评价方式，主要评价网站的内容设计、结构组织、资源建设以及共享程度等方面。第三，对使用者的评价方式的设计，根据教学目标，设计些结构化的定量评价标准，或通过提示和引起注意的信息，引导学习者自我反思评价。

3. 精品课程网站的系统结构设计

精品课程资源网站的教学设计的结果是教学方案，如何将方案变成产品，能直接指导网站开发，是系统结构设计的任务。主要包括网站的功能结构设计、屏幕界面设计、人机交互设计与导航策略设计等。

（1）网站功能结构设计　精品课程网站的结构设计是经过精心构思，确定网站的链接结构。根据精品课程网站的功能定位，即向评审专家呈现课程教学成果，为课程教学活动提供在线教学技术支持基础。精品课程网站一般规划分为四大模块：申报模块、课程资源模块、网络课程模块、交流模块。除网络课程模块之外，其他几个模块设计都有相对固定的程式和内容组成，按照一定的框架结构设计即可。

第一，申报模块。这个模块主要向评审专家展示课程评审的相关信息。根据精品课程申报的具体要求，具体栏目设置如图 15-11 所示。

第二，课程资源模块。该模块主要是针对广大教师对优质课程资源的需求，主要设

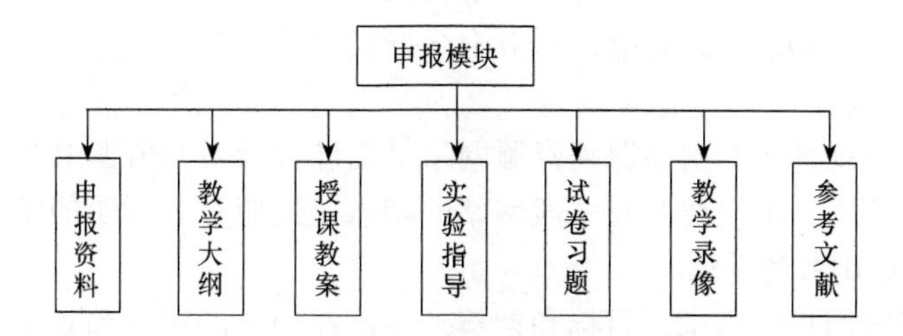

图 15-11　申报模块系统框架结构图

置栏目如图 15-12 所示。其中，“授课教案”“多媒体课件”“教学心得”“教学案例”“教学录像”等有所侧重。

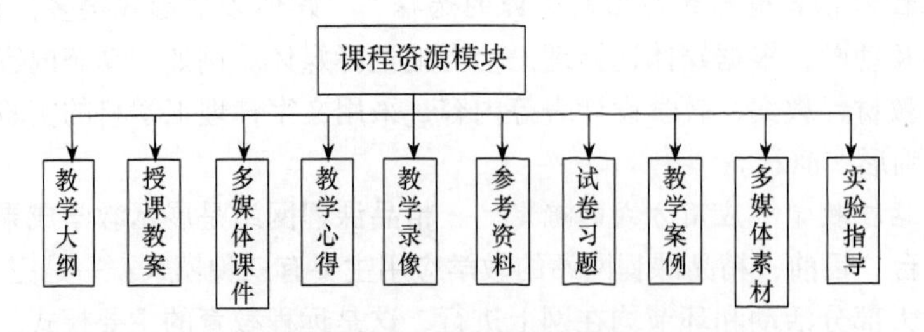

图 15-12　课程资源模块系统框架结构图

第三，网络课程模块。精品课程网站既可以用来辅助课堂教学，也可以直接利用网站的学习资源进行个别化自主学习。该模块设置栏目如图 15-13 所示。

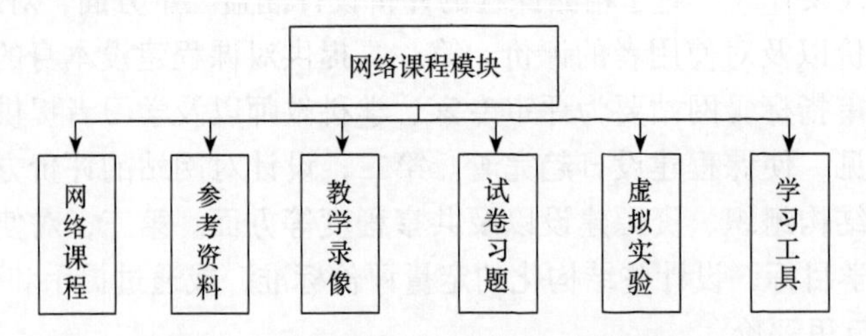

图 15-13　网络课程模块系统框架结构图

首先，系统化设计的“网络课程”不仅辅助课堂的学习，最重要的是帮助学生进行在线的自主学习。因此，这一栏目设计不仅包括课程的主体教学内容，还应提供课程学习的有效指导，如课程描述、安排、学习建议、必需的教材和资料、后续课程等内容。在每个章节后还应附加练习题和答案，便于学生随时进行自我评价，帮助其查漏补缺、提升拔高。

其次，虚拟实验室。对于具有实验项目的课程，利用信息技术，尤其是虚拟技术，开发虚拟实验学习平台，在一定程度上支持学习者进行虚拟实验操作，使精品课程网站具有更好的互动性和智能性。

再次，学习工具。为了帮助学习者进行自主学习和课下的补充学习，该栏目设计一些学习辅助工具，如创建“学习笔记”“学习记录”“作业管理”“学术字典”，帮助学习者快速适应网络学习环境，为其进行网络学习提供便利条件。

最后，交流模块。现在精品课程的互动性是跨平台设计，除网站论坛外，还有移动终端的微信、微博及 QQ 等。其中，网络论坛据实际情况分为三块：交流论坛、答疑论坛和校内学习者论坛。

（2）屏幕界面设计　　精品课程资源网站是集课程学习与资源共享于一体的综合型网站。在界面设计中，不仅要具有一般网站的特点，还应具有鲜明的学科特色和专业特色，并满足不同使用者的需求。

首先，要了解用户的需求、目标和期望，要站在用户的观点和立场上来考虑网站界面的设计。例如，“申报模块”主要是向评审专家展示课程的相关信息，界面设计应简明直观、条理清晰，可以使用统一的界面元素和图标，使评审专家根据外观就能清楚地识别网站的各个功能，从而减轻阅读中的认知负荷。

其次，界面也要突出个性。无论总体格调、图片内容、动画，还是动态视频、滚动字幕等，均应具有鲜明的学科特色，凸显专业风格，使其在大量的申报网站中彰显自己的个性和特色。

最后，网站各模块整体风格要一致，使网站中的众多单独网页看起来像一个整体。例如，网站的各种元素（颜色、字体、图形、空白等）使用要有一定的规格。当然，网站界面设计的一致性并不意味着刻板和一成不变，随着时间的推移不断地改版网站，会给浏览者带来新鲜的感觉。

（3）导航设计　精品课程资源网站中信息量庞大，信息之间的关系复杂，因此，整个网站不可缺少科学合理的导航设计，避免使用者在复杂的网络资源中迷航。一般网站的导航策略有知识点导航、检索导航、线索导航、框架导航、帮助导航等。

第一，知识点导航。知识点导航是依照对某一课程内容知识点的划分而设置的导航，是使用者选择浏览路径的主要依据。

第二，检索导航。利用网站提供的搜索引擎在互联网中进行搜索，使用者可以检索相关的知识内容，充分利用网络的丰富资源。精品课程资源网站中会提供大量的课程资源，此时可以设计网页、图片和视频的检索功能表单，使检索方便快捷，便于使用者利用资源网站查阅、收集和整理相关资料，辅佐学习者自主学习。

第三，线索导航。为了避免使用者在网状的交互中迷航，利用线索导航的方式呈现使用者到达当前位置所经过的路径。例如，在网站中设置“学习记录”功能，通过列表的形式呈现使用者的访问记录，并提供相应链接，便于使用者查阅、返回已浏览过的知识点。

第四，框架导航。框架导航指的是利用网站框架结构图的导航，以图形化的方式表示网络的超链接结构，包含超链接结构的节点与节点间的联系。这是课程网站中比较常用的导航方式，它可以帮助用户在网络中定向，并观察信息是如何连接的，使使用者可以根据框架结构图选择并直接进入某一节点进行查阅、学习。

在具体的网站设计中，并不一定要用到上述的所有导航策略，要根据网站的设计风格、实际教学应用以及课程内容等因素，灵活选择导航策略。

三、训练与提升

（一）反思与修正

根据精品课程的特征、基本组成部分、精品课程网站设计过程等知识，针对模仿作品进行反思。主要内容包括：精品课程设计组成是否全面？精品课程网站设计中网站的功能定位是否准确？模块是否完整？

根据反思结果，每位同学根据精品课程设计的组成和过程修正模仿作品，并根据教育部关于精品课程建设的要求，完善整个精品课程设计方案。

按照之前小组成员之间对于修正后作品相互评价，经“集体审议”后形成一个比较完善的设计方案范本。

（二）分解训练

精品课程建设是一个“想”和“做”完美结合的过程。既要高瞻远瞩、细致入微地进行思考和运筹，更要踏踏实实、精雕细琢于每一种课程要素，进而打造真正意义上的精品课程。

1）任务 1：师资队伍建设。师资队伍的静态组成，包括人员构成、整体结构、教改教研、师资培养等几个方面。师资队伍的动态建设，包括扎实学术功底的练就、教育素质的提高、人文素养的提升。

2）任务 2：教学内容建设。教学内容建设是精品课程建设的核心，直接关系到学生知识、能力、素质的协调发展。教学内容的建设主要通过选择教学内容和组织教学内容来实现。第一，选择教学内容，提炼课程的核心基础知识、导入课程的前言知识、介绍有争议的内容以及延伸交叉内容。第二，组织教学内容，构建知识体系。

3）任务 3：教材建设。教材建设是精品课程建设的重要组成部分，包括对教材内容、教材结构以及教材形式的考虑。教材内容和结构在教学内容建设之中论述过，因而教材建设主要探讨教材的形式建设，即教材立体化的问题，纸质教材和电子教材。

4）任务 4：教学方法和手段选择。教学方法和手段选择是课程建设的关键所在。在精品课程建设中，要根据课程目标、学生特点以及课程内容特征等，选择和设计适合的教学方法和恰当的教学手段，从而吸引学生、引导学生、激励学生以及支持学生。在教学方法上，以“问题”启迪学生的思维，在精品课程建设中，创设问题情景进行教与学，其典型方法可归纳如下：发现教学法、案例教学法。

5）任务 5：实验建设。更新实验内容，设置综合性实验，开展创新性实验，完善实验教学条件。

6）任务 6：精品课程网站开发。①子任务 1：精品课程网站需求分析。精品课程网站的使用对象有三类：教师、学生和评审专家。要对这三类适用对象做细致的需求分析。②子任务 2：网站教学设计。第一步网站的功能定位分析；第二步网站使用者特征分析；第三步课程内容的选择与组织结构设计；第四步课程内容表现形式与信息资源的选择；第五步网站在教学中应用方式的确定；第六步评价方式设计。③子任务 3：网站系统结构设计。第一步网站功能结构设计，精品课程网站整体模块的规划，以及每个模块的子模块的确定。第二步屏幕界面设计，各网站的整体风格确定，版面安排、颜色选择、图标按钮设计等。第三步导航设计，精品课程资源网站主要设计五种导航：知识点导航、检索导航、线索导航、框架导航、帮助导航等。

（三）完整作业

根据已学知识与技能，选择与“设施农业科学与工程专业”相关农科类专业，进行精品课程的设计，并撰写设计方案，将作业上交，考核结果记入平时成绩。

四、阅读与拓展

（一）精品课程建设的历史背景

在信息化、共享化和全球化已经成为高等教育的必然发展方向的大背景下，教育资源开放共享的情况已经普遍存在于各个国家高等教育中，知识共享、开放理念深入人心，发达的信息技术也为知识的交流和共享提供了便捷途径，人们对信息共享也开始了重视。世界一些高校也开始利用互联网和多媒体信息技术结合而作为其教育改革的新举措，国际开放课件活动如火如荼地进行起来。美国麻省理工学院（Massachusetts Institute of Technology，MIT）在国际开放课件运动中扮演着重要角色，其开放课件（open course ware，OCW）运动成为全球各个高校争相效仿的对象。麻省理工学院院长 CharlesM.Vest 在 2001 年召开的新闻发布会上宣布：将在十年的时间内，将麻省理工学院的所有的课程资料免费上传至互联网，可以在全世界范围内通过互联网自由下载。2003 年 9 月 30 日，麻省理工学院开放课件正式对外发布。一时间，该项目在世界上引起了轰动，产生了极大的影响，受到了广泛关注。很短的时间内，这一项目被译成了日、韩、泰、汉、葡萄牙、西班牙、土耳其等多国语言，一时间成为全世界 200 多个国家都在使用的网络资源。不仅如此，这一项目还启发了一些国家去创建属于自己国家的开放课件，我国的精品课程建设项目的开展也正是受到了这一国际开放课件项目的启发。

2003 年 4 月，教育部正式启动“高等学校教学质量和教学改革工程”（以下简称“质量工程”）项目，“质量工程”是以提升高等学校本科生质量为目标，以提高优质教育资源共享为手段，以“鼓励特色、分类指导、重在改革”为原则。在专业、课程教材、教学评估、实现教学与改革人才培养模式等六个方面进行建设与改革，引导高校本科教学方向，带动全方位的教学改革和创新，形成重视质量和教学的良好环境和管理机制。“质量工程”的实施，无疑是在我国高等教育服务社会能力的提升方面，以及建设创新型国家和构建社会主义和谐社会、促进我国高等教育规模、质量、结构和效益方面，构建全面协调可持续发展的高等教育新体系，办好使人民群众满意的高等教育，充分发挥高等教育促进学生全面发展，培养创新人才等方面都具有重大的意义。

教育部曾计划在 2003～2007 年建设 1500 门国家级精品课程，基于网络，利用现代先进的信息技术和手段将精品课程及其相关内容上传到网络上，并向公众免费开放，以实现优质教育资源共享，提升高等学校教学质量和人才培养质量的目的。同时，经过网络评审专家参评以及网络公示的课程，教育部、财政部批准在五年有效期内，将精品课程内容按照规定上传网络，取消登录用户名和密码，向全国免费开放，用户可直接登录全国高等学校教学精品课程建设工作网站 http://www.jpkcnet.com 浏览课程内容和了解全国精品课程建设工作相关信息。

（二）2010 国家精品课程评审指标

1. 2010 国家精品课程评审指标（本科）

（1）评审指标说明

1）本评审指标根据《教育部财政部关于实施高等学校本科教学质量与教学改革工程的意见》（教高〔2007〕1 号）、《教育部关于进一步深化本科教学改革全面提高教学质量的若干意见》（教高〔2007〕2 号）和《教育部关于启动高等学校教学质量与教学改革工程精品课程建设工作的通知》（教高〔2003〕1 号）精神制订。

2）精品课程是指具有特色和一流教学水平的优秀课程。精品课程建设要根据人才培养目标，体现现代教育思想，符合科学性、先进性和教育教学的普遍规律，具有鲜明特色，并能恰当运用现代教育技术与方法，教学效果显著，具有示范和辐射推广作用。

3）精品课程的评审要体现教育教学改革的方向，引导教师进行教育教学方法创新，确保学生受益和教学质量的提高，并重视以下几个问题：第一，在教学内容方面，要处理好经典与现代、理论与实践的关系，重视在实践教学中培养学生的实践能力和创新能力。第二，在教学条件方面，重视优质教学资源的建设和完善，加强课程网站的辅助教学功能。第三，在教学方法与手段方面，灵活运用多种教学方法，调动学生学习积极性，促进学生学习能力发展；协调传统教学手段和现代教育技术的应用，并做好与课程的整合。第四，在教学队伍的建设上，注重课程负责人在实际教学工作的引领和示范作用，促进教学团队结构的完善和水平的提高。

4）本方案采取定量评价与定性评价相结合的方法，以提高评价结果的可靠性与可比性。评审指标分为综合评审与特色、政策支持及辐射共享两部分，采用百分制，其中综合评审占80%，特色、政策支持及辐射共享占20%。

5）总分计算：$M=\sum K_iM_i$，其中K_i为评分等级系数，A、B、C、D、E的系数分别为1.0、0.8、0.6、0.4、0.2，M_i是各二级指标的分值。

（2）评审指标及内涵

一级指标	二级指标	主要观测点	评审标准	分值（M_i）	评分等级（K_i）				
					A	B	C	D	E
					1.0	0.8	0.6	0.4	0.2
教学队伍20分	1-1课程负责人与主讲教师	教师风范、学术水平与教学水平	课程负责人与主讲教师师德好，学术造诣高，教学能力强，教学经验丰富，教学特色鲜明。课程负责人近三年主讲此门课程不少于两轮	6分					
	1-2教学队伍结构及整体素质	知识结构、年龄结构、人员配置与青年教师培养	教学团队中的教师责任感强、团结协作精神好；有合理的知识结构、年龄结构和学缘结构，并根据课程需要配备辅导教师；青年教师的培养计划科学合理，并取得实际效果；鼓励有行业背景的专家参与教学团队	6分					
	1-3教学改革与研究	教研活动与教学成果	教学思想活跃，教学改革有创意；教研活动推动了教学改革，取得了明显成效，有省部级以上的教学成果、规划教材或教改项目；发表了高质量的教研论文	8分					
教学内容20分	2-1课程内容	课程内容设计	课程内容设计要根据人才培养目标，体现现代教育思想，符合科学性、先进性和教育教学的规律	10分					
			理论课程内容经典与现代的关系处理得当，具有基础性、研究性、前沿性，能及时把学科最新发展成果和教改教研成果引入教学						
			实验课程内容（含独立设置的实验课）的技术性、综合性和探索性的关系处理得当，能有效培养学生的实践能力和创新能力						
	2-2教学内容组织	教学内容组织与安排	理论联系实际，课内课外结合，融知识传授、能力培养、素质教育于一体；鼓励开展相关实习、社会调查或其他实践活动，成效显著	10分					

续表

一级指标	二级指标	主要观测点	评审标准	分值（M_i）	评分等级（K_i）				
					A	B	C	D	E
					1.0	0.8	0.6	0.4	0.2
教学条件20分	3-1 教材及相关资料	教材及相关资料建设	选用优秀教材（含国家精品教材和国家规划教材、国外高水平原版教材或高水平的自编教材）；课件、案例、习题等相关资料丰富，并为学生的研究性学习和自主学习提供了有效的文献资料；实验教材配套齐全，能满足教学需要	10分					
	3-2 实践教学条件	实践教学环境的先进性与开放性	实践教学条件能很好满足教学要求；能进行开放式教学，效果明显（理工类课程能开出高水平的选作实验）						
	3-3 网络教学环境	网络教学资源和硬件环境	学校网络硬件环境良好，课程网站运行良好，教学资源丰富，辅教、辅学功能齐全，并能有效共享	10分					
教学方法与手段20分	4-1 教学设计	教学理念与教学设计	重视探究性学习、研究性学习，体现以学生为主体、以教师为主导的教育理念；能根据课程内容和学生特点，进行合理的教学设计（包括教学方法、教学手段、考核方式等）	8分					
	4-2 教学方法	多种教学方法的使用及其效果	重视教学方法改革，能灵活运用多种恰当的教学方法，有效调动学生学习积极性，促进学生学习能力发展	12分					
	4-3 教学手段	信息技术的应用	恰当充分地使用现代教育技术手段开展教学活动，并在激发学生学习兴趣和提高教学效果方面取得实效						
教学效果20分	5-1 同行及校内督导组评价	校外专家及校内督导组评价与声誉	证明材料真实可信，评价优秀；有良好声誉	4分					
	5-2 学生评教	学生评价意见	学生评价原始材料真实可靠，结果优良，应有学校教务部门出具的近三年的学生评教数据的佐证材料	8分					
	5-3 录像资料评价	课堂实录	能有效利用各种教学媒体、富有热情和感染力地对问题进行深入浅出的阐述，重点突出、思路清晰、内容娴熟、信息量大；课堂内容能反映或联系学科发展的新思想、新概念、新成果，能启迪学生的思考、联想及创新思维	8分					
特色、政策支持及辐射共享	专家依据《2010年度“国家精品课程”申报表》所报特色及创新点打分			40分					
	所在学校支持鼓励精品课程建设的政策措施得力			30分					
	辐射共享措施有力，未来建设计划可行			30分					

注：根据课程类型，在“课程内容设计”中参照相应要求进行打分

2. 2010 国家精品课程评审指标（高职）

（1）评审说明

1）本评审指标根据《教育部关于全面提高高等职业教育教学质量的若干意见》（教高［2006］16号）和《教育部关于启动高等学校教学质量与教学改革工程精品课程建设工作的通知》（教高［2003］1号）精神制订。

2）精品课程评审的依据是《2010年度高职国家精品课程申报表》、课程整体设计介绍录像、课程教学录像和网络课程教学资源。

3）本评审指标采用百分制记分。其中，一级指标一至六项占总分的90%，“特色及政策支持”项占总分的10%。评价等级分为五档，系数分别为1.0、0.8、0.6、0.4、0.2。

（2）评审指标及内涵

一级指标	二级指标	主要观测点	评审标准	分值	评价等级				
					A	B	C	D	E
					1.0	0.8	0.6	0.4	0.2
一课程设置10分	1-1课程定位	性质与作用	专业课程体系符合高技能人才培养目标和专业相关技术领域职业岗位（群）的任职要求；本课程对学生职业能力培养和职业素养养成起主要支撑或明显促进作用，且与前、后续课程衔接得当	4					
	1-2课程设计	理念与思路	以职业能力培养为重点，与行业企业合作进行基于工作过程的课程开发与设计，充分体现职业性、实践性和开放性的要求	6					
二教学内容25分	2-1内容选取	针对性和适用性	根据行业企业发展需要和完成职业岗位实际工作任务所需要的知识、能力、素质要求，选取教学内容，并为学生可持续发展奠定良好的基础	10					
	2-2内容组织	组织与安排	遵循学生职业能力培养的基本规律，以真实工作任务及其工作过程为依据整合、序化教学内容，科学设计学习性工作任务，教、学、做结合，理论与实践一体化，实训、实习等教学环节设计合理	10					
	2-3表现形式	教材及相关资料	选用先进、适用教材，与行业企业合作编写工学结合特色教材，课件、案例、习题、实训实习项目、学习指南等教学相关资料齐全，符合课程设计要求，满足网络课程教学需要	5					
三教学方法与手段25分	3-1教学设计	教学模式	重视学生在校学习与实际工作的一致性，有针对性地采取工学交替、任务驱动、项目导向、课堂与实习地点一体化等行动导向的教学模式	8					
	3-2教学方法	教学方法的运用	根据课程内容和学生特点，灵活运用案例分析、分组讨论、角色扮演、启发引导等教学方法，引导学生积极思考、乐于实践，提高教、学效果	6					
	3-3教学手段	信息技术的应用	运用现代教育技术和虚拟现实技术，建立虚拟社会、虚拟企业、虚拟车间、虚拟项目等仿真教学环境，优化教学过程，提高教学质量和效率，取得实效	6					
	3-4网络教学环境	网络教学资源和硬件环境	网络教学资源丰富，架构合理，硬件环境能够支撑网络课程的正常运行，并能有效共享	5					

续表

一级指标	二级指标	主要观测点	评审标准	分值	评价等级 A 1.0	B 0.8	C 0.6	D 0.4	E 0.2
四 教学队伍 20 分	4-1 主讲教师	师德、能力与水平	师德高尚、治学严谨；执教能力强，教学效果好，参与和承担教育研究或教学改革项目，成果显著；与企业联系密切，参与校企合作或相关专业技术服务项目，成效明显，并在行业企业有一定影响	10					
	4-2 教学队伍结构	“双师”结构、专兼职比例	专任教师中“双师”素质教师和有企业经历的教师比例、专业教师中来自行业企业的兼职教师比例符合课程性质和教学实施的要求；行业企业兼职教师承担有适当比例的课程教学任务，特别是主要的实践教学任务	10					
五 实践条件 10 分	5-1 校内实训条件	设备与环境	实训基地由行业企业与学校共同参与建设，能够满足课程生产性实训或仿真实训的需要，设备、设施利用率高	6					
	5-2 校外实习环境	建设与利用	与校内实训基地统筹规划，布点合理，功能明确，为课程的实践教学提供真实的工程环境，能够满足学生了解企业实际、体验企业文化的需要	4					
六 教学效果 10 分	6-1 教学评价	专家、督导及学生评价	校外专家、行业企业专家、校内督导及学生评价结果优良	5					
	6-2 社会评价	社会认可度	学生实际动手能力强，实训、实习产品能够体现应用价值；课程对应或相关的职业资格证书或专业技能水平证书获取率高，相应技能竞赛获奖率高	5					
特色及政策支持	特色与创新			50					
	学校对精品课程建设的政策支持与措施			50					

【推荐文献】

冯瑞. 2012. 世界名校开放课热潮对中国精品课程建设的启示［J］. 中国电化教育，(2)：17-21

柳礼泉，陈宇翔. 2007. 精品课程建设与一流教师队伍培养［J］. 高等教育研究，(3)：77-81

柳礼泉. 2009. 论精品课程的特征［J］. 高等教育研究，(3)：82-86

秦炜炜. 2013. 国家精品课程发展十年现状调查［J］. 中国远程教育，(8)：53-96

唐阿涛. 2009. 国家精品课程建设现状及代价分析［M］. 苏州：苏州大学硕士学位论文

许坦，石长征. 2007. 精品课程发展现状综述［J］. 中国电化教育，(7)：53-56

杨琳，杜中全. 2011. 国家精品课程的可持续发展：教学共享应用模式研究［J］. 中国电化教育，(11)：23-26

岳秋，闫寒冰，任友群. 2013. MIT 开放课程与我国精品课程的学习支持对比分析 [J]. 远程教育杂志，(1)：60-66

张武威，黄宇星. 2009. 精品课程的课程内容知识组织探究 [J]. 中国电化教育，(12)：66-70

钟启泉. 2003. 现代课程论 [M]. 上海：上海教育出版社

【参考文献】

丁兴富，王龙，冯立国，等. 2006. 北京市精品课程网上资源运行情况专题调研及主要结论 [J]. 中国大学教学，(5)：22-25

龚志武. 2008. 关于国家精品课程建设现状的若干思考 [J]. 中国电化教育，(1)：53-56

郭立婷. 2007. 精品课程及其建设研究 [D]. 太原：山西大学硕士学位论文

廖容碧. 2003. 中国高等教育规模扩张的再审视 [J]. 德阳教育学院学报，(4)：34-35

刘莹. 2005. 高校国家级精品课程网络化平台建设的研究 [D]. 西安：西安交通大学硕士学位论文

施良方. 1996. 课程理论一课程的基础、原理与问题 [M]. 北京：教育科学出版社

吴炎. 2013. 国家级精品课程建设的问题研究——以 A 大学国家级精品课程为例 [D]. 合肥：安徽师范大学硕士学位论文

徐磊. 2008. 精品课程资源网站的设计与研究 [D]. 北京：首都师范大学硕士学位论文

杨登新，王恩军，闫华. 2007. 对高职院校精品课程建设的认识与思考 [J]. 教育与职业，(07)：132-133

曾海文. 2009. 精品课程网络资源建设的问题与对策 [J]. 教育与职业，(15)：155-156

张瑶娟. 2007. 高职学院精品课程建设研究 [D]. 长沙：湖南农业大学硕士学位论文

周远清. 2003. 精品课程教材建设是教学改革和教学创新的重大举措 [J]. 高等教育研究，(1)：12-29

第十六章 隐性课程

【内容简介】隐性课程指学校专业培养方案中未明确规定的、非正式和无意识的校园学习经验，与显性课程相对，是学校情境中以间接的内隐的方式呈现的课程。职业院校隐性课程主要包括职业院校校园环境隐性课程和职业院校校园活动隐性课程。校园环境主要由建筑、场所、场地、标记、制度、舆论等构成。校园活动主要由课堂活动和课外活动构成。通过隐性课程知识的学习，熟悉陶冶教育的做法。

【学习目标】能够概述隐性课程原理；能够在职业院校开展隐性课程建设；能够评价、比较隐性课程优劣。

【关键词】隐性课程；校园环境隐性课程；校园活动隐性课程。

一、校园环境隐性课程

（一）范例与模仿

1. 范例

范例 1:

宁波外事学校通过新古典主义的校园建筑风格，美丽、典雅、整洁的环境塑造，精致的咖啡馆，艺术化的实训室，现代化的剧场等，让学生能处处感受美的气息。

范例 2:

北京财贸职院建设以丝绸之路、茶马古道、郑和下西洋、京杭运河为主题的“商苑”石雕园；建立以京商、十大商帮、国外商业为主题的“商书厅”。这样的校园环境，一方面，潜移默化地将优秀商业文化和成果传递给学生，促进民族文化的继承和弘扬；另一方面，创新文化育人形式，增强文化素质教育的针对性和实效性，提升学生人文素养。

范例 3:

在建校之初，上海商业会计学校就在校园内建起一座荷花池塘，其中的巨型荷花雕塑始终提醒着学生要坚守“清廉自律”的职业道德。

范例 4:

河北武安市职教中心近年来制订了“六年发展方略”和“校园文化建设规划”，投资 3800 万元兴建文化艺术实训中心、职教博物馆、名人路、励志路雕塑群等，提炼了武安职教志、情满职教、职教精神颂等。

范例 5:

浙江宁波慈溪市杭州湾中等职业学校面向全校学生征集“金点子”，制订出了孝德教育的“101 个细节”。这些细节分为爱国、爱集体、爱家三部分，每部分都有对应的几十个细节，如爱国要做到“周一升旗仪式，大声唱国歌，行注目礼”，爱家要做到“和父母打电话时，不能先挂电话，等父母挂断了我们再挂断”等。

占地 300 亩的学校，没有一名专职绿化工，校园的角角落落却绿意盎然；整个教学区的 24 个厕所，没有一名专职保洁员，洁净度却堪比星级宾馆；校园公共场所，没有一个流动垃圾桶，但地上难见一片纸屑……

从2011年积极探索与实践“德育生活化”以来，杭州湾职校所发生的一切改变了人们对职业教育的传统印象。

调查显示，杭州湾职校64个班级的2800多名学生里，绝大部分来自农村。用教师们的话来说，“他们普遍内心自卑、生活习惯差、不愿读书”。相对普高而言，职校更需强调“立德树人”，否则难免一些孩子会误入歧途。

为此，学校在教室、寝室、实训室等场所推行了7S管理，要求做到物品定位、有序排列。同时，学校还制订爱国主义教育30个细节，每班每周上1节军事训练课，对学生晨跑、早自习、上课、出操、实训实习、课外活动等进行指导和管理。一年下来，学生精神面貌焕然一新。

在杭州湾职校，德育围绕着学生的学习与生活展开，渗透到各种小事与琐事之中。学校还调整了原有的值周班制度，实行德育实践活动周。每周轮流安排一个班级，由班主任带领，负责整个校园的洒扫、礼迎与督查。从那以后，校园里的绿化认养区承包给了每个班级，厕所卫生也通过招标交给学生打扫。

劳动实践周、军事化管理，严格的训练铸就了该校学生吃苦耐劳、严以律己、敢于担当的良好品行，毕业生也由此成为周边企业争抢的对象。过去两年，某知名汽车厂商招收了该校200名毕业生，没有一人被中途辞退，今年又再次投放125个用工指标。企业相关负责人说，杭州湾职校的学生“用得很放心”。

2. 模仿

1）宁波外事学校拥有精致的咖啡馆、现代化的剧场等有专业特色的校园建筑环境。

2）北京财贸职院建设“商苑”石雕园、“商书厅”等有专业特色的校园场所环境。

3）上海商业会计学校在校园内建起荷花池塘和巨型荷花雕塑等有专业特色的校园场地与标记环境。

4）河北武安市职教中心兴建职教博物馆、名人路、励志路雕塑群等，加强校园历史人文环境建设。

5）浙江宁波慈溪市杭州湾中等职业学校面向全校学生征集“金点子”，制订出了孝德教育的“101个细节”。学校在教室、寝室、实训室等场所推行了7S管理，要求做到物品定位、有序排列。同时，学校还要求每班每周上1节军事训练课。上述做法是一种典型化的良好制度环境建设方法。

（二）问题与原理

1. 问题

1）如何建设校园建筑环境隐性课程？

2）如何建设校园雕塑环境隐性课程？

3）如何建设校园场地环境隐性课程？

4）如何建设校园制度环境隐性课程？

5）如何建设校园舆论环境隐性课程？

6）浙江宁波慈溪市杭州湾中等职业学校面向全校学生征集“金点子”，制订出了孝德教育的“101个细节”。这种校园制度环境建设要注意哪些操作?

7)杭州职业技术学院基层党组织发挥党员教师在教书育人中的引领作用，积极探索了三大工作机制。这种做法与校园舆论环境建设有什么关系?

2. 原理

(1)物质环境隐性课程　是体现学校文化精神的一切建筑、雕塑、场地、设施、绿化的集合，是构成学校教育的物质情境。理想的物质环境隐性课程是学校的每一个地方、每一处建筑都具有文化内涵和教育意义。在加强校园物质环境隐性课程建设过程中，要注重人文氛围的塑造，使其既体现人文性的品格，也体现自然性的品格。当学生走进古朴幽雅的校园，既有鸟语花香相伴，又能发现有个性的建筑，还能在图书馆走廊欣赏字画，在雕像前沉思与畅想。

(2)制度环境隐性课程　是学校的一系列规章制度，既包括一些显性的通过文字加以明确表述的规章制度，也包括一些隐性的只通过无意识认同和简单行为规范构成的规章制度，如《学生守则》《教师守则》《办公室工作要则》以及不同文化主体间日常交往的方式、学生生活世界中语言和行为禁忌等。学生在接受了制度要求后，随着时间延长，在同学行为或言语的提醒下，逐渐将制度要求纳入到自身的生活和学习习惯中。以后在规则微调的过程中，学生也会在无意地跟着做出相应的习惯调整。

(3)舆论环境隐性课程　舆论是指在一定社会范围内，公开表达的、基本一致的、多数人的共同意见，通常不直接来自于官方文件制度，是广大民众的呼声，是间接地产生于“上行下效”的权力运行过程中，可以受到大众媒体的引导。舆论环境隐性课程是学校里师生群体中的舆论，包括校风、班风、学风等各种风气或氛围。因此，在校园里，书记、校长等各级领导的公正、廉洁、务实、进步、民主等作风非常重要。

(三)训练与提升

范例1:

浙江建设职业技术学院完善实训基地，创设真实岗位环境，彻底改变课堂教学与实际工作岗位脱节、书本知识与动手能力脱节的局面，除了对教学内容、教学方法和手段进行改革以外，还从管理到布局设施等对实践实训基地进行改造和完善，按照真实工程项目的仿真模拟综合实务训练要求，建立一个使学生进行岗位模拟体验、真正符合教学需要、同真实工作岗位环境相匹配的专业技能训练场所。

学院已经对实践实训基地进行了全面改造，建设了新的实训大楼，实训实验室总建筑面积达4.4万m^2。同时，按照职业岗位能力培训要求，结合专业课程实践实训教学内容改革，对原有实训实验室按功能和教学需求进行统一整合。与加拿大木业协会等发达国家的3个建筑业行业协会、14家国际知名行业企业进行合作，共建了5个集教学、培训、社会服务、职业技能鉴定等于一体的实训中心，包括各类实训实验室70余个，开设有130多个实训实验项目。此外，淘汰落后的实训实验设备，引入德国墙体抹灰自动喷浆机等多种国际领先技术的先进设备，提升实训实验的技术含量。

学院加强对实践实训基地的科学管理，通过视频监控平台，实现动态教学管理。其中，楼宇智能专业建设了网络化、数字化视频监控教学平台，利用掌上电脑等终端设备，学生通过无线网络访问服务器上的教学资源库，在工位上自主学习；教师利用监控平台，全面及时掌握整个实训过程；利用自动巡回指导功能，实现教师对学生一对一指导、实训过程全记录、实训项目自动考核等。

范例2：

江苏信息职业技术学院将创业实训项目纳入人才培养方案，开设创业教育必修与选修课程6门，创业教育普及率达100%。大学生创业孵化基地、大学生创意创业一条街、品味书屋等创业实践场所，为学生成功创业提供了路径、创设了氛围，近两年，学生创办的公司有26家。

在校内，学院依托“国家计算机应用与软件技术专业领域技能型紧缺人才培养培训基地”“国家服务外包示范区·无锡太湖保护区人才培养基地”等多个国家级基地，学院先后投入6000多万元，按企业真实环境，组建各专业群实训基地和生产性实训室。在学校二期建设中，还将建成包括教学工厂在内的2万m^2生产实践性教学基地。

在校外，学院与无锡新区创新创意产业园等5个园区建立人才培养战略合作关系，与软通国际、华润微电子、海力士等100多家企业共建实训基地。三年内，将实现每个专业有3个以上深度融合的校外实训基地。

上述两个案例均涉及校园环境隐性课程建设，请明确其具体做法。

（四）阅读与拓展

1. 相关概念

1）隐性课程是相对于显性课程而言的，属于课程体系，最早由美国教育家杰克逊于1968年在《班级生活》中提出，在我国从20世纪80年代开始进入研究视野。

2）隐性课程是区别于列入教学计划、有一定教学材料、采用一定教学方法的显性课程而言的。杰克逊就是从班级生活的考察中借助解释学的方法，对于学校日常生活体验的潜在教育功能成功地作出了结构性的描述。

3）隐性课程建设要以素质教育为导向，以大学特色文化为内涵。

4）学校领导的教书育人、管理育人和服务育人等做法包含隐性课程功能。学校教师要有隐性课程意识，要提高个人素质。

5）隐性课程（又称潜在课程、隐蔽课程、潜课程等）是一种具有广泛内涵的可以对学生产生重要作用的环境信息，它们在学校政策、课程计划上并没有明确规定，然而又是学校经验中常规的、有效的一部分。这种环境信息，融合于学校的整体文化，通过社会、学校、教师甚至学生自己的各种非正式期望，使学生在无意识的心理状态下接受教育环境所负载的信息渗透而达到在显性课程（又称正规课程、正式课程等）中难以实现的“文化心理层”某些方面的改变。隐性课程与显性课程同为课程的有机组成部分。

2. 隐性课程的作用

隐性课程独特的存在形式决定了它独特的作用特征。隐性课程主要通过学生的态度体验与情感体验来促进知趣、情感、态度、信念等非认知心理成分的发展，并在这些成分发展中通过情意结构的调整来达到非认知心理结构的改善。同时，它还可以通过这种体验，对思维力、想象力、观察力、领悟力等部分认知心理成分产生影响，并在对这些成分的发展中使认知能力得到增强，从而达到对认知心理结构的部分改善。可见，隐性课程在培养学生素质中有着不可替代的功能，在培养学生成为心智与人格全面和谐发展的人的过程中具有重要的作用。

3. 隐性课程的结构

在学校教育中，隐性课程的主要构成因素如下：一是体现于教科书和教学活动中的隐性课程因素，教科书中除了外显的知识、技能之外，同时也是社会观念、规范、价值观等的载体。同时，学校中进行的各种教学活动，包括课堂教学、实践活动、礼仪和仪式活动等，其内容、教学组织、教法的选择与运用、师生互动关系、教学效果测评等都隐藏着隐性课程的内容。二是物质形态的隐性课程因素，这类课程因素体现在学校的布局与环境建设中，包括教室、图书馆、实验室、阅览室、体育运动场所的环境布置和设备、器材配置等。三是制度形态的隐性课程因素，这类课程因素包括学校的组织制度、管理制度、生活制度、活动制度、考核评估制度、行为规章等。四是精神形态的隐性课程因素，这类课程因素包括学校历史传统，办学理念、学风、校风、教师形象，人际关系和交往礼仪等。

4. 弥漫在校园生活中的精神形态的隐性课程

这包括办学理念、校风、教风、学风、学术氛围、心理气氛、组织气氛等师生共同享有的价值观、精神面貌等。从空间上说，它弥漫于学校校园的每一个角落，从时间上说它弥散在校园生活的每一个环节。它集中反映了校园的历史传统、精神风貌以及学校成员的共同追求与价值取向，并通过感染、暗示和模仿等心理方式作用于学生，使校园形成一个巨大的心理场，对每一个成员都产生着难以抗拒的效应。隐性课程孕育在上述的各个层面之中，即上述的各个层面都是隐性课程内容的载体。

二、校园活动隐性课程

（一）范例与模仿

1. 范例

范例1：

宁波外事学校突破传统的以知识传授为主的教育模式，把德育、体育、美育扩展到整个校园，让学生在丰富的校园活动中优化学习的状态。31个外事社团，86%的参与率；外事嘉年华中的“快乐淘、美食节、趣味游园、舞林争霸”等22个项目，每位学生至少参与两个项目，都让学生感受到校园生活的快乐。出台外事阳光体育活动实施方案，让晨跑、课间华尔兹、午间社团活动、下午体育大课间的开展有了制度保障，学生的体质检查始终处于宁波市前列。学校还实施每季度的主题活动，三月春游、六月技能节、10月运动会、1月迎新长跑，让快乐、健康教育始终贯穿整个学校的教育中。健康快乐的校园营造了积极向上的校风和学风，家长们一致评价，孩子入校后变得更阳光、更快乐、更有朝气。

范例2：

武汉船舶职业技术学院积极开展“中国梦”主题教育活动，将学生理想教育、养成教育、专业教育与学院发展相结合，师生一道共筑深蓝色的造船梦、军工强国梦。

共筑梦想。开展“为了共同的梦想”教学质量大提升活动，通过各种专题研讨、师生座谈会、教学竞赛、学生技能比赛等，在全院教职工中掀起提升教育教学质量、与学子共筑梦想的热潮。举办校园文化节、读书月、麦田画展等主题团日活动，引导学生结合专业学习，认知“中国梦”的深刻内涵，明确学习动机，规划人生方向。

编织梦想。参加第九届湖北省“楚风杯”大学生书画大赛暨第二十八届全国大学生樱花笔会，让学生们用自己稚嫩的笔触去书写青年志、描绘中国梦。开展“实现中国梦，青春在行动”演讲比赛、征文大赛，鼓励广大学子用心、用情、用语言抒怀青年学子的梦想，强化对自身责任和使命的认识。

传播梦想。开展“高职时代”“最美校园”等微电影创作，通过学生的独特视角和全新创意，丰富“中国梦”的时代内涵，充分展现船院人共同的“深蓝色的梦想”。开展“服务新农村”暑期“三下乡”活动，引导广大学生深入农村，传授新科技、宣传党的政策、体验农村生活、传播中国梦想。举办以“让梦想开花”为主题的开学典礼活动，号召全校师生继往开来，努力学习和工作，传承“中国梦”精神。

范例 3：

4 月 23 日，江苏信息学院“2010 春季读书节”暨“读百部好书”活动启幕；随后，楚辞学家周建忠来校开讲“屈原的人格魅力”，《百家讲坛》主讲人莫砺锋前来“漫话苏东坡”。江苏信息大讲堂、网上报告厅、读书沙龙等系列活动，营造了“清风缕缕满校园”的书香氛围。

江苏信息职业技术学院党委书记夏成满介绍，在全国高职院校中，江苏信息学院的历史较为悠久，创建于 1953 年。为传承和弘扬学校传统文化，培育既有技能又有素养的应用型人才，学校秉承“养正修能”校训，广泛开展校园文化艺术节、科技节等活动，提升学生科技文化素养。

学校创设了浓厚的科技文化创新氛围。知识才艺竞赛、大学生职业生涯设计大赛、大学生实践创新活动等八大板块百余项活动，成为江苏信息学院的“传统项目”。

2. 模仿

1）拥有 31 个外事社团，86% 的参与率。

2）外事嘉年华中的“快乐淘、美食节、趣味游园、舞林争霸”等 22 个项目，每位学生至少参与两个项目，都让学生感受到校园生活的快乐。

3）出台外事阳光体育活动实施方案，让晨跑、课间华尔兹、午间社团活动、下午体育大课间的开展有了制度保障。

4）实施每季度的主题活动，三月春游、六月技能节、10 月运动会、1 月迎新长跑，让快乐、健康教育始终贯穿整个学校的教育中。

5）举办校园文化节、读书月、麦田画展等主题团日活动，引导学生结合专业学习，认知“中国梦”的深刻内涵，明确学习动机，规划人生方向。

6）参加第九届湖北省“楚风杯”大学生书画大赛暨第二十八届全国大学生樱花笔

会，让学生们用自己稚嫩的笔触去书写青年志、描绘中国梦。

7）开展“实现中国梦，青春在行动”演讲比赛、征文大赛。

8）开展“高职时代”“最美校园”等微电影创作，通过学生的独特视角和全新创意，丰富“中国梦”的时代内涵。

9）开展“服务新农村”暑期“三下乡”活动，引导广大学生深入农村，传授新科技、宣传党的政策、体验农村生活、传播中国梦想。

10）举办以“让梦想开花”为主题的开学典礼活动，号召全校师生继往开来，努力学习和工作，传承“中国梦”精神。

11）江苏信息大讲堂、网上报告厅、读书沙龙等系列活动，营造了“清风缕缕满校园”的书香氛围。

12）为传承和弘扬学校传统文化，培育既有技能又有素养的应用型人才，学校秉承“养正修能”校训，广泛开展校园文化艺术节、科技节等活动，提升学生科技文化素养。

13）知识才艺竞赛、大学生职业生涯设计大赛、大学生实践创新活动等八大板块百余项活动，成为江苏信息学院的“传统项目”。

（二）问题与原理

1. 问题

1）校园活动隐性课程越丰富越好，对吗？为什么？

2）如果你是某班班主任，你会怎样建议你班的学生学好隐性课程？

3）作为一名大学生，你如何评价你现在的校园活动隐性课程？

4）校园活动隐性课程管理者是谁？

5）校园活动隐性课程改革如何开展？

2. 原理

（1）在各种交往和活动实践中，学生通过与他人和环境的互动而受到隐性课程的影响　隐性课程契合了学生易受感染、善于模仿的人格特征，通过无意的榜样示范展现“身教”的力量，发挥深刻的教育功能。

（2）课堂活动隐性课程

1）学生在课堂教学中不仅学习有目的、有计划传授的学科知识，而且也学习没有被正式列入课程计划的许多内容，如情感、信念、意志、行为和价值观等。

2）存在于显性课程中的隐性课程。作为课程具体表达形式之一的教科书，是“从一定社会文化里选择出来的材料”，在选择和组织的过程中除了具有外显的知识、技能的载体功能之外，同时也是社会观念、规范、价值观等的载体。可以说任何一本教科书都有外显的价值和内隐的价值两个方面。

3）伴随显性课程的实施所产生的隐性课程。在课堂教学过程中，课堂环境、教学组织、教法的选择与运用、师生互动关系、教学效果测评等都隐藏无数的教育影响因素。

4）一堂生动有趣的讲座，在学到了知识的同时，更领略到了讲座者的睿智和风格，很容易激活求知者淤塞的思路。

（3）课外活动隐性课程

1）课外活动隐性课程形式。例如，丰富学生的校内课外生活，让课余时间蕴涵隐性教育的因素，是开发隐性课程不容忽视的一个方面。如学校可以举办具有针对性的各种学术讲座，特邀优秀教学精英作报告，或开展丰富多彩的文体活动，组建各色兴趣小组或“兴趣角”，定期举办师生作品或成就展以及人文教育展等活动。

2）课外活动隐性课程内容。例如，要引导学生在校园生活中努力践行诺言，遵守契约，如不缺课、不旷课，有事请假；诚心交友，坦诚相待，形成诚实互信的人际关系；借钱要还，不欠学费，准时还贷；在考证、考试及毕业论文设计时，不作弊不抄袭；认真完成老师和组织交给的任务，不以虚假的行为和成绩去骗取荣誉；在实习或就业时，不伪造学历，信守与实习单位或就业单位所签订的协议，认真完成他们所交给的任务。把诚信践行与学雷锋、“四爱”教育、公寓文化节等活动相结合，营造讲诚信为荣、不讲诚信为耻的氛围。

（三）训练与提升

范例：

杜娟一毕业，她就签约了深圳一家电子公司。其实，她在那家公司已经实习了近3个月。给这家公司领导印象最深的是杜娟的沟通表达能力。她签约公司的时候，还被破格提拔为生产线管理者。

杜娟毕业于武汉职业技术学院2007级涉外秘书专业，“我能轻松就业得益于在校期间进行的20项基本职业能力训练”。杜娟说的20项基本职业能力训练是该校学生工作处历时两年的探索实践。

这一思路是高职院校按社会需求办学的体现。两年前，学校随机选取100家来校招聘学生的单位进行调查，其中有71家对基本职业能力提出了明确要求，排在前5位的基本职业能力分别为：沟通能力、使用工具能力（主要指计算机操作、外语应用和写作）、团队合作能力、组织协调能力和学习能力。

学校学生工作处出台了《学生基本职业能力实训指导书》，书中列出了包括参加企业人士报告会、一周企业体验、同学交流、事件分析、主持会议、提出并让他人接受某一观点、课前无主题演讲、学做PPT文件、了解10家企业、写一封道歉信、职业礼仪等20个项目。每项活动的目的、内容、组织和要求都十分详尽。各个学院根据专业特点、学生特点，结合教学，突出训练，创造性地组织开展训练。

1）武汉职业技术学院如何开发校园活动隐性课程？

2）案例中的校园活动隐性课程带来了学生素质提高，哪些素质得到了明显的提高？如何提高的？

（四）阅读与拓展

1）隐性课程对受教育者影响的心理方式有暗示、感染、模仿等，心理学有关这方面的原理能很好地说明隐性课程作用于人的机制和过程。隐性课程虽然是与每个学生相关的，但它也确实是“隐藏着”的，只有主动接受暗示者（即相关的接受暗示的心理活动者）才能实际地进入这种课程。心理学的研究表明，人都具有可暗示性，正是这种人类个体普遍存在的品质，为隐性课程确立了必要前提。

2）作为隐性课程，不论是以何种方式影响受教育者，都是通过无意识发生作用的，也就是说，外界环境刺激通过人的无意识发生作用，使心理从量变到质变，自然而然形成一种文化的自觉。另外，隐性课程一个很重要的特质就是情感记忆，其在实施过程中，能起到化知识为智慧、化智慧为情感、化情感为人格的联动效应。

3）隐性课程对学生的影响在本质上是一种“无声之教”，它对人的教育作用不是强行灌输的，而是寓教育于情景之中，通过有形的、无形的或物质的、精神的多种环境因素的综合作用，在耳濡目染与潜移默化中熏陶影响学生，它能有效地提升学生的学识与修养，塑造学生的心灵与形象，最终达到“无心插柳柳成荫”的效果。现代教育正在逐渐刻意地淡化课内活动与课外活动的区别，营造开放、动态、发展与变化的校园文化氛围，不断强化隐性课程的功能，努力塑造大学生与时代发展相适应的完美人格。

4）学校的学习不可能是学生的单个学习，它是集体的活动。在这种集体活动中，有时要强调控制、等级、竞争，有时要强调鼓励、平等、互助。各个学校还有各自所强调的主要品质。隐性课程能很好地达到某些教学目标（特别是在品质、习惯、态度方面），并比显性课程的明确目标保持得更久。学生在学校中形成这些社会性品质与学生形成的学习技能，对以后工作所起的作用同样重要。

5）华中科技大学周卓薇教授当年冒着鹅毛大雪步行2小时参加一次第二课堂的活动，学生原以为周教授不会来了，当周教授裹着一身泥水赶到教室时，学生都惊呆了。而周教授却说，我说来参加你们的活动，我就一定会来。如果没来，那就是我已经死掉了。这句连她当大学校长的丈夫都觉得很过头的话，对学生震动很大，许多年以后，颇有成就的学生还牢牢地回忆起这句对他们产生了重大影响的话。

6）相对于显性课程在知识传授方面的系统性和规范性而言，隐性课程则更多地表现出多样性来。它既可以是一种氛围（学术氛围、教学氛围、讨论氛围、课堂氛围、生活氛围等），也可以是一种风格（校风、院风、系风、班风、教风、学风等），还可以是一种环境（校园人文环境、学习环境、生态环境等），甚至还可以包括多年积淀形成的治学态度和方法等，这些都是隐性课程的显现。

【参考文献】

安蓉泉. 2015-05-10. 杭州职业技术学院基层党组织三大工作机制扫描发挥党员教师在教书育人中的引领作用［N］. 光明日报，8

甘丽华. 2013. 武汉职业技术学院：20项职业能力助学生就业［DB/OL］. http://www.jyb.cn/zyjy/dxjy/201008/t20100823_383461.html［2015-5-21］

高宝英，徐爱杰. 2011. 小学教育专业建设中隐性课程的作用不容忽视［J］. 首都师范大学学报（社会科学版），（2）：40-45

顾旭明. 2013. 开发隐性课程加强高职生诚信教育［J］. 中国高等教育，（9）：50-51

何云峰. 2010. 隐性课程的理论探讨［J］. 教育理论与实践，（2）：50-52

宁波外事学校. 2014. 回归育人本质打造品质职教［DB/OL］. http://www.cvae.com.cn/zg zcw/zjsp1/201501/44cc611ded1349e0be023d033b84e885.shtml［2015-5-18］

牛欣欣. 2014. 论隐性课程的育人功能——基于校园文化建设的视角［J］. 教育理论与实践，（17）：30-32

全国商业职业教育教学指导委员会. 2015. 弘扬民族优秀商贸文化培养高素质商贸职业人才［DB/OL］. http://106.37.166.229/zgzcw/zjsp1/201501/de81daeea6c44ab7bb8 70460a7417450.shtml［2015-5-18］

上海商业会计学校. 2015. 夯实基础双轮驱动牢固树立全面育人的质量观［DB/OL］. http://106.37.166.229/zgzcw/zjsp1/201501/7946f4a3e43a4d5a871b9dd58f2b792e.shtml［2015-5-18］

史望颖. 2015-3-31. 杭州湾中职学校："101个细节"让德育生活化［N］. 中国教育报，(3)：3

苏雁，李锦. 2010. 担起服务区域发展的"天职"——记江苏信息职业技术学院创新人才培养模式［DB/OL］. http://www.jyb.cn/zyjy/dxjy/201010/t20101022_394839.html［2015-5-18］

谭伟平. 2004. 论隐性课程与大学精神［J］. 现代大学教育，2004(6)：58-63

武汉船舶职业技术学院. 2013. 武汉船舶职业技术学院师生共筑深蓝色造船梦想［DB/OL］. http://www.jyb.cn/zyjy/dxjy/201310/t20131003_554366.html［2015-5-21］

张艳芬. 2010. 浅析师范院校隐性课程的开发［J］. 教育理论与实践，(3)：42-44

张振升，殷武. 2015-4-30. 警报拉响，职校靠什么打赢生源保卫战［N］. 中国教育报，9

张志成. 2014-12-1. 浙江建设职院：注重实战，成就适岗建设人才［N］. 中国教育报，7

主要参考文献

一、专著

高林．2006．应用性本科教育导论［M］．北京：科学出版社
黄光扬．2012．教育测量与评价［M］．2版．上海：华东师范大学出版社
教师资格证考试命题研究组．2014．教育知识与能力［M］．北京：教育科学出版社
劳耐尔，赵志群，吉利．2010．职业能力与职业能力测评项目［M］．北京：清华大学出版社
林崇德．2014．师德——教师大计师德为本［M］．北京：高等教育出版社
马凤芹，杨国欣．2012．教育学［M］．北京：中国书籍出版社
人力资源和社会保障部教材办公室．2013．数控车床编程与模拟加工［M］．北京：中国劳动社会保障出版社
宋洋．2011．物流情景综合实训［M］．北京：清华大学出版社
孙菊如，王燕，王赪，等．2006．新时期教师职业道德与专业化发展［M］．北京：北京大学出版社
孙喜亭．2002．教育原理［M］．北京：北京师范大学出版社
王道俊．2009．教育学［M］．第9版．北京：人民教育出版社
张乃明．2006．设施农业理论与实践［M］．北京：化学工业出版社
赵国栋，李志刚．2013．混合式学习与交互式视频课件设计教程［M］．北京：高等教育出版社
赵国栋．2014．微课与慕课设计初级教程［M］．北京：北京大学出版社
朱明山．2006．教师职业道德修养——规范与原理［M］．北京：华龄出版社
Anderson LW. 2008. 学习、教学和评估的分类学［M］．皮连生，主译．上海：华东师范大学出版社

二、学位论文

郭立婷．2007．精品课程及其建设研究［D］．太原：山西大学硕士学位论文
吴美华．2013．技术本科院校教师专业发展研究［D］．上海：华东师范大学硕士学位论文
吴炎．2013．国家级精品课程建设的问题研究——以A大学国家级精品课程为例［D］．合肥：安徽师范大学硕士学位论文
徐磊．2008．精品课程资源网站的设计与研究［D］．北京：首都师范大学硕士学位论文
张瑶娟．2007．高职学院精品课程建设研究［D］．长沙：湖南农业大学硕士学位论文
朱永海．2013．基于知识分类的视觉表征研究［D］．南京：南京师范大学硕士学位论文

三、期刊论文

蔡文璇，汪琼．2013．MOOC 2012大事记［J］．中国教育网络，(4)：31-34
丁兴富，王龙，冯立国．2006．北京市精品课程网上资源运行情况专题调研及主要结论［J］．中国大学教学，(5)：22-25
范逸洲，王宇，冯菲，等．2014．MOOCs课程学习与评价调查［J］．开放教育研究，(3)：27-35
冯雪松，汪琼．2013．北大首批MOOCs的实践与思考［J］．中国大学教学，(12)：69-70
高宝英，徐爱杰．2011．小学教育专业建设中隐性课程的作用不容忽视［J］．首都师范大学学报（社会科学版），(2)：22-28
顾旭明．2013．开发隐性课程加强高职生诚信教育［J］．中国高等教育，(9)：50-51
何云峰．2010．隐性课程的理论探讨［J］．教育理论与实践，(2)：50-52
贺桂欣，王久兴，宋士清，等．2015．职教师资本科人才培养方案的思考——以设施专业为例［J］．科技视界，(8)：58-84
胡天佑．2013．建设“应用型大学”的逻辑与问题［J］．中国高等教育研究，(5)：26-31
李良军，易树平，严兴春，等. 2013．研究型大学本科的卓越计划培养方案——以重庆大学机械工程及自动化专业为例［J］．高等工程教育研究，(5)：121-126
牛欣欣．2014．论隐性课程的育人功能——基于校园文化建设的视角［J］．教育理论与实践，(17)：30-32
潘懋元，周群英．2009．从高校分类的视角看应用型本科课程建设［J］．中国大学教学，(3)：4-7
荣瑞芬，闫文杰，陈文，等．2015．食品科学与工程专业本科人才培养方案优化研究——基于食品营养特色［J］．河北

农业大学学报，(6)：74-77
谭伟平．2004．论隐性课程与大学精神［J］．现代大学教育，(6)：58-63
汪琼．2013．MOOCs与现行高校教学融合模式举例［J］．中国教育信息化，(11)：14-15
王春雷，高季平，赵宪坤，等．2015．中日园艺专业本科培养方案比较分析——以中国扬州大学与日本东北大学为例［J］．安徽农业科学，(7)：381-383
王云儿．2011．新建应用型本科院校以能力为导向的学生学业三维评价模式探析［J］．教育研究，(6)：102-106
徐国庆．2015．技术应用类本科教育的内涵［J］．职教论坛，(1)：60-61
曾海文．2009．精品课程网络资源建设的问题与对策［J］．教育与职业，(15)：155-156
张艳芬．2010．浅析师范院校隐性课程的开发［J］．教育理论与实践，(3)：42-44
张振国，简兴，邱银国，等．2014．应用型本科院校GIS专业人才培养方案的研究——以安徽科技学院为例［J］．测绘与空间地理信息，(10)：13-16
周德俭，莫勤德．2011．地方普通本科院校应用型人才培养方案改革应注意的问题［J］．现代教育管理，(3)：63-67
周远清．2003．精品课程教材建设是教学改革和教学创新的重大举措［J］．中国高教研究，(1)：12-29

四、报纸文章

安蓉泉．2015-05-10．杭州职业技术学院基层党组织三大工作机制扫描，发挥党员教师在教书育人中的引领作用［N］．光明日报，8
郝文婷．2014-11-17．卜玉玲：小蘑菇种出大事业［N］．中国教育报，7
刘磊．2015-1-22．侯越越：从“倒数第一”到全国技能标兵［N］．中国教育报，1
彭燕，吴雪阳．2014-11-17．周浩：弃北大读技校自定别样人生［N］．中国青年报，11
史望颖．2015-3-31．杭州湾中职学校：“101个细节”让德育生活化［N］．中国教育报，3
王宗凯．2010-8-24．职校技能大赛选手宋亚涛：装上梦想心就能飞翔［N］．中国教育报，2
邢婷．2011-06-20．张艳春：高职生毕业半年摘得公司技术创新大奖［N］．中国青年报，11
张振升，殷武．2015-4-30．警报拉响，职校靠什么打赢生源保卫战［N］．中国教育报，9
张志成．2014-12-1．浙江建设职院：注重实战，成就适岗建设人才［N］．中国教育报，7
朱振岳．2010-12-4．杨晓波：从职高生到博士生［N］．中国教育报，2

五、电子文献

甘丽华．2010．武汉职业技术学院：20项职业能力助学生就业［DB/OL］．http://www.jyb.cn/zyjy/dxjy/201008/t20100823_383461.html［2015-5-21］
宁波外事学校．2015．回归育人本质打造品质职教［DB/OL］．http://www.cvae.com.cn/zgzcw/zjsp1/201501/44cc611ded1349e0be023d033b84e885.shtml［2015-5-18］
全国商业职业教育教学指导委员会．2015．弘扬民族优秀商贸文化　培养高素质商贸职业人才［DB/OL］．http://106.37.166.229/zgzcw/zjsp1/201501/de81daeea6c44ab7bb870460a7417450.shtml［2015-5-18］
上海商业会计学校．2015．夯实基础　双轮驱动　牢固树立全面育人的质量观［DB/OL］．http://106.37.166.229/zgzcw/zjsp1/201501/7946f4a3e43a4d5a871b9dd58f2b792e.shtml［2015-5-18］
苏雁，李锦．2010．担起服务区域发展的“天职”——记江苏信息职业技术学院创新人才培养模式［DB/OL］．http://www.jyb.cn/zyjy/dxjy/201010/t20101022_394839.html［2015-5-18］
武汉船舶职业技术学院．2013．武汉船舶职业技术学院师生共筑深蓝色造船梦想［DB/OL］．http://www.jyb.cn/zyjy/dxjy/201310/t20131003_554366.html［2015-5-21］